录音艺术专业"十四五"规划教材

审听训练
与音质主观评价

第2版

王 鑫 李洋红琳 吴 帆 / 著

U0247217

中国传媒大学 出版社

·北京·

前　言

　　音质主观评价是录音师、音响产品设计师及声学设计师等声频行业的从业人员工作的重要组成部分。在工作中，他们通常需要运用耳朵对声音传输链路中每个环节所产生的声音进行主观评价，进而采用相应的技术手段进行调整，为听众创造出悦耳的声音。同时，在进行某些声频设备或录音作品评比时，又要求他们能够准确地运用主观评价方法，并对实验数据进行统计分析等以得出专业的评比结果。由此看出，声频工作者既要具备精准的听辨能力和音乐鉴赏、分析能力，又要拥有实验心理学知识，数理分析统计等技能。本教材的内容就是围绕训练这两种技能而展开的。前半部分是审听训练篇，主要训练各种听辨能力；后半部分是主观评价篇，主要阐述如何设计严谨而专业的主观评价实验。本教材包含十章，由三位编者共同编写完成。其中北京联合大学的吴帆老师撰写了第一章，第二章的第一节、第二节，第三章的第一节、第二节，第五章的第一节和第四节，第六章和第八章，中国传媒大学李洋红琳老师撰写了第四章的第二节，余下的章节由中国传媒大学王鑫老师撰写完成。此外，李洋红琳老师完成了全部配套课件的制作。特别感谢 Neumann 公司为本教材提供了大量的听音训练素材，以及中国传媒大学传播声学研究所师生和音乐与录音艺术学院师生提供的音质主观评价实验内容。

　　第二版教材增加了线上审听训练软件，可以让读者更加便捷地进行个性化审听训练。在教材内容上，增加了失真效果、假设检验、MUSHRA 主观评价方法等新的内容。本教材可以作为音响工程、音响导演、影视节目制作等专业的大学生教材，也可供录音师、声频工程师及声学设计师等声频行业的从业人士参考。

线上听音训练软件说明

 本软件是《审听训练与音质主观评价（第二版）》配套的线上软件，为了便于读者针对教材中的审听训练部分进行更好的训练，网址链接为：https://eartraining.cn/et/。

 本软件支持中英文界面，包含了频率均衡、动态控制、音色听辨等训练模块，并且提供训练、测试等环节。

 读者可用邮箱进行注册，并且在邮箱里点击确认邮件，即可使用。建议使用 chrome 或 firefox 浏览器，safari 会导致音色模块无法加载音乐信号。成功登录网站后，可以下载软件用户手册，获得更加详细的功能介绍及操作使用说明。

目　录

主观评价篇

音频资源总码

绪　论

一、音质主观评价的定义

　　作为多媒体信息重要的组成部分，声音是艺术传播与信息传递的重要载体。随着生活水平的提高和审美意识的提升，人们对声音的要求越来越高。声音从最简单的单声道重放形式，过渡到双声道，直到现在多样的三维环绕声重放形式。随着声频技术的不断发展，表征音质的技术指标也越来越高，声音正在向着高保真、高解析度方向发展。然而声音毕竟是听觉艺术，音质的优劣最终应该由听者来评判。音质主观评价是评判音质的有效手段。所谓音质主观评价，是通过人们对声音的主观感受，按照一定的评判要点和评判规则对声音进行评价的一种方法。

　　音质是声音的三要素（音高、响度、音色）的有机构成和整体表现。音质的最终评价标准是人的听觉感受，因此音质的主观评价是声音评判的最终标准，一切客观测试指标的规定也正是力求能够较好地反映人的听觉感受。但是由于人的听觉特性的复杂性，再加上对人的听觉特性包括听觉生理和听觉心理上的研究还不够深入，仅依靠音质的客观测试指标至今仍不能很好地反映主观听觉感受，客观测试与主观音质评价仍有不统一之处。因此主观音质评价仍是很重要而且不可由客观评价来代替的。随着对听觉规律研究的不断深入，客观测试与主观评价会不断地趋于统一，但由于主观世界的复杂性和多样性，声音的最终评判标准永远只能是听感，而不可能完全被技术指标所代替。

　　声音信号从拾取、传送、处理、存储，一直到重放，构成一个复杂的系统。音质主观评价，不但可以对节目源、重放设备进行评价，对声音处理的各个环节都可以进行评价，既包括录制和重放系统中的设备，也包括其声学环境。一般而言，音质主观评价具有以下的特点：

　　（1）个体评价的差异

　　对同一音质，不同的听者往往给出不同的评价。这种差异与听者所处的民族、地区环境、生活时代有密切关系，同时也因自我的艺术、美学修养的差异，生理、心理状态的差异，听觉、审美训练的差别而不同。尽管声音最终是给个体听的，但主观评价结果要具有一定的整体性或普适性。在主观评价实验过程中，如何科学地设计实验，实施实验，采用有效的数理统计方法挖掘数据，得到高可信度的整体结果是音质主观评价的一大难点。

　　（2）艺术与科学的结合

　　音质主观评价的对象往往是音乐声。音乐声是一种创造性的声音，先后经过作曲家的创作，演奏家的演绎，录音师的录制等多层艺术加工过程。而最终听者对音乐声的感受和体验，是在声音物理层面基础上抽象出来的审美体验。这种审美体验是指听者在直观感受基础上领悟音乐深邃的内涵与丰富的情感的审美体验过程，这与听者的审美经验及不同文化的音乐审美特征有密切关系。因此，音质主观评价是一项带有艺术性的工作。

另外，音质主观评价用于探究声音对听者心理活动产生的影响，属于实验心理学范畴。虽然人们对声音的感知存在很大的波动性，但是通过缜密的实验设计，严谨的实验方法，有效的数据统计分析，利用音质主观评价还是可以获得准确和有效的实验结论的。尽管音质主观评价具有艺术性，但是通过科学的方法可以在混沌的听感现象中探寻感知规律。

（3）多学科的融合

音质主观评价不同于音质的客观评测，客观评测往往针对某个评测指标进行，例如声压级、频率、频谱特性等。音质是音高、响度、音色的整体表现，在进行主观评价时很难分清这三个要素的影响比重。此外，评价用节目源的类型，节目源的录制方式，听音室的建声环境，听音系统的电声指标以及听者生理、心理的状态都会对音质主观评价的结果产生影响。音质主观评价不但与音乐声学、建筑声学、电声学等学科相关，还与心理学、生理学等学科有着密切关系。可见，它是一个多学科交叉的复杂问题。

一般而言，凡是与声音感知相关的问题都可以进行音质主观评价，评价对象主要包含以下几类：

（1）节目源：包括广播电视节目及音像制品等，例如国家广播电影电视总局每年举行的广播节目技术质量奖（金鹿奖）就是对节目源进行音质主观评价的典型范例。

（2）声频系统（设备）：声频系统中各个环节的设备都可以对其进行音质主观评价，包括传声器、调音台、效果器、扬声器等。

（3）声学环境：包括音乐厅、戏剧厅、歌剧院等专业演出场所。

（4）录制方法：通常包括不同拾音制式、不同压缩算法、不同重放格式等用于声音处理方面的算法之间的对比与评价。

音质主观评价除了能够探究听觉感知规律外，也是录音师、音响产品设计师及声学设计师等声频行业从业人员工作的重要工具。在工作中，他们通常需要运用耳朵对声音传输链路中每个环节所产生的声音进行主观评价，进而采用相应的技术手段进行调整，为听众创造出悦耳的声音。虽然随着电子工业和计算机的飞速发展，客观测试指标也成为音质控制的重要手段，但是由于人耳听觉系统的复杂性，加上对人耳听觉特性的研究还不够深入，仅仅依靠音质客观测试指标还无法完全反映听者的主观听觉感受。有时客观指标相同的声音产品，其音质的主观听感可能不完全相同。因此，客观测试可以作为音质监控的辅助手段，音质评判的最终标准仍以主观评价为准。

明确音质主观感受与客观指标的关系，是声频工作者解决录音过程中声音问题的关键。声频工作者可以将物理控制参量转换成对声频信号的主观感知。目前能与客观参量有较为明确的关系的主观参量包括音高、响度和音色。人耳对音高的感知，主要与频率有关。通常频率高，听到的声音高且细；频率低，则听到的声音低且粗。人耳对响度的感知，主要与声音的声压级和频率有关。对于同一频率的声音而言，声压级越高，响度越大。人耳对中频区声音响度的感知更加灵敏，对低频和高频区声音的响度感知相对迟钝。

人耳对音色的感知主要与声音的频谱结构有关。频谱成分不同，音色的主观感受也就不同。低频成分丰富，音色厚实、丰满；高频成分丰富，音色明亮、高亢。目前关于客观参量与主观感知的相关性研究还不够完善，而这个课题本身也成为许多主观评价实验研究的目的。

为了保证音质主观评价的科学性和规范性，国内外相关专业组织已经制定了多项与音质主观评价有关的标准。ITU（国际电信联盟）已经形成较为完整的音质主观评价体系。ITU-R BS.1284是音质主观评价通用方法标准；ITU-R BS.1116是对小损伤音频系统（包括多声道环绕声）的音质主观评价方法标准；ITU-R BS.1534是对中等音频质量的编解码系统的评价方法标准。EBU（欧洲广播联盟）也为音质主观评价制定一系列标准。EBU Tech. 3252-E是音质主观评价用节目源的录制说明；EBU Tech.3276是音质主观评价听音室建声与电声系统的要求；EBU Tech. 3286是音质主观评价通用方法标准。我国国家标准局也制定了与音质主观评价相关的标准，主要包括：GB/T 16463-1996《广播节目声音质量主观评价方法与技术指标要求》；GB14221-93《广播节目试听室技术要求》；GB10240-88《电声产品声音质量主观评价用节目源编辑制作规范》；GSBM6001-89《电声产品声音质量主观评价用节目源标样》。

本教材的内容是为顺利展开音质主观评价实验而设计的，包含对主观评价实验中主试和被试两个主体的训练。审听训练篇着重训练被试所应具备的各种听辨能力，使之获得"金耳朵"的能力；主观评价篇旨在提高主试能力，详细介绍了音质主观评价实验过程中使用到的方法和技术，并最终通过两个综合实验，让主试全面了解音质主观评价实验过程。

二、声音重放系统的配置及校准

在进行审听训练或是音质主观评价之前，必须对声音重放系统进行校准。本节将针对最常用的两种重放系统详细介绍如何进行校准。

1. 双声道重放系统

双声道重放系统最常用的扬声器摆位如图1所示，听者与两支扬声器构成等边三角形，通常扬声器与听音者的距离为3米。该系统可以实现对前方声源横向、纵向的定位，并产生较为明显的表现声音的空间特性。系统的校准通常包含三个方面：声压级、相位和频谱特性的校准。

声压级校准是为了保证正常的监听电平，无论是审听训练或是主观评价，都应该在标准的监听声压级下进行。通常对于音乐信号，采用EBU Tech.3276的监听标准。测试信号是电平为 -18dBFS 的全频带（20Hz~20kHz）粉红噪声，标准的监听声压级为：

$$L_{LISTref} = 85 - 10 \log n \text{（} d\text{BA）} \tag{1}$$

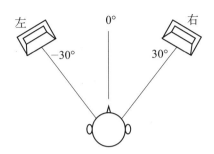

图 1　最常用的双声道重放系统摆位图

式中 n 表示重放的声道数量。对于双声道的重放系统，计算得出每个声道标准的监听声压级应该为 82dBA。A 表示用声级计测试时采用 A 计权曲线。声压级校准信号（音频文件绪论 -1）包括用于检查左声道声压级的粉红噪声测试信号，用于检查右声道声压级的粉红噪声测试信号及左声道与右声道一起发声的粉红噪声测试信号。因此，播放左声道或右声道粉红噪声时应调整监听系统的声压级为 82dBA，两声道同时播放时，声压级应为 85dBA。

相位校准检查的是左、右声道的相位极性是否一致。用于相位检测的信号通常是一段既有低音或高音打击乐器的节目信号（音频文件绪论 -2）。在该段测试信号中，分别是左声道的极性检查、右声道的极性检查、双声道立体声同相位的极性检查，双声道立体声反相位的极性检查。特别要关注反相位的信号，听起来声音是否有定位不准，声音发散。

频谱特性校准是用于检查重放系统的频率响应是否平直，及可重放的频率范围的。检测信号通常是单频信号或是扫频信号（音频文件绪论 -3）。单频信号每段持续时间为 10s，电平为 -18dBFS，频率分别为：20Hz、31.5Hz、63Hz、125Hz、250Hz、500Hz、1kHz、2kHz、4kHz、8kHz、10kHz、12.5kHz、16kHz、20kHz；扫频信号电平为 -18dBFS，频率从 20Hz 递增到 20kHz。依次聆听单频信号，如果在正常监听声压级下听不到 63Hz~12.5kHz 中的任何一个信号，说明你的监听系统存在严重的问题。20Hz、31.5Hz、16kHz 和 20kHz 对人耳及设备而言都算极限频率。如果听不到，说明监听系统可能在频谱延展性上存在问题。

2. 多声道重放系统

多声道重放系统的配置多种多样，从最开始的 4 声道系统已经发展到复杂的 22.2 声道系统。现在用于音乐重放的多声道系统还不是很普遍，但是在电影领域，多声道重放形式已经成为主流。目前普遍被大众所接受且应用最广的多声道重放系统是由 ITU-R BS.775-1 推荐的 5.1 多声道环绕声形式，扬声器摆位如图 2 所示。该配置中除了图中显示的左、中、右、左环和右环声道外，还有一个重放低频成分的低频效果（LFE）声道，通常重放 80Hz 或 120Hz 以下的频率成分。

　　根据重放系统应用领域的不同，声压级校准采用不同的标准。如果多声道系统用于纯音乐重放，通常采用 EBU Tech.3276-E 标准。为了保证低频信号在空间感上的平衡，系统往往将所有低频信号传输到主扬声器中，而不使用低频效果声道。测试信号是全频带（20Hz~20kHz）粉红噪声，电平为 -18dBFS（音频文件绪论 -4）。测试声级计采用 A 计权，慢档。根据公式 1 的计算方法，每个声道标准的监听声压级应该为 78dBA。如果多声道系统用于电影声音的重放，通常采用 SMPTE 标准。测试信号是全频带粉红噪声，电平为 -20dBFS（音频文件绪论 -5）。测试声级计采用 C 计权，慢档。左、中和右声道的标准监听声压级为 85dBC，左环和右环声道的监听声压级为 82dBC。LFE 声道的监听声压级为 89dBC。

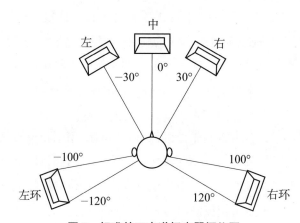

图 2　标准的五声道扬声器摆位图

　　相位校准通常以左声道为标准，依次检测其他主声道的相位。以左声道和中置声道为例，两个声道首先同时播放同相位的检查信号，然后再同时播放反相位的检查信号，判断声道的相位情况。低频效果声道的相位校准相对复杂，假设 LFE 的低频上限为 80Hz。首先在 LFE 和中置声道分别重放同相和反相 80Hz 正弦信号（音频文件绪论 -6），试听音量的变化；然后 LFE 声道重放 80Hz 以下的粉红噪声，中置声道重放 80Hz 以上的粉红噪声，使用相位校准设备进行相位校准，测试信号见音频文件绪论 -7。

　　频率响应的校准与双声道系统较为类似，在此不再赘述。

思考与研讨题

　　1. 什么是音质主观评价？音质主观评价可应用在哪些领域？

　　2. 如何对双声道重放系统进行校准？

　　3. 如何对多声道重放系统进行校准？

延伸阅读：

［1］王宏参 . 声音质量主观评价［M］. 北京：中国广播电视出版社 , 2003.

［2］COREY J. 听音训练手册［M］. 朱伟，译 . 北京：人民邮电出版社 , 2011.

［3］孟子厚 . 音质主观评价的实验心理学方法［M］. 北京：国防工业出版社 , 2008.

［4］EBU-Tech. 3276 - 2nd edition. Listening conditions for the assessment of sound program material: monophonic and 2-channel stereophonic, 1998.

［5］EBU-Tech. 3276-E. Listening conditions for the assessment of sound programme material: Multichannel sound, 2004.

审听训练篇

想成为音质主观评价合格的审听员，长期和科学的听音训练是必不可少的。听音训练的关键是要坚持每天进行有规律的短时间练习，每次的时间以15 分钟 ~ 20 分钟为宜。由于听音时精神高度集中，不建议连续长时间地进行训练（2 个小时或更长时间），否则会产生听音疲劳。当逐渐适应了这种精力高度集中的听音练习后，可适当延长每次的练习，但一般以 45 分钟为最佳训练的时间。

1 声音与人耳听觉

本章要点

1. 理解频率、声压级、频谱等声音物理属性的含义

2. 了解声音的分类，并能够从听感上分辨

3. 了解人对声音的主观感受与客观参量之间的关系

关键术语

频率、声压级、频谱、乐音、噪音、纯音、复音、粉红噪音、白噪音

　　声音是由物体的振动产生的，这种振动通过空气或其他介质传递给人耳，并在人耳中产生听觉。描述声音的主要物理属性包括频率、声压、频谱、时长等。声音的这些物理属性，决定了基本的听觉主观感觉，包括音高、响度、音色和音长。因此，听音训练一方面要训练人对声音主观感觉的敏感度，另一方面还要建立主观感觉与客观物理属性之间的关系，才能够更好地调节声音处理设备。

　　本章内容将从声音的物理属性、声音的分类、人耳的听觉生理三个方面对审听训练时用到的基本概念进行简要介绍。

1.1　声音的物理属性

1.1.1　频率

　　声音是由声源的振动引起的，声音的频率是指声源每秒钟的振动次数，用符号 f 表示，单位是赫兹（Hz）。声源物体每振动一次，即完成一次往复运动所需要的时间称为周期，用符号 T 表示，单位是秒（s）。频率和周期的关系可用式 1-1 表示：

$$f = \frac{1}{T} \tag{1-1}$$

　　如果物体的振动形式为简谐振动，可用正弦曲线表示声源的振动，其发出的声音为单一频率的声音，称为纯音。可以看出，频率越高，振动的周期越短，曲线越密；频率越低，振动的周期越长，曲线越稀疏。如图 1-1 所示，我们可以通过振动曲线看出频率的差异。自然界发出纯音的物体较少，例如音叉可产生纯音。

　　如果物体的振动较为复杂，则产生复音，复音可以看成是由频率不同的正弦波叠加形成的。在复合音中频率最低的成分称基音，其频率称为基频。基频决定了整个声音的音高，声音的频率一般是指基频频率。

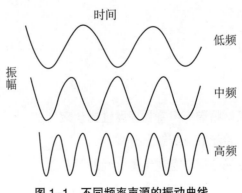

图 1-1　不同频率声源的振动曲线

人耳可听到的频率范围一般为 20Hz~20kHz，该频率范围内的声音称为可听声。频率超过 20kHz 的声音称为超声波，频率低于 20Hz 的声音称为次声波，超声波和次声波都不能引起人的听感。而一些动物可以听到或发出 20Hz~20kHz 以外的声音，如蝙蝠和海豚可以发出和听到超声波，猫和狗都能听到超声波，而大象可以发出和听到次声波。

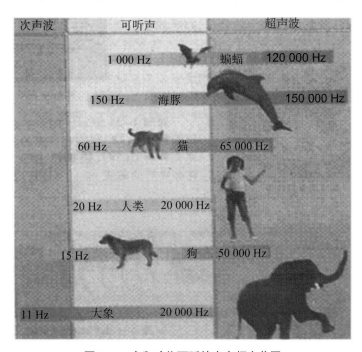

图 1-2　人和动物可听的声音频率范围

1.1.2　声压

1.1.2.1　声压与声压级

声压的产生是由于物体的振动引起空气疏密相间的变化，使压强在原来大气压附近上下变化，相当于在原来的大气压强上叠加了一个变化的压强，这个叠加上去的压强就叫作声压，用符号 p 表示，单位为帕（Pa）或微巴（ubar）。物体的振幅越大，声压则越大。

人耳可听声音的声压变化范围是很大的。对于 1kHz 的声音，人耳的听觉范围的下限为 2×10^{-5}Pa。在高声压作用下，人耳会感觉不舒服，甚至会感到疼痛，人耳感觉到疼痛的上限声压为 20Pa，相差 100 万倍。由于声压变化范围太大，因此常采用对数方式表示声压的大小，即声压级（SPL）。

声压级是指声压 p 与参考声压 Pref 的比值取常用对数再乘以 20，单位为分贝（dB），可用式 1-2 表示。

$$L_p = 20\lg\frac{p}{p_{ref}} \qquad (1-2)$$

其中，参考声压 $P_{ref}=2 \times 10^{-5}Pa$（20μPa）。在 1kHz~4kHz 之内，这个声压接近正常人的听阈，即 0dB，当声压级达到 120dB，就会感觉不适，130dB 左右会引起人耳发痒甚至产生痛觉，接近人的痛阈。在日常生活中出现的典型声压级和对应的声压如图 1-3 所示。

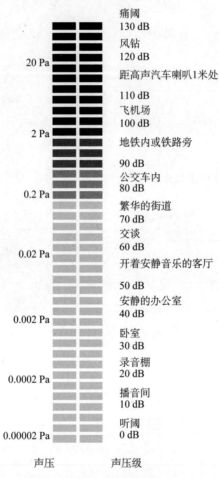

图 1-3　典型声压级

当某声压为参考声压的 10 倍时，声压级为 20dB；同样如果某声压为参考声压的 100、1000 或 10 000 倍时，相应的声压级即为 40、60、80dB，可以看出，声压每翻 10 倍，声压级增加 20dB。需指出的是 0dB 并不意味着没有声音。

1.1.3　频谱

声波的声压级在不同频率上的分布称为频谱。频谱分为离散谱和连续谱。图 1-4 显示了空气压缩机发出噪声的频谱，是连续谱，一般听不出音高。

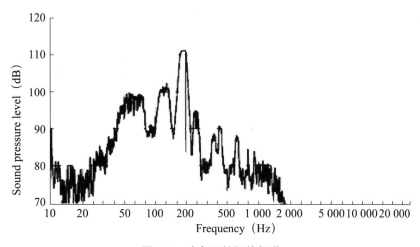

图1-4　空气压缩机的频谱

纯音的频谱为单独的一根谱线，称为线状谱，这也是它被称为纯音的原因，如图1-5所示。

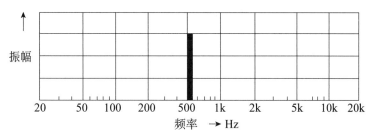

图1-5　纯音的频谱

乐器和人发出的声音频谱也称为线状谱，图1-6为汉语音元音 a 的频谱。其中频率最低的谱线对应的纯音成为基波（基音），依次为二次谐波（谐音）、三次谐波、……，谐波的频率为基波频率的整数倍频率，这类声音是可以听出音高的，往往由基频决定。

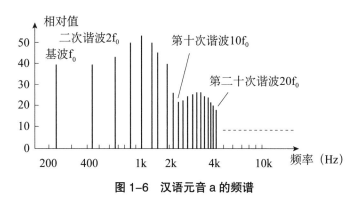

图1-6　汉语元音 a 的频谱

频谱谐波频率和幅值的不同会决定声音的音色。基频为 100Hz 的钢琴声与基频 100Hz 的黑管声音听上去音高相同，但音色截然不同。钢琴声除了 100Hz 的基音以外，还有 15

个振幅不同的谐音，而黑管声只有 9 个谐音，因此人们可以区别同一音高的钢琴声与黑管声。

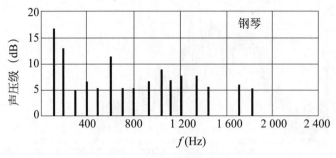

图 1-7　钢琴的频谱

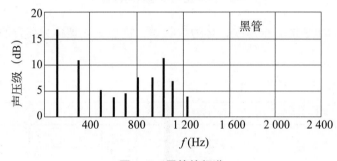

图 1-8　黑管的频谱

请听音频文件 1-1 中的声音信号，比较 261Hz 纯音、基频为 261Hz 的复合音以及基频为 261Hz 的钢琴和黑管音色上的差异。

1.2　声音的分类

现实世界中有各种各样的声音，可以按照不同的分类方法进行划分。

1.2.1　语言声、音乐声、环境声

按照声源的类型和发声目的，可以将声音分成语言声（speech sound）、音乐声（music sound）和环境声（environmental sound）。语言声是人交谈时发出的声音，音乐声是乐器（包括人唱歌）发出的声音，其目的为抒发情感，而环境声是由大自然产生或现实生活中的物体发出的声音，是不具有目的性的。从物理特点来看，这三类声音的频率范围和动态范围也不尽相同，如图 1-9 所示。其中，语言声的频率范围和动态范围最小，而环境声的频率范围和动态范围最大。

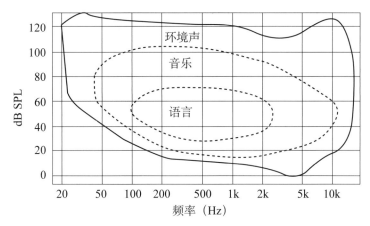

图 1-9　不同类型声音的频率和声压级范围

◆语言声

语言声是人的发声器官发出的声音。人的发声器官主要是由肺、气管、喉、声带、咽、鼻和口组成，如图 1-10 所示。这些器官形成一条由肺到唇形状复杂的通道，喉以上部分称为声道。肺呼吸空气，在声道中形成气流，它是声音能量的来源。声带的振动使稳定的气流变成周期性的脉动气流，声道形状发生变化，从而人能够发出不同的语音。

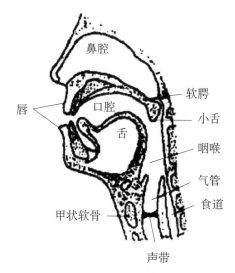

图 1-10　人的发声器官

一般男子平均基频约为 150Hz，女子平均基频约为 230Hz。

请听音频文件 1-2 中的语音范例，注意比较男生语音和女生语音由于基频的不同所带来的音调不同。

◆音乐声

音乐声是指乐器或人唱歌时发出的声音。大多数乐器的频谱为线状谱，因此发出的声音是有音高的。当然，也有少数乐器发出声音是无调的，如鼓、锣等打击乐器。不同音高、时长、音色、强度的乐音按照旋律、节奏、速度、曲式、配器等一定组织形式就构成了音乐。音乐是表达人们的思想感情与社会现实生活的一种艺术形式。按风格来分，可分为古典音乐、民族音乐、流行音乐等，每种风格的音乐中使用的乐器和乐声的组织形式都各不相同。

请听音频文件 1-3 中的三种风格的音乐，依次为流行音乐、民族音乐和古典音乐，感觉不同乐器的音色及其音乐组织形式的特点。

◆环境声

环境声是除了语言声和音乐声以外的所有声音的总称，主要包括三部分：

（1）自然现象发声，指自然界产生的如风声、雨声、流水声、雷声、虫鸟鸣叫声等；

（2）人类生产生活时产生的声音，如汽笛声、警报声、枪炮声等；

（3）动物发声，如鸟叫，蝉鸣。

环境声可以携带发声体的一些信息，对研究生态环境、物种调查以及目标识别都有很重要的意义，同时是电影或电视剧声音中不可缺少的一部分，可以通过现场录音或后期配音完成。

请听音频文件 1-4 中的环境声，依次为雨声、飞机发动机声、枪声。

1.2.2　乐音与噪音

按照声音是否有音调，可将声音分为乐音和噪音。

◆乐音

乐音是指由乐器或人发出的有固定音高的声音，部分语言声也具有乐音性质。发出乐音的物体，振动是有规律的。从频谱上来看，乐音的频谱由基波和各次谐波组成，谐波与基波频率呈整数倍关系。而对于部分无固定音高的打击乐器，谐频和基频之间不呈整数倍关系。

音乐中使用的、有固定音高的乐音有 97 个，构成了乐音体系。乐音体系中每个独立的音就称为音级，C、D、E、F、G、A、B 为七个基本音级，对应的唱名为 do，re，mi，fa，sol，la，si，其在键盘中的对应位置如图 1-11 所示。

图 1-11　键盘上一个八度内的基本音级

请听音频文件 1-5 的乐音范例：钢琴演奏的音阶，感觉乐音的音高。

◆噪音

从心理角度来说，凡是妨碍人们学习、工作和休息并使人产生不舒适感觉的声音都可称为噪音，如敲打声、汽车，机器轰鸣声等。从物理角度来说，噪音由许多频率、强度和相位不同的声音无规律性地组合在一起形成，其特点为非周期性的振动，听起来感到刺耳，听不出音调。一些乐器由于没有音调感觉，也被称为噪声乐器，如鼓、锣、木鱼等。

在声学测量中，常用的噪声有白噪声、粉红噪声等。白噪声（white noise）是指一段声音中的各频率能量在整个可听范围（20Hz~20kHz）内都是均匀的，类似于白光的频谱，所以称之为白噪声。由于人耳对高频敏感一些，这种声音听上去是很躁耳的沙沙声。白噪声具有连续的噪声谱，包含有各种频率成分的噪声，它的频谱在线性坐标下是一条平直的直线，如图 1-12 所示。

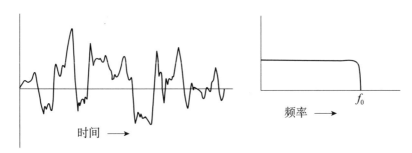

图 1-12　白噪声的波形与频谱

粉红噪声（pink noise）是自然界最常见的噪音，也是声学测量中常用的噪声，听感上类似瀑布或者下雨的声音。粉红噪声的频谱在线性坐标下从低频向高频不断衰减，即频率能量主要分布在中低频段，如图 1-13 所示。由于光谱中红光所在频段为低频，所以噪声低频成分多类比光的颜色将偏红，所以这种噪声被称为"粉红噪声"。粉红噪声之所以听上去相对悦耳，是因为它在每倍频程能量相同，符合人耳听感与频率的对应关系，人听起来各个频率区间能量均衡，因此有时会用它掩蔽背景噪声，从而提高人们工作时的专注力。

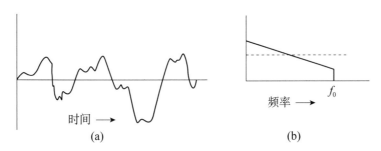

图 1-13　粉红噪声的波形和频谱

请听音频文件 1-6 中的噪声，依次为汽车噪声、噪声乐器、白噪声和粉红噪声，感觉不同噪声的差异和无调性。

1.2.3　纯音和复音

按照声音频率成分的不同，声音还可以分为纯音和复音。如前所述，纯音是仅含有单一频率的声音，即在时域表现为正弦波，如图 1-14 所示。在自然界和日常生活中很少遇到纯音，纯音可由音叉产生，也可用电子振荡电路或音响合成器产生。

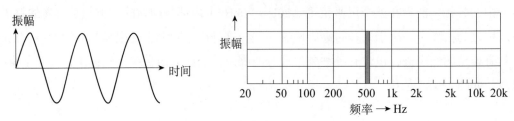

图 1-14　纯音的波形和频谱

而复合音是由频率不同、振幅不同和相位不同的正弦波叠加形成的，如图 1-15 所示。在复合音中频率最低的成分称基音（频率为 f_0），频率与基音成整倍数的分音称谐音（谐波），二次谐音和三次谐音的频率分别为基频的 2 倍和 3 倍。

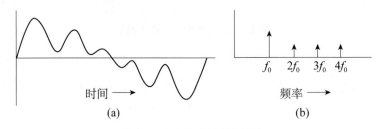

(a) 　　　　　　　　(b)

图 1-15　复音的波形与频谱

人耳对复合音中各种谐音成分综合起来的主观印象即音色。基音为 100Hz 的钢琴声与基音 100Hz 的黑管声音的基音频率相同，而音色完全不同。请听音频文件 1-6 中的纯音和复音，比较 261Hz 纯音和基频为 261Hz 的复合音以及基频为 261Hz 的钢琴音色上的差异。

1.3　人耳听觉生理

人耳的生理构造决定了人耳感知声音的特性。人耳分为外耳、中耳、内耳三部分，如图 1-16 所示。

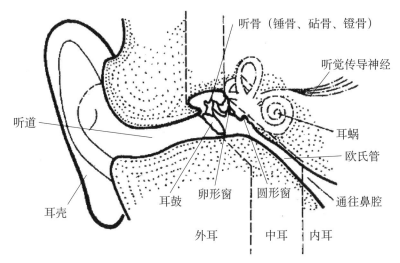

图 1-16　人耳的构造

外耳包括耳廓和耳道。耳廓主要负责收集环境中的声波，定位声源。耳廓具有耳廓效应（也称单耳效应），是指由于耳廓形状的不对称性，人们也可利用单耳对声音进行一定的定位。由于声音来自方向不同，频率也不同，到达人耳经耳廓反射进入耳道后，会出现时间（相位）和声能等方面的微小差异，根据这些差异听音者可以进行辅助定位。耳道是一个一端封闭的管子，封闭的一端是耳膜（eardrum）。耳道将声波传到鼓膜具有扩声的效果。根据管共振的原理，耳道最佳共振频率约为 3.4kHz。因此，人耳对 3kHz~4kHz 的声音最敏感，共振时声音的强度将增强 10dB。

中耳主要包括鼓膜、听小骨（鼓室）和咽鼓管，负责声压放大和阻抗匹配，一定程度上也可在高声强下保护内耳。鼓膜位于外耳道的末端，为外耳与内耳的分界，另一头连接听小骨的镫骨，功能如同"鼓"。听小骨位于鼓室内，包括锤骨（Malleus）、砧骨（Incus）和镫骨（Stapes）（人体中最小和最轻的骨头）。其中镫骨连接鼓膜，而锤骨连接卵形窗。三块听小骨连接成一个曲折的杠杆系统，当声波振动鼓膜时，经听骨链使镫骨不断摆动。由于鼓膜的面积是卵形窗面积的 17 倍，所以当声波传导到鼓膜上时，加在鼓膜上的声压会通过听小骨放大后传入卵形窗。咽鼓管是鼓室与咽腔相通的管道，主要功能是调节鼓室内气压与外界平衡，维持鼓膜的正常位置，形状和振动性能，它是声波正常传导的重要条件。

内耳包括耳蜗和听神经，实际上是个能量转换器，将声信号的频率、强度、瞬时特征等重要信息转换成能被中枢神经系统所接受和处理的生物电脉冲序列。耳蜗的外形如同蜗牛的外壳，蜗管的底面为基底膜。基底膜顶部宽底部窄，底部与高频共振，顶部与低频共振。人耳对频率的感知主要依靠基底膜振动部位的不同。不同的声音频率引起不同部位的基底膜振动，每一频率的声波都有一个基底膜最大振幅区，此区毛细胞受刺激最强，该处的听神经纤维的传入冲动最多，因此听觉中枢的一定部位就产生了不同的音调感觉。不同频率的声波传播在基底膜上的最大振幅部位如图 1-17 所示。

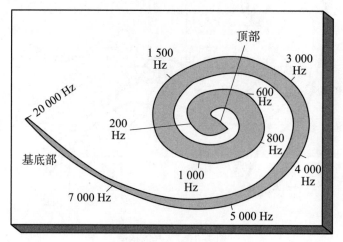

图 1-17　基底膜结构

1.4　人耳的听觉心理

人耳的听觉心理包括人耳对声音的主观感受以及人耳感知的特性。

人对声音的基本主观感受包括音高、响度、音色和时长。这些主观感受与声音的一个或多个物理特性密切相关。例如，音高主要与声音的频率相关，但声音的强度也会引起音高感知的变化。响度不但与声音的强度相关，还与声音的频率相关。音色主要与声音的频谱相关，但声音的瞬态特性对其也产生一定的影响。声音的时长主要与声音的持续时间相关。音质实际上是建立在人对声音的基础主观感受之上的综合印象，包括声音的清晰度、丰满度、圆润度、温暖感、亲切感等，以及对声音的位置、声音所处空间的印象等感受。

人耳的感知特性是人对感知声音时的一些现象，包括掩蔽效应、双耳效应、哈斯效应、鸡尾酒会效应等。具体内容将在以下相应章节详细阐述。

本章所用音乐版权

1. G.E.M 邓紫棋：泡沫，蜂鸟音乐，2012.

2. 周维：二泉映月，《中国民乐大师纯独奏鉴赏全集：二胡》，中国音乐家音像出版社，2006.9.

3. 门德尔松：e 小调小提琴协奏曲，《古典音乐 CD 百科》（*The Classical Collection*），迪茂国际出版公司，1997.

思考与研讨题

1. 人耳可听的频率范围是多少？频率与音高有什么样的关系？

2. 声压与声压级的关系如何？声压增加一倍，声压级提高几分贝？

3. 乐音与噪音从物理属性上的区别是什么？

4. 粉红噪声的名称由来是什么？它与白噪声有何区别？

5. 请根据人耳的构造说明人耳为什么对 3KHz~4KHz 的声音最敏感？

延伸阅读

［1］孙建京 . 现代音响工程［M］. 2 版 . 北京：人民邮电出版社，2008.

［2］陈克安 . 环境声的听觉感知与自动识别［M］. 北京：科学出版社，2014.

［3］马大猷 . 现代声学理论基础［M］. 北京：科学出版社，2004.

［4］杨建伟 . 巧学乐理知识［M］. 杭州：西泠印社，2003.

［5］陈小平 . 声音与人耳听觉［M］. 北京：中国广播电视出版社，2006.

2 音高感知与频谱均衡

本章要点

1. 熟记频段的划分频率

2. 识别纯音频率、窄带噪声中心频率

3. 辨别纯音频率变化

4. 常用的均衡器类型

5. 不同均衡器的效果听辨

6. 不同频段均衡的听辨

关键术语

音高、倍频程、1/3 倍频程、中心频率、频段、频率差别阈限音高是人耳对声音音调高低的主观感受，主要由声音的频率决定，同时也与声音强度有关。本章训练的内容首先是训练纯音的绝对频率和相对频率变化的感知，然后以此为基础，感知频谱均衡中不同频率变化对音色的影响。

2.1 音高感知的基本概念

2.1.1 音高

音高也称音调，其单位是"美"（mel），其定义为 1kHz 纯音的音高在听阈上 40dB 为 1000 mel。以此作为音高的标准来测量其他纯音音高对应的频率值。音调与实际频率 f 之间的关系并不是线性增长关系，如图 2-1 所示。其关系近似为：$F_{mel}=2595log_{10}$（$1+f/700$）。

例如，125Hz 纯音有一个 125mel 的纯音音高，1.3kHz 对应着 1050mel，而 8kHz 纯音对应着 2100mel，因此，1.3kHz 纯音的音高为 8kHz 纯音音高的一半。

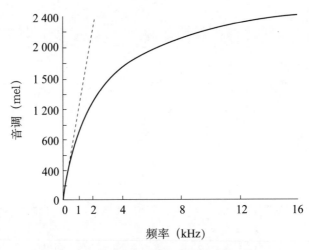

图 2-1 线性坐标尺度下音调和频率的关系

2.1.2 人耳对音高的感知机理

人耳可听的频率范围是 20Hz~20kHz，但由于每个人的生理结构的不同，感知到的频率范围也不尽相同。

扫频信号（Sweep Signal）是指纯音的频率从低到高随时间逐渐递增的信号，它的变化是从 20Hz~20kHz，如图 2-2 所示。请仔细听音频文件 2-1 上扫频信号的频率变化，体会低频到高频的感觉。如果你感觉在低频或者高频听不到了，一种原因是你的耳朵的感知频率范围没有达到 20Hz 或 20kHz，还有一种情况是你的放音设备没有足够的频率响应能够重放出所有频率的声音。

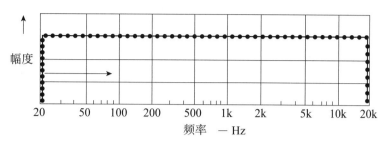

图 2-2 扫频信号

2.1.3 频带、频程和频段

人耳可听频率范围内其中某一频率区间称为频带。频带由下限频率 f_2 的频率确定，f_1 和 f_2 又称为截止频率。频带宽度 $\triangle f = f_2 - f_1$（Hz），简称"带宽"。带宽也可以用 f_1 和 f_2 的频率比表示，这一频率比以 2 为底求对数，得到频程关系。（如式 2-1 和 2-2）。

$$f_2 = 2^n f_1 \qquad\qquad (2\text{-}1)$$

$$n = \log_2 \frac{f_2}{f_1} \qquad\qquad (2\text{-}2)$$

式中，n 为倍频程数，可以是分数或者整数。

若 n=1 即 $f_2 = 2^n f_1$，则称其频带宽为倍频程带宽（oct）。若 n=1/3，即 $f_2 = 2^{1/3} f_1$，称频带宽度为 1/3 倍频程。1/3 倍频程是在两个相距倍频程的频率之间等距插入两个频率，相邻两个频率比都为 $2^{1/3}$。

频带的中心频率 fc 是上、下截止频率的几何平均数，即

$$f_c = \sqrt{f_1 f_2} \qquad\qquad (2\text{-}3)$$

如果将粉红噪音经过滤波器处理，将产生窄带噪声，该噪声具有上下限频率及中心频率。窄带噪声也能引起音调感知，并表现出同纯音以及复合音音调的一致性，窄带噪声音调的高低同噪声的中心频率相关。

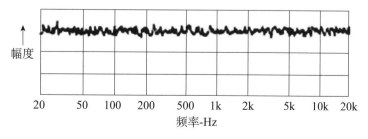

图 2-3 全频带粉红噪声

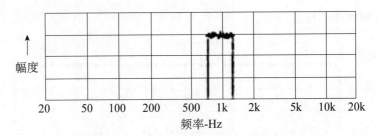

图 2-4　倍频程窄带噪声（700Hz-1.4kHz，中心频率为 1kHz）

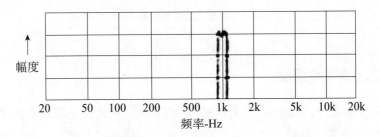

图 2-5　1/3 倍频程窄带噪声（890Hz-1.1kHz，中心频率为 1kHz）

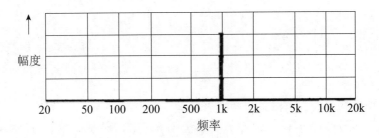

图 2-6　1kHz 纯音

请听音频文件 2-2，分别是 1kHz 倍频程窄带噪声，1/3 倍频程窄带噪声和 1kHz 纯音，请感觉它们之间带宽的变化，并比较它们的音高是否一致。

20Hz~20kHz 整个可听声频带可分成 10 个倍频程频带，多个频带就构成不同的频段。其中 1~4 倍频带构成了低频段，5~7 倍频带构成了中频段，8~10 倍频带构成了高频段。低频段又可分为超低频段和低频段两段，高频段可分为高频段和超高频段两段，中频段可分为中低频段、中频段和中高频段三段，频段的划分如表 2-1 所示。

表 2-1　倍频程与频段

倍频程	1	2	3	4	5	6	7	8	9	10
频段 Hz	20—40	40—80	80—160	160—320	320—640	640—1.28k	1280—2560	2560—5120	5120—10240	10240—20480
波长 m	17—8.6	8.6—4.3	4.3—2.15	2.15—1.08	1.08—0.54	0.54—0.27	0.27—0.13	0.13—0.067	0.067—0.034	0.034—0.017
频段划分	超低频		低频		中低频	中频	中高频	高频		超高频
	低频段				中频段			高频段		

2.1.4　乐音音高与频率

如前所述，乐音是由基频以及和这个基频呈整数倍关系的谐频构成。乐音的基频决定了乐音的音高。乐音体系中各音按照由高到低的顺序排列，就构成了音列。乐音体系中每一个音都有固定的音高，为了区分相同音级名称而不同音高的乐音，将乐音体系分成了不同的音组，如图 2-7 所示。

处于音列中心位置的为小字一组，相应的七个基本音级为（c^1，d^1，e^1，f^1，g^1，a^1，b^1），比小字一组高的音组依次为小字二组（c^2，d^2，e^2，f^2，g^2，a^2，b^2），小字三组（c^3，d^3，e^3，f^3，g^3，a^3，b^3），小字四组（c^4，d^4，e^4，f^4，g^4，a^4，b^4），小字五组（c^5），比小字一组低的音组依次为小字组（c，d，e，f，g，a，b），大字组（C，D，E，F，G，A，B），大字一组（C_1，D_1，E_1，F_1，G_1，A_1，B_1），大字二组（A_2，B_2）。

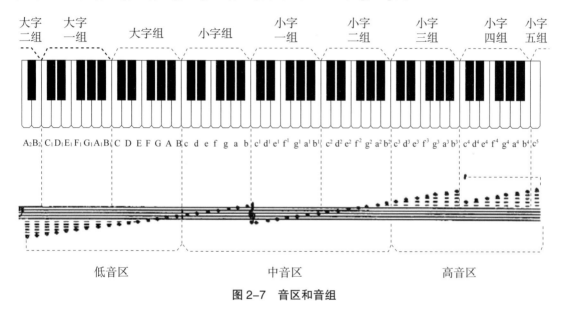

图 2-7　音区和音组

乐音体系中的中央 C 为小字一组 c^1，其基频频率为 261Hz。乐队演奏前校准的标准为小字一组 a^1，其基频频率为 440Hz。

乐音在音高上有精密的规定，所形成的体系称为"律制"。十二平均律、五度相生律和纯律是在国际上使用比较广泛的律制。

十二平均律是将一个八度音程按等比级数均分成十二份，称为十二平均律（Twelve tone equal temperament）。根据十二平均律的定义，相邻两音之间的频率比可用式 2-4 表示：

$$\frac{f_2}{f_1}=2^{1/12}=1.0595 \qquad （2-4）$$

五度相生律以一音为基音，然后将频率比为 3:2 的纯五度音程作为生律要素，分别向基音两侧同时生音。纯律是用纯五度和大三度确定音阶中各音高度的一种律制。三种律制由于生律方法的不同，所产生乐音的频率有所差异，表 2-2 为三种律制各音对应的频率。

表 2-2　三种律制小字一组各音对应的频率

	c^1	d^1	e^1	f^1	g^1	a^1	b^1
五度相生律	261.63	294.33	331.13	348.84	392.45	441.50	496.69
十二平均律	261.63	293.66	329.63	348.23	392.00	440.00	493.89
纯律	261.63	294.33	327.04	348.84	392.45	436.05	490.56

2.1.5　频率的绝对阈限和差别阈限

　　人的感觉阈限包括两个：一个是绝对阈限，即人的某个感知器官对刺激的最大和最小感知限度；另一个是差别阈限，即人的感知系统对刺激变化的最小感知限度。

　　人耳频率的绝对阈限是 20Hz~20kHz，即低于 20Hz 或高于 20kHz 的声音人耳都无法感知。人耳频率的差别阈限即人耳感知到两个频率声音的最小频率差，也叫作频率分辨率（DLF）。图 2-8 绘出了频率差别阈限与信号频率的关系。在 1kHz 至 3kHz，人耳的相对频率分辨能力最强，差别阈限不到 0.2%。在其他频率范围，例如 500Hz 以下和 4kHz 以上，频率分辨能力明显减弱。

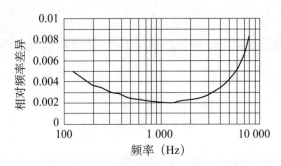

图 2-8　纯音相对频率分辨阈值与信号频率的经验关系

　　频率差异感知一般来说和声压级是无关的。但是在声压级低于 20dB 时，还是存在相关性。在 20dB 以下，差别阈限随着声压级减小而增长，而在 20dB 以上，声压级对差别阈限的影响较小。

2.2　音高感知听辨训练

2.2.1　纯音绝对频率听辨

训练 2-1（音频文件 2-3）

你将听到由低频到高频依次播放的 8 个倍频纯音，请感知频率由低到高的变化，同时记住每个频率的感觉。

频率	63Hz	125Hz	250Hz	500Hz	1kHz	2kHz	4kHz	8kHz

练习 2-1（音频文件 2-4）：纯音所处的频段的听辨

判断纯音所在的频段，并在表格内打钩。

序号	低频段 （20Hz~320Hz）	中频段 （320Hz~2560Hz）	高频段 （2560Hz~20kHz）
1			
2			
3			

练习 2-2（音频文件 2-5）：频段细化听辨

判断听到纯音的频率所在的频段，并在表格内打钩。

序号	超低频段 （20Hz~ 80Hz）	低频段 （80Hz~ 320Hz）	中低频段 （320Hz~ 640Hz）	中频段 （640Hz~ 1280Hz）	中高频段 （1280Hz~ 2560Hz）	高频段 （2560Hz~ 10 240Hz）	超高频段 （10 240~ 20kHz）
1							
2							
3							
4							
5							
6							
7							

练习 2-3（音频文件 2-6）：倍频程纯音的频率听辨

判断纯音的频率，并将序号填在相应的空格内。

频率	63Hz	125Hz	250Hz	500Hz	1kHz	2kHz	4kHz	8kHz
序号								

2.2.2　纯音频率变化听辨

练习 2-4（音频文件 2-7）：你将听到 9 组声音，每组有两个声音，第一个声音是标准音，第二个声音频率与之接近或相等，请判断第二个声音比第一个声音高、低还是等于，并在表格内打钩。

序号	高于	等于	低于
1			
2			
3			
4			
5			
6			
7			
8			
9			

2.2.3　窄带噪音中心频率听辨

训练 2-2（音频文件 2-8）不同中心频率的窄带噪声

频率	63Hz	125Hz	250Hz	500Hz	1kHz	2kHz	4kHz	8kHz

练习 2-5（音频文件 2-9）窄带噪音的中心频率听辨

你将听到不同中心频率的窄带噪声，请判断其中心频率，并将序号填在相应的空格内。

频率	63Hz	125Hz	250Hz	500Hz	1kHz	2kHz	4kHz	8kHz
序号								

2.3　频谱的畸变与均衡

频谱是声音的基本特征之一，与音色的感知息息相关。通常声音被音响设备拾取、处理并通过空间传到听音者后，由于设备本身频率响应曲线不平坦和房间对某些频率的反射、吸收不同等原因，势必会造成再现的声音某些频率成分增强或某些频率成分削弱的现象，导致频谱出现畸变。声频工程师往往通过均衡器进行频谱均衡的处理，消除畸变获得较为理想的音色表现。

2.3.1　影响频谱的因素

对声音进行录制及后期缩混时，影响频谱变化的因素众多。总结来看，主要影响因素包括传声器的选择与摆位，均衡器处理和声频传输通路等三个方面。

2.3.1.1 传声器的选择与摆位

通常录音师在录制声音的阶段，会比较不同型号的传声器，最终选择适合该声音的传声器进行录制。不同的声音具有不同的频谱特性而导致音色存在较大差异，同时不同录音环境及多个声音之间的串扰问题，都需要录音师仔细聆听，判断不同频响曲线和指向性的传声器拾取到的音色差异，从而获得最佳音色。

不仅传声器的频率响应是重要的影响因素，传声器的方位及与声源的距离也会对音色产生较大的影响。乐器在不同频段向各个方向辐射的声能存在较大差异。多数乐器在低频区类似于全方位辐射，随着频率的升高辐射特性变得越来越尖锐。如果传声器放置的位置正好不在乐器高频区的辐射范围内，往往会导致录制出来的声音明亮度不足。除了乐器具有辐射特性外，传声器本身也具有复杂的指向特性。即使是全指向性传声器，在偏离主轴的位置高频信号也会具有尖锐的指向特性。因此通过改变传声器的拾音方位就可以获得不同的音色。而传声器与声源的距离会影响信号的直混比。距离越远，直混比越小，且拾取到的高频信号越少。此外，对于心形或8字形指向的传声器而言，距离声源过近拾取声音会产生近讲效应，导致低频提升。此时可以通过调音台上的低频衰减来恢复自然的声音平衡。如果传声器本身带有低频衰减开关，也可以用它来消除或减弱近讲效应。需要特别提示的是，是否需要使用均衡来减弱近讲效应的影响，要根据声源的声音特点来决定。对于一些流行歌手的拾音，特别是在扩声时，可以利用近距离的手持传声器方式使其声音丰满，富有温暖感。

2.3.1.2 均衡器的整形处理

均衡器是对音频信号频率响应进行调整的电声处理设备。它可以改变声音信号中基频与谐频的能量比、频响曲线、频带宽度等，是录音师用来修饰补偿音量和音质的有效工具。均衡器的类型有多种，主要包括图示均衡器、房间均衡器和参量均衡器。针对低频和高频信号的处理，也可以使用低通滤波器或高通滤波器等。均衡器在音频信号处理中，可以有效地改善问题频段。在声音制作过程中，很多环节都可能产生问题频段，例如厅堂声学缺陷引起的低频共振，声部之间串音造成的泄漏频率，传声器或声源本身存在的频响缺陷等。通过对歌手存在较重的齿音采用高频衰减的均衡处理，可以减少高频咝声。而对领夹式传声器拾取到的人声进行750Hz的适当衰减可以消除胸腔共鸣的声音。可见，通过均衡器可以将最真实的声音传递给听音者。

从艺术处理的角度上看，录音师也可以通过均衡器对声音的频率进行提升或衰减处理，以使声音更加逼真、优美，声音的艺术风格更加鲜明、准确。在影视剧声音制作中，可以采用300Hz~3kHz的带通滤波器对声音进行均衡处理以获得电话声。在绝大多数情况下，均衡器的调整需要根据听音效果完成。因此，录音师要清楚不同频段的提升或衰减会给人们带来什么样的听音感受，并且明白这些感受与均衡参数（均衡频率、增益和 Q 值）的关系，这将有助于正确的调控各频段的声音比例。

2.3.1.3　声频传输通路

（1）音频连接电缆

在音频信号的传输过程中，不同设备之间的连接线也是影响频率响应优劣的重要因素。音频连接电缆包括平衡电缆和非平衡电缆，平衡电缆通常使用 XLR（卡农）或 TRS（大三芯）插接件，非平衡电缆通常使用 TS（大二芯）或 RCA（莲花头）插接件。平衡电缆在抗噪声干扰方面要优于非平衡电缆，因为平衡电缆采用差分放大器进行电平衡连接，可以有效减少由于线路引入的干扰。通常使用非平衡连接时，连接长度会受到较大限制，一般控制在 10m 以内。特别注意的是，当非平衡电缆中的屏蔽线和电缆两端的接地均有连接时，将产生接地回路问题，并容易在信号导线上产生 50Hz 的哼噪声。

（2）设备之间的阻抗匹配

音频设备连接时，阻抗匹配也是需要重点考虑的问题。在进行传声器与调音台连接时，往往要求高阻跨接，即调音台的输入接口对外呈现的输入阻抗至少比所接入的输入信号源的输出阻抗大五倍以上。在进行功率放大器与扬声器箱配接时，要求功率放大器输出阻抗与扬声器箱的额定阻抗相一致，阻抗过大或过小均可能造成高频谐波成分的增减，造成频响的畸变。阻抗匹配可以获得较高的传输效率，较小的失真度。

（3）监听设备

虽然监听设备不会对声频信号的频谱平衡产生直接的影响，但是每种类型和型号的监听设备都具有各自的频率响应。由于录音师依靠监听设备来判断声音信号的频谱平衡，所以监听设备的频率响应和功率响应可能间接影响声音信号的频谱平衡。对于录音师而言，正确的做法是利用三组或更多组不同的监听扬声器或耳机来检查缩混方案是否合适，这样可以使声频信号获得更加准确的频谱平衡。

（4）室内声学条件

除了消声室，录音师在任何室内进行声音信号的监听时都将受到房间大小、体积和房间表面声学处理的影响。源自扬声器的声音辐射到房间中，在经过物体和墙壁的反射后与直接辐射的声音相混合。由于大部分扬声器的指向性会随着频率的降低向无指向过渡，因此听者将监听到包含更大比例的低频反射声。从本质上讲，扬声器和听音环境的作用相当于滤波器，它们会改变我们所听的声音。房间的简正振动与房间的尺寸有关，并且它会影响房间中扬声器重放出来的声音的频谱平衡。简正频率的简并现象是产生房间低频共振的主要根源，且与听音者所处房间中的位置有关。因此，录音师应该在房间各处走走，并在房间的不同位置听一下声音特性。

（5）人耳对频率的感知

通常人类听觉系统的可听频率范围为 20Hz 到 20kHz，然而人与人之间的听觉差别是很大的。人类的可听频率范围随着年龄的增大而逐渐改变，这是人类衰老的生理表现之一，主要表现在可听上限频率的降低。随着年龄的增长，不仅听觉频率范围的上限会下降，听觉在各个频率的灵敏度也会降低，低频比高频的降低程度较小，如图 2-9 所示。此外这种听觉灵敏度自然降低、上限频率自然下降的现象在男性身上更为明显。

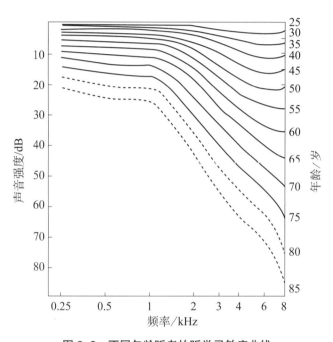

图 2-9　不同年龄听者的听觉灵敏度曲线

人耳对频率感知的灵敏度与两个因素相关，一个是频率的高低，另一个是重放声压级。一般而言，相同的监听声压级下，人耳对低频和高频的感知敏感度比中频要低。但随着声压级的提升，这种感知敏感度的差异性将减少。通常在低声压级下（例如 55dBA）进行声音缩混，人们会认为缩混作品的低频表现不充分。因此以不同的重放声压级来审听同一缩混作品，应考虑人耳听觉系统在不同声压级之下的频率响应差异，从中找出总体频谱平衡方面表现最佳的折中方案会是一种有益的做法。

2.3.2　不同类型的均衡器

均衡器是录音师用于改变声音频谱特性最主要的设备。按照均衡曲线形式的不同，可以划分成高、低通滤波器，陷波器，搁架式均衡器和峰值均衡器。不同均衡器的原理虽然相近，但在应用领域和功能性上还略有差异。

2.3.2.1 高、低通滤波器

在声音录制过程中，通常需要将声音信号频域之外的频率成分切除，用于提高信号的信噪比。这时通常会使用高、低通滤波器，衰减掉高频或低频无用的信号成分。高通滤波器和低通滤波器可去除截止频率之下或之上的频率成分，如图 2-10 所示。通常将衰减量正好为 3dB 的频率称为截止频率，这也是高、低通滤波器可调的参数。不同滤波器的衰减斜率会有所不同，常用的衰减斜率有 –6dB/oct、–12 dB/oct 和 –18 dB/oct（oct 为倍频程）。在使用高、低通滤波器时，要慎重设置截止频率，以防把有用的声音信号一并衰减掉。

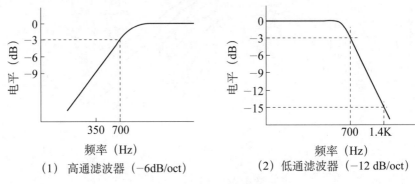

图 2-10 高、低通滤波器

2.3.2.2 陷波器

陷波器是一种特殊形式的频率衰减器，其作用通常是通过均衡的方法来消除带宽很窄的频率，而同时对相邻的频带影响很小。例如将陷波滤波器调在 50Hz，可以消除声音节目中的交流哼声，它在很窄的带宽内对 50Hz 的成分产生很大的衰减，而对音频的其他频率成分不会产生太大的影响，如图 2-11 所示。

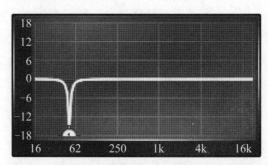

图 2-11 设置在 50Hz 的陷波器

2.3.2.3 搁架式均衡

搁架式均衡器常用于可听频带的高频段和低频段，但是又不同于高、低通滤波器的功能。高低通滤波器只能去除某一频段，而搁架式均衡器可以通过提升或衰减来改变频率范围。这种均衡器的特点是提升量或衰减量以某一特定的比例增加（或减少）到设定的频率点，当频率继续朝相同的方向变化时，则保持恒定的均衡量。图 2-12 所示为低频和高频搁架式均衡的均衡曲线，其中图（1）为低频搁架式均衡，图（2）为高频搁架式均衡。在声音制作过程中，搁架式均衡常常是作为参量均衡器在低频段和高频段上的可用选项。

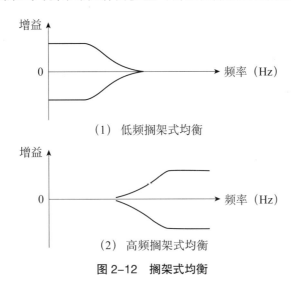

图 2-12　搁架式均衡

2.3.2.4　峰形均衡

由于搁架式均衡只能处理某一指定的频率段，因此在人耳感觉非常敏感而又携带大量信息的中频段就不能采用搁架式均衡，为此在中频段大都采用峰形均衡。峰形均衡的特点是能在指定的频率上进行所要求的均衡处理。峰形均衡常用的参量有三个，分别是均衡频率、均衡宽度和均衡量。均衡频率是峰形均衡中心频率；均衡宽度通常由 Q 值来控制，Q 值越大，均衡宽度越窄；均衡量用来控制提升或衰减量。图 2-13 显示了峰形均衡三个变量的特性。

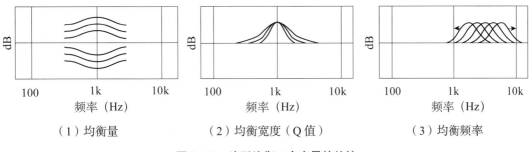

图 2-13　峰形均衡三个变量的特性

通常图示均衡器和参量均衡器会使用到峰形均衡。图示均衡器用于均衡厅堂声学特性，常见的图示均衡器为 31 个频段，即采用 1/3 倍频程将人耳可听频带划分成 31 个频带。通常每个频段提升或衰减的带宽是事先设定好的，不能由使用者改变。图 2-14 显示了 Waves 推出的一款图示均衡器。

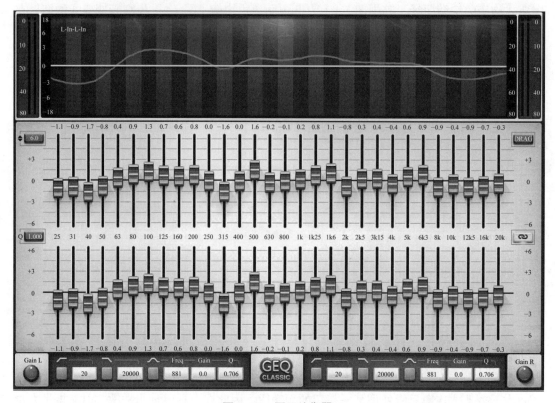

图 2-14　图示均衡器

参量均衡器是用途最为广泛的均衡器，允许在每个频段对三个参量进行完全独立的控制。目前在大多数的调音台输入部分都配有参量均衡器，如图 2-15 所示。在该图中均衡器为四段均衡，将全频带分成低音区（LF）、中低音区（LMF）、中高音区（HMF）和高音区（HF）四个音区。

图 2-15　参量均衡器

2.3.3　不同频段对音质的影响

如果录音师想要通过均衡器来改善不同声音的音质，就必须掌握各频段的作用及不同声音重要频率的音色特性。因此本文将人耳可听频带 20Hz~20kHz 按照倍频程划分成十个频段，以下对每个频段各自的特性和音乐含义进行简要介绍。

◆倍频程 1：中心频率为 31.25Hz，频带从 20Hz~40Hz

该频段是超低音区，基本上属于感觉区而非听觉区，几乎不含有音乐成分，仅有底鼓和倍大提琴能够下潜到该频段，部分扬声器箱无法重放该乐段的声音。

◆倍频程 2：中心频率为 63Hz，频带从 40Hz~80Hz

该频段是下低频音区，是音乐信号的下限，包含低音乐器的部分基频成分，例如大提琴、倍大提琴、底鼓和贝斯，电源的交流噪声也存在于该频段，大多数扬声器箱都可以重放该频段信号。

◆倍频程 3：中心频率为 125Hz，频带从 80Hz~160Hz

该频段是上低频音区，包含鼓套件和贝斯等低频乐器的主要基频段，是音乐低频冲击感和厚重感的主要表现乐段。

◆倍频程 4：中心频率为 250Hz，频带从 160Hz~320Hz

该频段是低音区与中音区的过渡音区，属于乐音的次中音倍频程，包含多数中低音乐器的基频段，是音质丰满度的表现频段。过多提升该频段会使声音有浑浊的感觉，清晰度降低，缺少该频段则会使声音变得单薄。

◆倍频程 5：中心频率为 500Hz，频带从 320Hz~640Hz

该频段是中低音区，包含多数乐器的基频及较低谐波信号，是音乐力度和丰满度的主要表现频段。

◆倍频程 6：中心频率为 1kHz，频带从 640Hz~1280Hz

该频段是中音区，包含部分高音乐器的基频成分。对于一些低音乐器而言，会出现其高次谐波成分和识别频点，是大多数乐器的中心频段。

◆倍频程 7：中心频率为 2kHz，频带从 1280Hz~2560Hz

该频段属于中高音区，幻象声像的识别频段，影响声音的响度、清晰度和力度。很多乐器的主要谐波成分都位于该频段，并且是某些乐器音色表现力的频段。

◆倍频程 8：中心频率为 4kHz，频带从 2560Hz~5120Hz

从该频段开始进入高音区，是很多乐器的涵盖频率的上限，影响音色的明亮度，是人耳最敏感的频段，也是影响语言可懂度的频段。

◆倍频程 9：中心频率为 8kHz，频带从 5120Hz~10 240Hz

该频段可表现金属般的明亮度，也称为辉煌的、壮丽的音色，金属嚓嚓声所在的频段，主要包含高频的打击乐器，例如铙钹、军鼓的高频区、金属弦吉他。

◆倍频程 10：中心频率为 16kHz，频带从 10 240Hz~20 480Hz

该频段属于超高频区，是声音的上限，表现声音的空气感，咝咝声，仅有个别高频乐器能扩展到该频段，例如吊镲和花腔女高音。

不同的乐器和人声都会发出具有各自特点的声音，录音师根据不同声音的音质特点，通过调整不同频段的能量来改善音质。表 2-3 和表 2-4 分别列出了古典音乐和流行音乐中常见乐器的有效均衡频率范围。

表 2-3 古典音乐常见乐器的有效均衡频率范围

乐器	有效的均衡频率范围
小提琴	丰满度在 240Hz~400Hz，拨弦声在 1kHz~2kHz，明亮度在 7.5kHz~10kHz
中提琴	丰满度在 150Hz~300Hz，音色表现力度在 3kHz~6kHz
大提琴	丰满度和浑厚度在 100~250Hz，明亮度在 3kHz
倍大提琴	丰满度在 50Hz~150Hz，明亮度在 1kHz~2kHz
长笛	丰满度在 250Hz~1kHz，明亮度和清晰度在 5kHz~6kHz
单簧管	丰满度在 150Hz~600Hz，明亮度和解析力在 3kHz~6kHz
双簧管	丰满度在 300Hz~1kHz，明亮度和清晰度在 5kHz~6kHz
大管	丰满度和浑厚度在 100Hz~200Hz，表现力在 2kHz~5kHz
小号	丰满度和浑厚度在 180Hz~250Hz，明亮度在 5kHz~7.5kHz
圆号	和谐度和圆润度在 80Hz~600Hz，明亮度在 1kHz~2kHz
长号	丰满度在 130Hz~240Hz，表现力在 500Hz~2kHz
大号	丰满度和力度在 60Hz~200Hz
钢琴	丰满度在 80Hz，表现力在 2.5kHz~5kHz
人声	丰满度在 120Hz~240Hz，鼻音在 60Hz~250Hz，胸腔共鸣在 700Hz~800Hz，表现力在 5kHz，齿音在 6kHz，空气感在 10kHz~15kHz

表 2-4 流行音乐常见乐器的有效均衡频率范围

乐器	有效的均衡频率范围
底鼓	基频在 80Hz~100Hz，中空在 400Hz，明亮度和打击感在 3kHz~5kHz
军鼓	宽度和丰满度在 120Hz~240Hz，中频力度在 900Hz，清脆感在 5kHz
中通、高通鼓	丰满度在 240Hz~500Hz，打击感在 5kHz~7kHz
地通鼓	丰满度在 80Hz~120Hz，打击感在 5kHz
吊镲、踩镲	温暖度在 200Hz，亮点在 8kHz~10kHz
电吉他	丰满度在 240Hz~500Hz，表现力在 1.5kHz~2.5kHz
木吉他	丰满度在 80Hz，琴箱声在 240Hz，表现力在 2kHz~5kHz
电贝斯	丰满度在 50Hz~80Hz，打击感在 700Hz~1kHz
康加鼓	丰满度在 200Hz，打击感在 5kHz

2.4 频谱均衡的听辨训练

2.4.1 不同均衡器的效果听辨

训练 2-3（音频文件 2-10）：高通滤波器的听辨，截止频率设置为 500Hz，衰减斜率为 -12dB/oct，信号采用效果器 Waves Q1 制作完成。

训练 2-4（音频文件 2-11）：低通滤波器的听辨，截止频率设置为 1kHz，衰减斜率为 -12dB/oct，信号采用效果器 Waves Q1 制作完成。

训练 2-5（音频文件 2-12）：陷波器的听辨，一段含有交流电源噪声的语音信号，采用陷波器将 60Hz 左右的交流电源噪声消除，信号采用效果器 Waves Q1 制作完成。

训练 2-6：搁架式均衡器的听辨，搁架式均衡器包括低频搁架和高频搁架式均衡器。低频搁架式均衡器频率设置为 500Hz，衰减频率为 -12 dB/oct，信号采用效果器 Waves Q1 制作完成（音频文件 2-13）。高频搁架式均衡器频率设置为 1kHz，衰减频率为 -12 dB/oct，信号采用效果器 Waves Q1 制作完成（音频文件 2-14）。着重辨识搁架式均衡器与高低通滤波器的差别。

训练 2-7（音频文件 2-15）：峰形均衡器的听辨，中心频率为 250Hz，衰减 12dB，Q 值设置为 4，信号采用效果器 Waves Q1 制作完成。

2.4.2 不同频段均衡的听辨

不同频段均衡训练的素材包括粉红噪声和音乐信号。粉红噪声是在整个频谱范围内均有分布，且能量谱的分布特点与语音和音乐非常相似。因此频率均衡的训练应先以粉红噪声为主，感知不同频段提升或衰减时对音色的影响，然后再以音乐信号为主进行进一步的均衡训练。

对频率均衡的训练以倍频程为间隔将人耳可听频带划分成十个频段进行，每个频段的具体频率范围参见上一节。为了方便大家进行训练，进一步将这十个倍频程划分成低音区、中音区和高音区，详情参见表 2-5。均衡训练首先从频率提升开始，然后再进行频率衰减的训练。频率提升部分依次训练的信号包括粉红噪声低音区、粉红噪声中音区、粉红噪声高音区，音乐信号低音区、音乐信号中音区和音乐信号高音区。频率衰减的训练顺序与提升一样。每个训练素材开始时都是原始信号，3s 以后会对某个倍频程进行 12dB 的提升或衰减，再过 4s 恢复原始信号。训练者反复聆听训练素材在不同倍频程提升或衰减后的声音变化，并可以在随后的练习中检测自己是否已经掌握均衡处理听辨能力。每个练习均包含十个测试信号，仔细聆听后，将提升（或衰减）倍频程的中心频率填写在空格处。

表 2-5 不同音区涵盖的倍频程的中心频率

不同音区	涵盖的倍频程的中心频率（Hz）
低音区	31，63，125，250，500
中音区	250，500，1k，2k，4k
高音区	1k，2k，4k，8k，16k

训练素材是在 Pro tools 工作站制作完成的，使用的十段均衡效果器是 Waves Q10。

练习 2-6（音频文件 2-16）：粉红噪声在低音区进行 12dB 提升

测试信号	1	2	3	4	5	6	7	8	9	10
答案										

练习 2-7（音频文件 2-17）：粉红噪声在中音区进行 12dB 提升

测试信号	1	2	3	4	5	6	7	8	9	10
答案										

练习 2-8（音频文件 2-18）：粉红噪声在高音区进行 12dB 提升

测试信号	1	2	3	4	5	6	7	8	9	10
答案										

练习 2-9（音频文件 2-19）：音乐信号在低音区进行 12dB 提升

测试信号	1	2	3	4	5	6	7	8	9	10
答案										

练习 2-10（音频文件 2-20）：音乐信号在中音区进行 12dB 提升

测试信号	1	2	3	4	5	6	7	8	9	10
答案										

练习 2-11（音频文件 2-21）：音乐信号在高音区进行 12dB 提升

测试信号	1	2	3	4	5	6	7	8	9	10
答案										

练习 2-12（音频文件 2-22）：粉红噪声在低音区进行 12dB 衰减

测试信号	1	2	3	4	5	6	7	8	9	10
答案										

练习 2-13（音频文件 2-23）：粉红噪声在中音区进行 12dB 衰减

测试信号	1	2	3	4	5	6	7	8	9	10
答案										

练习 2-14（音频文件 2-24）：粉红噪声在高音区进行 12dB 衰减

测试信号	1	2	3	4	5	6	7	8	9	10
答案										

练习 2-15（音频文件 2-25）：音乐信号在低音区进行 12dB 衰减

测试信号	1	2	3	4	5	6	7	8	9	10
答案										

练习 2-16（音频文件 2-26）：音乐信号在中音区进行 12dB 衰减

测试信号	1	2	3	4	5	6	7	8	9	10
答案										

练习 2-17（音频文件 2-27）：音乐信号在高音区进行 12dB 衰减

测试信号	1	2	3	4	5	6	7	8	9	10
答案										

2.4.3 全频段均衡的听辨

全频段均衡训练的素材也包括粉红噪声和音乐信号。训练素材仍然是以倍频程为间隔将人耳可听频带划分成十个频段让读者进行练习。练习 2-18 至 2-19 听辨音乐信号或粉红噪声在全频带范围内某个倍频程提升 12dB；练习 2-20 至 2-21 听辨音乐信号或粉红噪声在全频带范围内某个倍频程衰减 12dB。练习 2-22 至 2-25 将综合听辨音乐信号或粉红噪声在全频带范围内提升或衰减 12dB。所有训练素材开始时都是原始信号，3s 以后会对某个倍频程进行 12dB 的提升或衰减，再过 4s 恢复原始信号。每个练习均包含十个测试信号，仔细聆听后，将提升（或衰减）倍频程的中心频率填写在空格处。

练习 2-18（音频文件 2-28）：粉红噪声在全频带进行 12dB 提升

测试信号	1	2	3	4	5	6	7	8	9	10
答案										

练习 2-19（音频文件 2-29）：音乐信号在全频带进行 12dB 提升

测试信号	1	2	3	4	5	6	7	8	9	10
答案										

练习 2-20（音频文件 2-30）：粉红噪声在全频带进行 12dB 衰减

测试信号	1	2	3	4	5	6	7	8	9	10
答案										

练习 2-21（音频文件 2-31）：音乐信号在全频带进行 12dB 衰减

测试信号	1	2	3	4	5	6	7	8	9	10
答案										

练习 2-22（音频文件 2-32）：粉红噪声在全频带进行 12dB 提升或衰减

测试信号	1	2	3	4	5	6	7	8	9	10
答案										

练习 2-23（音频文件 2-33）：粉红噪声在全频带进行 12dB 提升或衰减

测试信号	1	2	3	4	5	6	7	8	9	10
答案										

练习 2-24（音频文件 2-34）：音乐信号在全频带进行 12dB 提升或衰减

测试信号	1	2	3	4	5	6	7	8	9	10
答案										

练习 2-25（音频文件 2-35）：音乐信号在全频带进行 12dB 提升或衰减

测试信号	1	2	3	4	5	6	7	8	9	10
答案										

练习答案：

练习 2-1

序号	低频段 （20Hz–320Hz）	中频段 （320Hz–2560Hz）	高频段 （2560Hz–20 000Hz）
1		1000Hz	
2	250Hz		
3			4kHz

练习 2-2

序号	超低频段（20Hz-80Hz）	低频段（80Hz-320Hz）	中低频段（320Hz-640Hz）	中频段（640Hz-1280Hz）	中高频段（1280Hz-2560Hz）	高频段（2560Hz-10 240Hz）	超高频段（10 240Hz-20kHz）
1			500Hz				
2						4kHz	
3	63Hz						
4				1kHz			
5		250Hz					
6					2kHz		
7							16kHz

练习 2-3

频率	63Hz	125Hz	250Hz	500Hz	1000Hz	2000Hz	4000Hz	8000Hz
序号	4	2	6	1	7	5	3	8

练习 2-4

序号	高于	等于	低于
1	1003Hz		
2			980Hz
3	1010Hz		
4		1kHz	
5			997Hz
6	1020Hz		
7	1005Hz		
8			995Hz
9			990Hz

练习 2-5

序号	63Hz	125Hz	250Hz	500Hz	1kHz	2kHz	4kHz	8kHz
频率	8	1	7	3	5	4	2	6

练习 2-6　粉红噪声在低音区进行 12dB 提升

测试信号	1	2	3	4	5	6	7	8	9	10
答案	63	250	125	31	500	250	125	63	125	500

练习 2-7　粉红噪声在中音区进行 12dB 提升

测试信号	1	2	3	4	5	6	7	8	9	10
答案	2k	4k	500	250	1k	4k	250	2k	500	4k

练习 2-8   粉红噪声在高音区进行 12dB 提升

测试信号	1	2	3	4	5	6	7	8	9	10
答案	8k	4k	1k	8k	16k	2k	8k	1k	2k	1k

练习 2-9   音乐信号在低音区进行 12dB 提升

测试信号	1	2	3	4	5	6	7	8	9	10
答案	125	63	250	31	500	125	250	63	500	250

练习 2-10   音乐信号在中音区进行 12dB 提升

测试信号	1	2	3	4	5	6	7	8	9	10
答案	250	1k	4k	500	2k	4k	500	1k	250	2k

练习 2-11   音乐信号在高音区进行 12dB 提升

测试信号	1	2	3	4	5	6	7	8	9	10
答案	8k	4k	2k	16k	1k	4k	8k	16k	1k	2k

练习 2-12   粉红噪声在低音区进行 12dB 衰减

测试信号	1	2	3	4	5	6	7	8	9	10
答案	63	250	125	500	31	63	125	63	250	500

练习 2-13   粉红噪声在中音区进行 12dB 衰减

测试信号	1	2	3	4	5	6	7	8	9	10
答案	500	250	1k	2k	4k	250	2k	500	1k	4k

练习 2-14   粉红噪声在高音区进行 12dB 衰减

测试信号	1	2	3	4	5	6	7	8	9	10
答案	16k	4k	8k	2k	1k	4k	16k	1k	8k	16k

练习 2-15   音乐信号在低音区进行 12dB 衰减

测试信号	1	2	3	4	5	6	7	8	9	10
答案	500	63	250	31	125	63	250	500	63	125

练习 2-16   音乐信号在中音区进行 12dB 衰减

测试信号	1	2	3	4	5	6	7	8	9	10
答案	500	2k	250	1k	250	4k	1k	500	2k	4k

练习 2-17 音乐信号在高音区进行 12dB 衰减

测试信号	1	2	3	4	5	6	7	8	9	10
答案	4k	16k	8k	1k	2k	8k	2k	4k	16k	1k

练习 2-18：粉红噪声在全频带进行 12dB 提升

测试信号	1	2	3	4	5	6	7	8	9	10
答案	500	2k	125	8k	250	63	16k	4k	31	1k

练习 2-19：音乐信号在全频带进行 12dB 提升

测试信号	1	2	3	4	5	6	7	8	9	10
答案	4k	250	1k	63	8k	500	31	250	2k	125

练习 2-20：粉红噪声在全频带进行 12dB 衰减

测试信号	1	2	3	4	5	6	7	8	9	10
答案	63	250	2k	16k	31	500	4k	1k	125	8k

练习 2-21：音乐信号在全频带进行 12dB 衰减

测试信号	1	2	3	4	5	6	7	8	9	10
答案	250	2k	63	500	1k	4k	1k	125	8k	16k

练习 2-22：粉红噪声在全频带进行 12dB 提升或衰减

测试信号	1	2	3	4	5	6	7	8	9	10
答案	125	4k	16k	500	1k	8k	63	2k	4k	250

练习 2-23：粉红噪声在全频带进行 12dB 提升或衰减

测试信号	1	2	3	4	5	6	7	8	9	10
答案	250	16k	2k	500	125	4k	63	1k	8k	500

练习 2-24：音乐信号在全频带进行 12dB 提升或衰减

测试信号	1	2	3	4	5	6	7	8	9	10
答案	500	1k	125	250	63	4k	2k	500	8k	4k

练习 2-25：音乐信号在全频带进行 12dB 提升或衰减

测试信号	1	2	3	4	5	6	7	8	9	10
答案	250	500	2k	1k	500	125	4k	63	1k	8k

思考与研讨题

1. 什么是频率差别阈限？哪个频段人耳的频率差别阈限最低？
2. 250Hz 属于哪个频段？ 1000Hz 属于哪个频段？
3. 影响声音频谱改变的因素有哪些？
4. 阐述常见的均衡器类型。

延伸阅读：

[1] 齐娜，孟子厚 . 音响师声学基础 ［M］. 北京：国防工业出版社，2006.

［2］孟子厚 . 音质主观评价的实验心理学方法 ［M］. 北京：国防工业出版社，2008.

［3］秦佑国，王炳麟 . 建筑声环境 ［M］. 2 版 . 北京：清华大学出版社，1999.

［4］MOULTON D. Golden Ears：The Revolutionary CD−based Audio Training Course for Musicians，Engineers and Producers ［CD］. Sherman Oaks：KIQ Productions，1995.

［5］EVEREST F A. Critical listening skills for audio professionals ［M］. Boston：Thomson Course Technology，2006.

［6］陈小平 . 声音与人耳听觉 ［M］. 北京：中国广播电视出版社，2006.

［7］COREY J. 听音训练手册 ［M］. 朱伟，译 . 北京：人民邮电出版社，2011.

［8］周晓东 . 录音工程师手册 ［M］. 北京：中国广播电视出版社，2006.

［9］朱伟 . 录音技术 ［M］. 北京：中国广播电视出版社，2003.

［10］林达悃 . 影视录音心理学 ［M］. 北京：中国广播电视出版社，2005.

本章所用音乐版权：

1. 包朝克：马头琴魂传说，星文唱片公司，2006.

2. 金响宴男声朗诵—念奴娇·赤壁怀古，天乐唱片，1999.

3. Adam Lambert：Whataya Want from Me，Maratone Studios，2009.

4. Carrie Underwood：Before He Cheats，FAME Studios，2006.

5. Sade：Babyfather，Sony Records，2010.

6. Pink：sober，RCA Records，2008.

7. Lady Antebellum：need you now，Capitol Records，2010.

8. Colbie Caillat：Fallin' For You，Universal Republic Records，2008.

9. Tim McGraw & Faith Hill：Meanwhile Back at Mama's，Big Machine Records，2014.

3 响度感知与动态控制

本章要点

1. 理解等响曲线及掩蔽效应

2. 辨别纯音响度的变化

3. 感知纯音、语音和音乐声压级变化的分贝数

4. 声音动态控制的听辨

5. 失真信号的类型及听辨

6. 噪声信号的类型及听辨

关键术语

响度级、等响曲线、听阈、痛阈、掩蔽效应、掩蔽阈、临界频带

3.1　响度感知的基本概念

3.1.1　响度

响度是人耳对声音强弱的主观感受，用符号 N 表示。我们知道，声波振幅越大，声压级就越大。但是对于同样声压级的声音，不同人感受到的强度并不相同，可以说响度取决于每个人听觉神经刺激的程度。响度不仅取决于声压级，还取决于声波的频率，相同声压级而不同频率的声音，人们听起来也会感觉不一样响，而频率和声压级不同的两个声音听起来可能会一样响。

响度的单位是宋（sone），将 1kHz 纯音在 40dB 下的主观感受为 1sone，听者判断其 2 倍响是 2sone，10 倍响是 10sone。为了将声压级与响度联系起来，引入了响度级的概念，用符号 L_N 表示，单位是方（Phon）。1kHz 纯音的响度级就是它的声压级，70dB 的 1kHz 纯音的响度级为 70 方，50dB 的 1kHz 纯音的响度级是 50 方。任何声音的响度级在数值上等于与标准音（1kHz 纯音）一样响时标准音的声压级，如果人耳判断某声音与声压级为 30dB 的 1kHz 纯音等响，则它的响度级为 30 方。响度与响度级之间的关系可以用下式表示：

$$N = 2^{(L_N - 40)/10} \tag{3-1}$$

或
$$L_N = 10 \log_2 N + 40 \tag{3-2}$$

可以看出，响度级每增加 10 方，响度加倍。注意上式的适用范围是 20 方~120 方，20 方以下不适用。

3.1.2　等响曲线

1933 年，佛来彻（Fletcher）和蒙森（Munson）首先通过将不同频率的声音在与标准音（1kHz）比较响度，得到响度相等时各频率的声压级，即等响曲线。国际标准化组织（ISO）在 1961 年制定了等响曲线的国际标准，如图 3-1 所示。等响曲线表示了响度级、声压级与频率三者之间的关系，反映了人耳对各频率的灵敏度。

通过等响曲线可以得出如下结论：

①声压级提高，响度级也相应增大，但是声压级并不是制约响度级的唯一因素，频率不同时响度级也不同。

②相同声压级的低频和高频声的响度级相对较低，而中高频声的响度级较高。这说明人耳对低频和高频声的敏感度低，对中高频声的敏感度高。

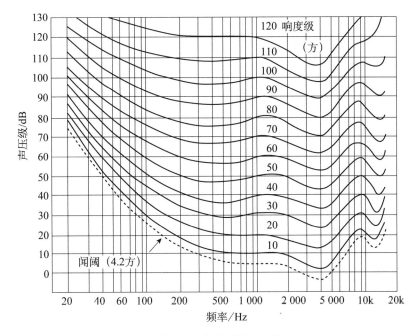

图 3-1 纯音的等响曲线

③等响曲线在低声压级下变化快，斜率大，而在高声压级时就比较平坦。当声压级高于 100dB 时，响度级与声压级关系较大，而与频率关系不大。

请听音频文件 3-1，文件中将依次播放 63Hz 到 8kHz 的 8 个等声压级倍频程纯音，请感知不同频率声音响度的差异是否与等响曲线一致。

3.1.3 人耳响度的绝对阈限和差别阈限

响度绝对阈限是指刚刚能引起听觉所需的最小声音刺激强度，即听阈。这一最小强度因人而异，且随声音频率的不同而不同。听力正常的人所听到的 1kHz 声音的大小，其声压约为 2×10^{-5}Pa，声压级值为 0dB，而对于其他频率的听阈则不一定是 0dB，如等响曲线中的最低虚线所示。

痛阈是指听觉系统能够接受的声音刺激的上限，即不引起疼痛的最大声强或声压。这个可容忍的条件有时被称为感觉不适、发痒、压痛等。感觉阈和习惯有关，未经受过强声的人，能承受的最大声压级为 125dB，有经验的人可达 135~140dB。在一般情况下，取 120dB 为不适阈，140dB 为痛阈或是发痒阈。听阈随频率不同差异较大，而痛阈随频率变化较小，如图 3-2 所示。

响度的差别阈限是指刚刚能引起差别感觉的刺激之间的最小强度差。对于频率在 50Hz~1000Hz 之间的任何纯音，当声压级大于 50dB 时，人耳大约可分辨 1dB 的声压级差。随着声压级的升高，差别阈限减小，即可辨别的声压级差减小。

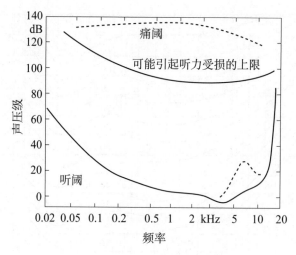

图 3-2　人耳的听阈和痛阈

3.1.4　掩蔽效应

声音掩蔽效应是人耳听觉的一种重要现象，它是指一个声音的听阈由于另一个声音的存在而提高的听觉心理感知现象。

假设在安静条件下，被试对声信号 A 的听觉阈值是 10dB，当加入另一个声信号 B 后 A 的阈值上升到 26dB，阈值的升高就反映了信号 B 对 A 的掩蔽作用。在安静状态下的听觉阈值也称为绝对听阈（Absoluted threshold），在掩蔽情况下提高的被掩蔽音的强度称为掩蔽阈值（或称掩蔽门限，Masked threshold），被掩蔽音提高的分贝值（16dB）称为掩蔽量（或称阈移），即掩蔽阈值和绝对听阈之差，如图 3-3 所示。

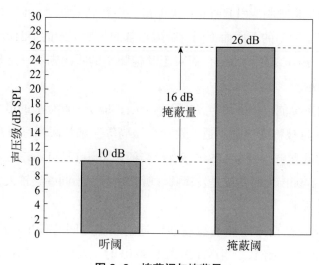

图 3-3　掩蔽阈与掩蔽量

　　根据掩蔽声和被掩蔽声是否同时存在，掩蔽分为同时掩蔽和异时掩蔽。同时掩蔽（Simultaneous masking）又叫频域掩蔽，是指掩蔽声与被掩蔽声同时作用时发生的掩蔽效应，这时掩蔽声在掩蔽效应发生期间一直起作用，是一种强烈的掩蔽效应。异时掩蔽（Non-simultaneous masking or Temporal masking）又叫时域掩蔽，是指掩蔽声与被掩蔽声不同时出现的掩蔽效应，是相对较弱的掩蔽效应。掩蔽声在被掩蔽声之后出现称为后向掩蔽效应（Pre-masking/backward masking），掩蔽声在被掩蔽声之前出现为前向掩蔽效应（Post-masking/forward masking），听觉掩蔽效应类型见图 3-4。

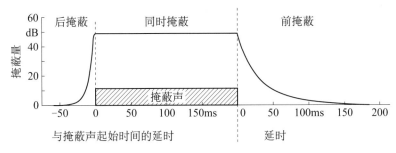

图 3-4　听觉掩蔽效应类型

　　根据掩蔽声与被掩蔽声的种类不同，听觉掩蔽效应的类型可以分为以下四种：纯音掩蔽纯音（Tone Mask Tone，TMT）、噪声掩蔽纯音（Noise Mask Tone，NMT）、纯音掩蔽噪声（Tone Mask Noise，TMN）、噪声掩蔽噪声（Noise Mask Noise，NMN）。以下仅对纯音掩蔽纯音和噪音掩蔽纯音的情况具体说明。

3.1.4.1　纯音掩蔽纯音

　　对于纯音掩蔽纯音的情况，Fletcher 在 1953 年做了经典的纯音掩蔽实验，得到的结果如图 3-5 所示。具体规律为：

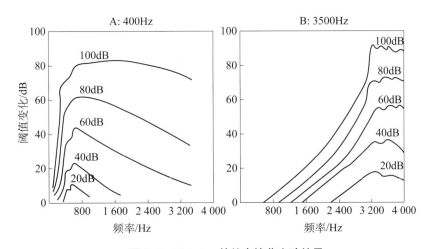

图 3-5　Fletcher 的纯音掩蔽实验结果

（1）掩蔽声强度提高，掩蔽效果随之增加。如图 3-5 中的 A 图，400Hz 纯音为掩蔽声，当掩蔽声声压级是 40dB 时，被掩蔽声（800Hz 纯音）要增加 23dB 才能听到；当该掩蔽声的声压级提高到 80dB 时，被掩蔽声（800Hz 纯音）须增加到 60dB 才能听到。而且掩蔽声愈强，它的影响范围也愈大。

（2）掩蔽声对于频率相近的声音的影响最大。如图 3-5 中的 B 图，3.5kHz 掩蔽声对于 3k~4kHz 纯音的影响明显大于 3kHz 以下纯音的影响。

（3）低频对高频的掩蔽效果大于高频对低频的掩蔽。如图 3-5 所示，400Hz 掩蔽声对高频音的影响范围和效果相当大，而 3.5kHz 掩蔽声对低频音的影响范围和效果就相对小。

请听音频文件 3-2，首先听到的是 400Hz 的掩蔽音，随后是 500Hz 被掩蔽音，然后是 400Hz 纯音和 500Hz 纯音一起播放，你会发现很难听到 500Hz 的纯音，此时它被 400Hz 的纯音掩蔽了。之后依次是 400Hz 纯音、3.5kHz 纯音，最后是 400Hz 纯音和 3.5kHz 纯音一起播放，你会发现 400Hz 纯音不太容易掩蔽 3.5kHz 纯音，因为 3.5kHz 纯音距 400Hz 纯音较远。

3.1.4.2 噪音掩蔽纯音

Fletcher 于 1940 年还发现了窄带噪声掩蔽纯音的一个有趣现象，如果窄带噪声的中心频率等于纯音信号频率，只改变噪声的带宽同时保持噪声的功率谱密度不变，发现纯音的掩蔽阈随噪声带宽的增大而提高，但在带宽增大到某一特定值后掩蔽阈将保持不变，即超出这一带宽噪声对纯音无掩蔽效应。这个频带就叫作临界频带。

临界频带是听觉系统带通滤波功能的反映。为了解释这一现象，Fletcher 提出了一个假设，认为听觉在处理声音信号时可以看成一组中心频率连续、通带相互重叠的带通滤波器，声音信号经过听觉系统到达大脑之前，要经过这些滤波器，只有中心频率与信号频率相同的滤波器具有最大响应，而中心频率与信号频率不同的滤波器则不会产生响应。临界频带反映了听觉滤波器的有效带宽。分析表明，每个临界频带的宽度对应基底膜的一定长度（1.3mm）和一定的音调变化（100mel），它们之间满足线性关系。因此，将频率按临界频带划分，便于找出人耳的主观感觉与声音物理特性之间的关系，对于解决与听觉有关的各种问题以及建立听觉模型是十分有用的。

需要指出的是，听觉并不总是只启用一个听觉滤波器，当聆听复音时，复音的频率范围可能远大于一个临界频带，这时听觉将启动多个听觉滤波器。

实验发现，一共有 24 个临界频带，每个频带的频率如表 3-1 所示。

表 3-1　临界频带

号数	频带 /Hz	号数	频带 /Hz	号数	频带 /Hz
1	20~100	9	920~1080	17	3150~3700
2	100~200	10	1080~1270	18	3700~4400
3	200~300	11	1270~1480	19	4400~5300
4	300~400	12	1480~1720	20	5300~6400
5	400~510	13	1720~2000	21	6400~7700
6	510~630	14	2000~2320	22	7700~9500
7	630~770	15	2320~2700	23	9500~12 000
8	770~920	16	2700~3150	24	12 000~15 500

对于噪音掩蔽纯音（NMT）这种情况，噪音对其中心频率的掩蔽量最大，即掩蔽阈上升最大，随着频率距中心频率越远，掩蔽阈逐渐下降，如图 3-6 所示。

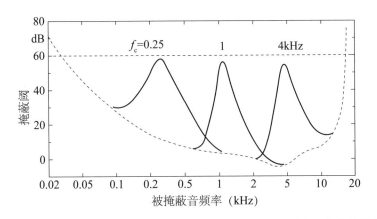

图 3-6　250Hz、1kHz 和 4kHz 临界带宽噪声（60dB）对其中心频率的掩蔽曲线

请听音频文件 3-3 第 9 号临界带宽噪音掩蔽其中心频率纯音（1kHz）、临界带宽噪音掩蔽带外纯音（2kHz），比较二者掩蔽效果的不同。

3.2　响度听辨训练

3.2.1　纯音响度变化听辨

练习 3-1（音频文件 3-4）

你将听到 9 组声音，每组有两个声音，第一个声音是标准音，第二个声音响度与之接近或相等，请判断第二个声音比第一个声音声压级高、低还是相等，并在表格内打钩。

序号	高于	等于	低于
1			
2			
3			
4			
5			
6			
7			
8			
9			

3.2.2　声压级变化听辨

训练 3-1（音频文件 3-5）：纯音 1000Hz 声压级变化听辨

−10dB	+10dB	−6dB	+6dB	−3dB	+3dB	−1dB	+1dB

根据声压级与响度级的关系，可知对于 1kHz 纯音而言，其响度级与声压级相等。响度级每增加 10 方，响度增加一倍。因此，声压级增大 10dB，响度增加 1 倍；声压级减少 10dB，响度减半。

训练 3-2（音频文件 3-6）：语音声压级变化听辨

−10dB	+10dB	−6dB	+6dB	−3dB	+3dB	−1dB	+1dB

训练 3-3（音频文件 3-7）：音乐声压级变化听辨

−10dB	+10dB	−6dB	+6dB	−3dB	+3dB	−1dB	+1dB

练习 3-2（音频文件 3-8）：纯音声压级变化的听辨

听辨每组纯音声压级的变化，在相应的空格内打钩。

序号	+1dB	−1dB	+3dB	−3dB	+6dB	−6dB	+10dB	−10dB
1								
2								
3								
4								

练习 3-3（音频文件 3-9）：纯音声压级变化的听辨

听辨每组语音声压级的变化，在相应的空格内打钩。

序号	+1dB	−1dB	+3dB	−3dB	+6dB	−6dB	+10dB	−10dB
1								
2								
3								
4								

练习 3-4（音频文件 3-10）：音乐声压级变化的听辨

听辨每组音乐声压级的变化，在相应的空格内打钩。

序号	+1dB	−1dB	+3dB	−3dB	+6dB	−6dB	+10dB	−10dB
1								
2								
3								
4								

3.3 声音的动态控制

在日常生活中人们听到的声音信号，例如音乐，往往在不同时刻具有不同的响度。通常表现热情奔放的主题时，音乐响度较强，表现悠扬舒缓的主题时响度较弱。如何正确地听辨及处理声音信号的响度变化，是声频工作者的重要工作之一。本节首先会介绍动态范围的概念，然后再阐述常见的动态处理声频设备。

3.3.1 动态范围

声音信号的动态范围与声音的强度变化有关，而在声频系统中表征声音强度的计量值有多种。我们应先将不同的计量值搞清楚，再引入动态范围的概念。在声学测量和电声学测量中，为了在计量声音信号强度时能充分反映出声音信号的波形特点，通常使用 5 种计量值来表示声音信号声压和电压的强度。

◆峰值

它是指声音信号在一个完全周期内或一定时间内的最大瞬时绝对值。以信号电压为例，峰值定义为：

$$U_P = |U(t)|_{max} \qquad (3\text{-}3)$$

◆有效值

有效值也称均方根植（RMS），是指一段时间内信号瞬间值平方的均值的平方根植，等于相同功率直流信号的强度，也等于这段时间内信号最大值的 1.414 倍。以信号电压为例，有效值定义为：

$$U_{rms} = \sqrt{\frac{\int_{-\frac{T}{2}}^{\frac{T}{2}} U(t)^2 dt}{T}} = \frac{U_{max}}{\sqrt{2}} \approx 1.414 U_{max} \qquad (3\text{-}4)$$

◆整流平均值

它是声音信号瞬时绝对值的平均值，即将声音信号进行全波整流（取绝对值）后的直流分量值（取平均值），定义为：

$$U_{avg} = \frac{\int_{-\frac{T}{2}}^{\frac{T}{2}} |U(t)| dt}{T} \qquad (3\text{-}5)$$

◆准峰值

它是用与声音信号峰值相同的稳态简谐信号的有效值表示的数值，用 $U_{q\text{-}p}$ 表示。

◆准平均值

它是用与声音信号平均值相同的稳态简谐信号的有效值表示的数值，用 $U_{q\text{-}a}$ 表示。

在声频系统中，有专门的音量表对声音信号的强度进行读取。常见的音量表有两种，分别是 VU 表和 PPM 表。VU 表采用平均值检波器并用简谐信号有效值进行刻度标识，用于读取信号的准平均值。由于人们对响度的感知通常与声音的平均值相一致，因此 VU 表的读数与人耳对声音的响度感觉相吻合。PPM 表用于读取信号的准峰值，因为它是采用峰值检波器而按简谐信号有效值确定刻度的。PPM 常用于前期拾音，提示音频信号峰值是否使记录媒质出现峰值过载的问题。通过以上的分析，我们可以发现表征声音强度最常用的计量值分别是准峰值电平和准平均值电平。

声音信号的动态范围是指最强声音与最弱声音的强度差，一般用分贝（dB）表示。为了准确地反映出信号的状态，多用准峰值来计量信号的动态范围。对应于信号的动态范围，音响系统也有动态范围的要求，音响系统存在着固有的本底噪声，即系统中的热噪声和元件额外噪声，这是系统输出的下限。上限受音响系统中各种设备的最大不失真电平限制。性能优良的音响系统应使强信号不失真，弱信号不被淹没。通常把用准峰值电平表示的设备动态称为动态范围，而把用准平均值电平表示的动态称作信号噪声比，如图 3-7 所示。

图 3-7 中还出现了一个新的概念——工作阈。工作阈是指电声系统的实际工作电平范围，上限是最大允许工作电平（也称为信号最高准平均值电平），下限是本底噪声的准峰值电平。为了防止音频信号瞬间峰值过大超过设备承受的电平上限而造成信号失真，在设定最大允许工作电平时，通常与峰值电平之间要有 9~12dB 的峰值储备。图 3-8 是欧洲广

播联盟（EBU-R68-2000）给出的工作电平示意图。

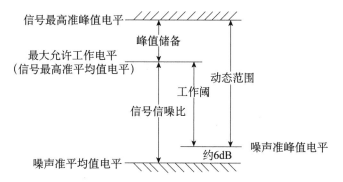

图 3-7　动态范围与信号噪声比的区别

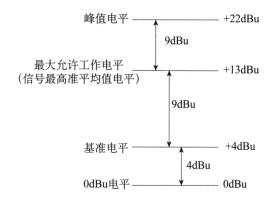

图 3-8　EBU-R68-2000 工作电平示意图

3.3.2　压缩器与扩展器

不同的乐器、不同的声源、不同的演奏力度、不同的传声器位置等原因都会使音乐信号产生不同的动态范围。在节目的录制和直播过程中，需要运用各种动态处理技术将动态大小不同的声音转成大小适中、无失真的电信号，以便进行下一步的录制或播出。音频信号的动态处理可用于限制音频信号的最大电平、均衡起伏过大的响度变化、抑制声频设备的本底噪声等问题。

动态处理有压缩和扩展两种基本模式，包括压缩器、限幅器和扩展器等声频设备。

3.2.1　压缩器

压缩器是一个增益的自动电平控制器，由输入信号的幅度决定增益，从而起到压缩动态范围的目的，其原理如图 3-9 所示。在记录和发送动态范围很大的声音信号时，可以通过对声音信号的动态范围进行压缩来避免由高电平所引起的失真和由低电平引起的信噪比下降的情况。此外，还可以通过压缩器改变声音包络来改变音色，根据音乐的需要充分表现各种乐器的形象特点，体现不同的音乐风格。

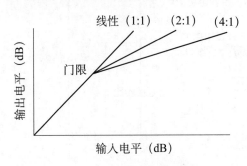

图 3-9　压缩器原理图

压缩器常用的工作参数包括：压缩门限、启动时间、恢复时间、压缩比、输出增益。

◆压缩门限：表示压缩器产生压缩动作的电平条件。门限电平有两种设置模式：一种是信号电平的有效值（RMS），体现声源的响度变化，适宜处理声源的响度效果；另一种是信号电平的峰值（PEAK），适用于防止过载失真的压缩处理。

◆建立时间：表示当检测输入信号超过压缩门限后，压缩器由未压缩状态转换到压缩状态的速度。一般该值是指压缩器增益开始下降到最终值（增益不再下降的增益值）的63%时所需的时间。

◆恢复时间：表示压缩器由压缩状态转变到不压缩状态的速度。一般恢复时间从几十毫秒到几秒之间连续可调。

◆压缩比：表示对于超过预定电平信号的压缩能力。当压缩比为∞∶1时，压缩器变成限幅器，常用于停止或控制突然过载的峰值信号电平。

◆输出增益：表示对压缩后的声音信号进行整体提升，以便更好地匹配存储媒介的动态或保证在混音中的响度平衡。

压缩器作为重要的动态处理设备，首先应用于广播系统，压缩宽动态范围的输入信号，使其适合低动态范围的传输和存储媒介。近年来，压缩器被广泛地应用在录音和扩声方面，用于改善音质并增加声音的表现力和感染力。例如消除齿音造成的嘶声，平衡贝斯不同音域的响度差异，提高声音信号整体的响度，通过对打击乐器进行压缩制造特殊的声包络反转效果等。

虽然使用压缩器想要达到的目标很明确，但是在实际操作中，经常会因为参数设置不当出现各种问题，在此特别进行说明。

◆砰声现象

在使用压缩器时，为了防止大的瞬态信号引起过载失真和保护重放设备，往往将建立时间设置得较小。建立时间主要影响声音包络的音头部分，音头携带有反映声音明亮度和冲击感的中高频成分。如果建立时间短，门限电平低，压缩比大，在对打击乐器这种脉冲式信号进行压缩时，会导致声音信号快速而明显地升至门限以上，再迅速跌落回来，从而产生这种"砰砰"声。同时，这种设置会导致声音信号的音头在很大程度上被抑制，造成瞬态失真，声音的明亮度和冲击感受到减弱。建立时间越短，瞬态失真越大，如图 3-10 所示。因此在设置门限时，可以选择软拐点的方式，这样可以使信号在接近门限而并没有达到门限的时候（工作点通常低于门限 10dB）以非常低的压缩比开始逐渐进行增益衰减，随着输入信号电平的提高，压缩比也将自动随之提高，直到信号到达压缩门限，并按照预先设定的压缩比进行衰减。

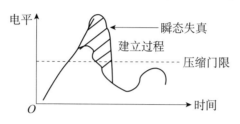

图 3-10　压缩过程中的瞬态失真

◆喘息现象

人们在使用压缩器的过程中，通常期望压缩器迅速的作用，然后迅速地停止，以便不过分影响音频信号。然而，恢复时间过短的话，会造成噪声起伏或噪声喘息。这是因为高电平值的信号超过压缩门限后导致增益衰减，在恢复时间内，其输出增益的衰减量将逐渐减少。如果上述信号增益的波动速度较快或较频繁，录音信号的背景噪声也将随着压缩器的工作状态上下运动，并极容易被人耳察觉，这就是噪声喘息现象。

3.2.2　扩展器

扩展器是与压缩处理相反的动态处理设备，主要表现为输入信号降低时，输出信号增益也随之降低，对视为噪声的低电平信号进行抑制。噪声门就是典型的扩展器。扩展器对于高于规定电平的信号是一个单位增益放大器，而对于低于规定电平的信号，它将信号扩展到更低的电平上，甚至无信号输出，如图 3-11 所示。

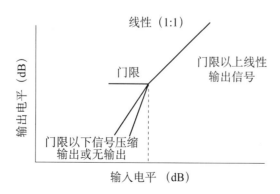

图 3-11　扩展器输入 – 输出特性

与压缩器一样，扩展器也有扩展比、扩展门限、建立时间和恢复时间等参量，除此之外它还有增益下降幅度和保持时间等参量。

◆扩展比：反映扩展器对低电平信号或噪声的衰减能力大小，一般以输入信号的变化量与输出信号的变化量之比来表示。

◆扩展门限：扩展器产生扩展动作时输入电平高低的参量。

◆建立时间：系统在信号电平超出或者是高于所设定门限后，扩展器恢复系统增益的速度。而对于噪声门来说，建立时间意味着信号超过门限到"门"开启之间所需的时间。

◆恢复时间：信号降到门限以下后到系统开始降低增益之间的时间。

◆增益下降幅度：代表增益衰减的限制度，通常扩展器具有 60dB 的衰减度。对于噪声门，增益下降幅度代表"门"关闭后，信号增益所衰减的总量。

◆保持时间：当信号由高于门限变到低于门限电平时，扩展器继续维持其处于打开状态的时间。

由于存储媒介或传输通路的动态范围有限，声频工作者往往对声音节目进行压缩，而用于扩大动态范围的扩展器并不经常使用。但是由于在大多数录音环境中存在很多低电平的噪声，例如空调噪声，其他乐器的串音等，这些噪声在乐器演奏时被掩蔽，在乐器静音时会被拾取。因此可以使用噪声门将这些噪声从录音节目中去除。将门限值设在噪声值之上，最小录音信号电平之下，使用较大的扩展比将噪声扩展到人耳的听阈范围之外，如图 3-12 所示。

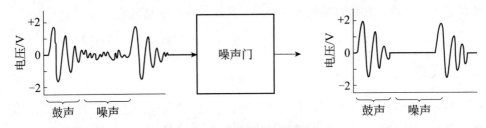

图 3-12   使用噪声门消除噪声

在使用扩展器时，如果门限电平设置过高会导致部分低电平的录音信号被切掉。然而在实际工作中，录音师也可以使用这种效果来突出打击乐器的瞬态特性。例如小军鼓通常发出一系列快速进行衰减的高峰值瞬态信号以突出其特有的打击感，但如果鼓信号从激发到维持所用的时间过长的话，会在听感上缺乏紧张度。因此，录音师可将扩展器门限设置相对较高，使鼓信号进入扩展器并在每个打击点后进行迅速衰减。

3.3.3　动态控制的听辨训练

动态控制的变化较难以听辨出来，因此本训练项目中所有信号的左声道都是原始信号，右声道信号是经过动态处理的相位反向信号。当监听系统设置为单声道时，左、右声道信号混合后，听到的声音是原始信号与动态处理后的差别信号，可以直观地感知到动态处理设备对声音信号进行了哪些处理。在练习过程中，大家可以单独听辨左、右声道信号，通过反复切换对比处理前后声音的变化。听辨素材包括动态变化较快的响板信号和动态较为平缓的大提琴信号。信号动态处理采用的效果器是 Dyn3 Compressor/Limiter。

训练 3-4（音频文件 3-11）：建立时间的听辨训练

压限器的参数设置：释放时间 10ms，压缩比 3：1，门限是 −30dBFS，建立时间分别是 1ms 和 2ms。

训练 3-5（音频文件 3-12）：释放时间的听辨训练

压限器的参数设置：建立时间 2ms，压缩比 3：1，门限是 −30dBFS，释放时间分别是 10ms 和 150ms。

训练 3-6（音频文件 3-13）：压缩比（扩展比）的听辨训练

压限器的参数设置：建立时间 2ms，释放时间 10ms，门限是 −30dBFS，压缩比分别是 3：1 和 10：1。

训练 3-7（音频文件 3-14）：门限的听辨训练

压限器的参数设置：建立时间 2ms，释放时间 10ms，压缩比 3：1，门限分别是 −18dBFS 和 −30dBFS。

3.4 失真与噪声

3.4.1 失真

在大多数声频系统中，输出信号通常不同于输入信号，因为在传输过程中引入了失真。失真现象与设备的非线性失真和人为因素有关。其特征是声音嘶哑、破损、尖细刺耳，严重时会影响声音的清晰度、柔和度、明亮度、丰满度和现场感。引起失真的原因是多方面的，如传声器的灵敏度过高、摆放位置不合适、具有幻象电源的传声器供电不正常、调音台的电平调整过大、均衡器的调整不适当、设备之间的阻抗不匹配等。当然也存在有些失真是为了达到某种声音艺术效果而特意为之。常见的失真包括非线性失真、量化误差失真、抖动失真和感知编码失真等。

3.4.1.1 非线性失真

非线性失真也称为削波失真或过载失真。以功率放大器为例，如果提升输入信号，理想情况下输出端也有相应的提升，这称为线性区域。但是每个设备都有自己的上限。当给信号施加太大的增益时，信号就可能超出了设备最大输入或输出电平，进入非线性区域，出现信号削波的现象，如图 3-13 所示。

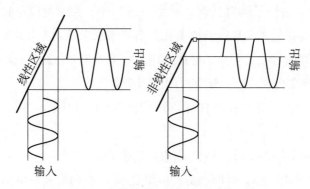

图 3-13　线性区域与非线性区域的对比

高于设备的最大可承受电平的信号峰值电平会被削平，由此产生原始波形中并不存在的新的频率成分。以最简单的 1kHz 正弦信号为例，削波失真后产生的新的频率成分与原始信号的关系如图 3-14 所示。从图中我们可以看到削波后产生新的信号频率分别是 2kHz、3kHz、4kHz 等，全部为 1kHz 的整数倍，也就是 1kHz 的谐波成分。

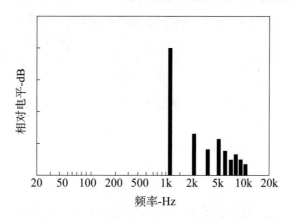

图 3-14　削波失真的 1kHz 信号频谱构成

在平衡传输中，当音频信号发生削波失真后，将对信号的正负半周的峰值进行对称削波。1kHz 正弦信号经过平衡电路削波后，产生的频谱如图 3-15 所示。信号经过对称削波后，也会产生新的谐波成分，但是以奇次谐波成分能量为主（基频是第一次谐波，以此类推）。由此可以看出平衡传输的抗削波失真性能更好。

用于测量声频系统失真的方法有很多，最常用的方法是使用总谐波失真（THD）来表征失真的情况。总谐波失真的公式如式 3-6 所示。一般而言，中等专业功率放大器或高保真的民用功率放大器 THD 往往不超过 1%。

$$\text{THD(\%)} = \frac{\sqrt{\sum(\text{谐频幅度})^2}}{\text{基频幅度}} \times 100\% \tag{3-6}$$

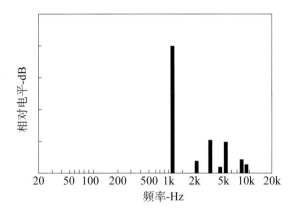

图 3-15 对称削波失真的 1kHz 信号频谱构成

上述的削波失真属于硬削波，即信号的幅度上升到声频设备的最大输出电平之上时，信号的峰值电平直接被削平。在声频信号效果中，常常使用软削波失真。软削波是指当信号峰值电平超过设备的最大输出电平时，削平的过程不是突变的，而是逐渐过渡，如图 3-16 所示。软削波的声音音色听上去比硬削波时的粗糙度低，在流行乐和摇滚乐的录音中，常常会见到使用软削波进行创作的例子，它增强了声音并创造出了新的有趣音色。

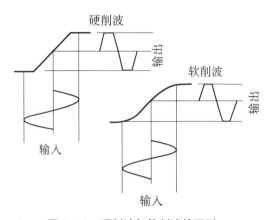

图 3-16 硬削波与软削波的区别

3.4.1.2 降采样率误差失真

在音频信号进行模数转换时，对模拟信号的采样需要遵循采样定理。采样定理又称为奈奎斯特定理，是指采样频率 f_s 必须至少两倍于信号基带所含的最高频率 f_h。对模拟信号采样后，相当于对原信号进行了脉冲幅度调制。调制后的信号频谱如图 3-17 所示。由图可见，除了采样前的原始频谱外，又有许多额外的频谱，它们以采样频率的倍频频率为中心，呈对称分布。如果采样频率高于信号最高频率两倍以上，通过低通滤波器即可把原始信号的频谱提取出来。如果采样频率达不到最高频率的两倍，那么关于采样频率的镜像频带中的较低边带频谱会与基带的较后部分重叠，即发生混叠现象，如图 3-18 所示。因此为保证高保真的音质，一定要遵循采样定理。但是在某些非专业场合，例如网络传输中，常常受到传输带宽的限制，会出现降采样率的现象，这将导致声音清晰度变差，声音发闷、发混。

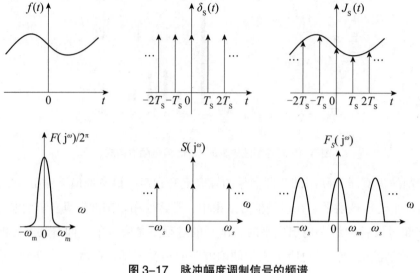

图 3–17　脉冲幅度调制信号的频谱

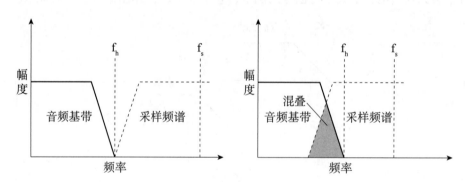

图 3–18　频谱混叠示意图

3.4.1.3　量化误差失真

将模拟信号转换成数字 PCM 信号的过程中，每一样本的模拟幅度电平被量化成有限的步阶数。保存每个样本的数据比特数决定了用来表示模拟电压电平的可能量化步阶数。模数转换器采用二进制数（或比特）来记录和存储样本值，可使用的比特数越多，就可以有越多的量化步阶。

CD 音质的声频红皮书标准规定每个样本 16 比特，它可以将最高的正向电压电平到最低的负向电压电平之间的信号范围用 65 536 个步阶来表示。通常在前期录制过程中都会选择较高的比特深度。对于给定的选择，大部分声频工程师都会使用至少 24 比特 / 样本的精度进行录音，它对应于最高与最低模拟电压间的 16 777 216 个幅度步阶。即便是最终的音像制品仅采用 16 比特，但是最初采用 24 比特进行录音还是会取得更好的效果，因为任何的增益改变或采用的信号处理均需要进行量化。开始时采用的量化步阶越多，对模拟信号的表示就越准确。

线性 PCM 数字信号的每一量化步阶都与原始的模拟信号近似，量化值与模拟信号幅值之间的差别称为量化误差。量化误差从本质上讲就是音频信号的失真。工程师一般通过采用高频颤动噪声或噪声整形处理来将量化误差失真最小化。由于高频颤动噪声处理使输入信号与量化误差不相关，将量化误差随机化了，所以失真演变成了更易于被人接受的恒定噪声。

在幅度量化处理过程中，信噪比会随着信号电平的降低而下降。也就是说，在较低电平时的误差会比较明显。在数字声频的最大可记录电平（0dBFS）之下，每 6dB 用掉一个二进制比特。每减少一个比特，量化的步阶就会减半。以 16 比特 / 样本来记录 −12dBFS 的幅度将只用掉 16 个比特中的 14 个，表示的总量化步阶为 16 384 个。

虽然所要记录的信号峰值可以接近 0dBFS 电平，但是这时通常缩混中其他较低电平的声音就可能要承受更人的量化误差。许多具有大动态的录音可能都包含一些电平在 0dBFS 以下某处变化明显的低电平声音，这些低电平声音用于建立混响和空间感。比特深度的减小会引入过多的量化误差，导致低电平声音失真。所以混响的缺失会在一定程度上改变录音的宽度和深度感。通过在比特深度减少过程中采用高频颤动噪声处理来实现量化误差随机化，可在一定程度上恢复空间感和混响，但是会引入更多的噪声。

3.4.1.4 抖晃失真

对于记录和重放设备（例如 CD 唱机或者磁带录音机）短时速度变化所导致的信号质量下降的情况称为抖晃失真。如果在记录或重放期间速度变化了，会导致信号发生变调。这种速度的变化通常是由于转动部件（例如主导轴等）的机械缺陷引起的。晃一般是指低速率的速度变化，比如 6Hz 以下；而抖是指高于 6Hz 的速度变化。常见的抖晃失真有两种，一种称为 Wow 失真，另一种称为 Flutter 失真。Wow 失真的速度变化较慢，Flutter 失真的变化速度较快，如图 3-19 所示。

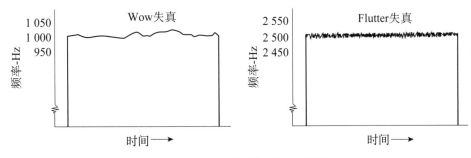

图 3-19　Wow 失真与 Flutter 失真

抖晃失真实际上是调频，如今的声频效果处理中大量使用这种调频的方法改变音色。

在电台广播中曾经出现的清脆童声"小喇叭开始广播啦"，就是通过提升速度变调获得的。

3.4.1.5　感知编码失真

感知编码属于有损编码算法，是目前应用最为广泛的编码算法，常见的声频格式包括 MP3（MPEG1 Audio Layer3），AAC（先进的声频编码，Advanced Audio coding），WMA（Windows Media Audio），AC-3（也称为杜比数字，Dolby Digital）和 DTS（数字影院系统,Digital Theater System）。声频感知编码在明显减小表现声频信号所要求的数据量的同时，仅使声频质量有最小的下降。感知编码框图如图 3-20 所示。从框图中我们可以看出，感知编码主要利用心理声学中的掩蔽效应，滤掉弱信号和被掩蔽的冗余信号，使有限数据量能携带更多的声音信号，将原始音频信号中不相关分量和冗余分量有效地去除来实现编码。

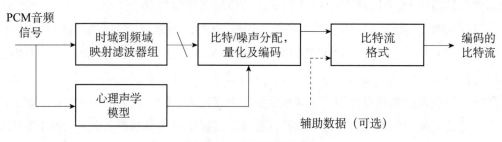

图 3-20　感知编码框图

将线性 PCM 数字声频文件转换成数据压缩的有损格式（比如 MP3），用来表示数字声频信号的 90% 数据被舍去，但是编码后的格式听上去与原来的未压缩声频文件的声音类似。虽然编码格式的录音与原始 PCM 格式间的音质差异对于一般的听者而言很难分辨，但是同样的音质差异对于有经验的声频工程师而言却是巨大的问题。由于编码处理过程中存在信号质量下降的问题，因此可以将感知编码认为是一种失真，但是这种失真在客观上是很难测量出来的。由于很难获取有意义的与感知编码器的失真和音质有关的客观测量数据，所以编码器的开发要有专业的、擅长听评因编码处理产生的可闻噪声及失真信号的听评人员参与。专业的听评人员听辨各种比特率编码，以及各种质量等级的声音信号，并根据主观评判的结果进行声频质量的评估。受过训练的专业听评人员擅长快速地确认由感知编码器引起的失真和噪声信号，因为他们知道该如何将其听觉注意力放在所要听的内容上。

3.4.1.6　梳状滤波效应

梳状滤波效应是指通过不同传输途径的同一声音信号所产生的干涉现象，导致声音频谱上出现频率相间的峰值（相位相同）和谷值（相位相反），此时的频率响应曲线像一把梳子而得名。梳状滤波效在录音或扩声中经常遇到，如图 3-21 所示，假设有两支传声器录制一位歌手的声音，两支传声器分别距离歌手为 1m 和 2m，当混合两个信号时就会产生梳状滤波效应而导致歌声出现严重的失真。

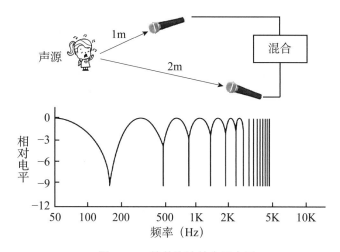

图 3-21 梳状滤波效应示意图

在录音过程中，为了避免出现梳状滤波效应，提出了 3:1 原则，即传声器之间的间距至少为传声器到声源距离的 3 倍以上，如图 3-22 所示。录音的 3:1 原则并不能完全消除梳状滤波效应，只是避免容易被听见的梳状滤波效应的最低标准。梳状滤波效应会导致声音低频部分的衰减或消失，从而使整体的声音缺乏应有的厚度，且声音整体听上去有空洞感。

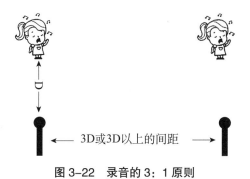

图 3-22 录音的 3:1 原则

3.4.2 噪声

尽管有些作曲家有意识将噪声作为一种艺术效果来运用，但我们将要讨论一些会对录音制品的质量产生负面影响的噪声类型。不正确的接地和屏蔽，外界声音的干扰，射频干扰，供暖、通风和空调噪声等因素都会产生许多噪声。通常噪声电平尽管低但却可闻，因此它不会对仪表造成明显的触发，尤其是当音乐信号存在的情况下。

各类噪声声源有如下常见的几种：

◆咔嗒声：由设备故障或数字同步误差导致的瞬态声音

咔嗒声是指那些包含有明显高频能量的短促瞬态声音。这些声音可能源自发生故障的模拟设备，跳线盘上插接或断掉模拟信号的操作，或者数字设备互联中出现的同步误差。由模拟设备故障产生的咔嗒声通常可能是随机和零星出现的，因此要想准确地判断出产生的根源比较困难。在这种情况下，采用带峰值保持功能仪表来指示存在咔嗒声的通道情况是可以帮助我们确定咔嗒声产生的根源，尤其是对于那些没有节目信号时出现的咔嗒声更为有效。对于设备间的数字互连，重要的就是确保所有互联设备的采样率一致，以及时钟信号源的稳定。如果数字声频中选用的时钟信号源不正确，那么咔嗒声几乎是无法避免的，并且是每隔一段时间就可能出现一次，一般的间隔时间是几秒钟。由于不正确的时钟信号源而导致出现的咔嗒声一般声音会比较小，需要集中注意力才能听出来。根据录音棚的数字互连情况，每一设备的时钟信号源既可以是内部产生的，也可以是来自数字输入或字时钟的。

◆喷口气流声：由歌唱声中的爆破音产生的一种声音

喷口气流声是听上去类似于砰砰声的低频瞬态声音。通常喷口气流声是由处在传声器正面的人发出的爆破音产生的。爆破音是辅音，比如发出字母 p 和 b 的声音。在发这些爆破音时会伴随产生短促的气流。爆破音产生的这种短促气流到达传声器振膜时，会产生类似突然重击产生的砰砰声。在录歌唱声时录音师通常要在歌手传声器前设置一个防喷网。防喷网一般是由固定在圆形骨架上的薄的纤维织物制成。

当与歌手在同一空间中听其现场演唱时，喷口气流声并不是问题。喷口气流声纯粹就是靠近歌手嘴部的传声器在拾音时对短促的气流产生响应的衍生物。听音人在欣赏实演时并不希望听到来自歌手的砰砰声，因为喷口气流声可能会分散听音人欣赏歌唱表演的注意力。通常录音师可以插接高通滤波器来滤除喷口气流声，但要求滤波器只在出现了喷口气流声的瞬间起作用。

◆哼鸣声：由不正确的接地系统或电路连接产生的声音

电源接地不良、设备之间的地线接触不良和阻抗不匹配、设备的电源未经"净化"处理、音频线与交流电线同管、同沟或同桥架铺设，都会对音频信号产生杂波干扰，形成听上去类似哼鸣声的噪声。这种噪声均与交流电源的频率有关。根据所在地区的地理位置和所用电源的情况，电源的频率可能是 50Hz 或 60Hz。北美地区的电网是 60Hz，欧洲是 50Hz，我国是 50Hz。

当接地有问题时，就会出现由基频等于交流电频率（50Hz 或 60Hz），以及是该频率整数倍的谐波构成的哼声与嗡声。哼声可以认为是主要由低次谐波构成的声音，而嗡声则包含更多的高次谐波。

录音师要在开始录音前确认是否存在任何的哼声与嗡声，因为这个时候出现问题比较容易解决。虽然在后期制作时可以去掉这类噪声，但可能要花费大量的时间。由于哼声与嗡声包含有大量的 50Hz 或 60Hz 的谐波，需要用大量的窄带陷波器，并将每个陷波器调谐至各次谐波频率上，以便将所有这些声音去掉。

演员不表演时，如果提高监听声压级常常会将此时存在的任何低电平接地哼声暴露出来。如果对声频信号进行动态范围压缩处理，并且增益下降又通过增益补偿提升电平的话，那么就会使包含于本底噪声中的低电平声音听上去更为明显。如果录音师可以在处理前将接地哼声处理好，那么就会录制出干净的录音作品。

演播室若采用镇流器方式间歇启动的照明灯，灯管激发时将产生高频辐射，并通过传声器及其引线串入，出现嗒嗒声；传声器线离灯线太近，也会出现吱吱声。另外，外界的高频电磁也会产生干扰。

◆外界声音：在录音声学空间中的噪声声音，比如通风系统噪声或录音空间之外传入的其他声源

在录音声学空间中可能存在来自空间内部或外部噪声声源。这些噪声中有些是相对恒定的稳态声音，比如通风系统的噪声；而另一些噪声则是不可预测的，并表现出一定的随机性，比如汽车喇叭声、人的谈话声、脚步声或暴风雨雪的声音。外界声音的传入主要考虑固体传声和空气传声。固体传声主要是由于房间的固有频率与外界噪声的频率产生谐振，通过房间结构传入的噪声；空气传声主要是通过空气传播，经过门窗、工艺管道、空调管道传入的噪声。

3.5 失真与噪声听辨训练

3.5.1 失真信号的听辨

◆非线性失真

非线性失真信号听起来较原始信号更加粗糙、刺耳。本节采用语音和乐音信号为训练素材，听辨 10%THD，5%THD 和 2%THD 的失真信号。随后训练硬削波与软削波失真的音色对比，硬削波失真的音色更加粗糙、尖锐。训练 3-1 和训练 3-2 信号采用 Waves Lo-Fi 效果器制作完成，训练 3-3 信号采用 Air Distortion 效果制作完成。

训练 3-8（音频文件 3-15）：语音信号的非线性失真

训练 3-9（音频文件 3-16）：乐音信号的非线性失真

训练 3-10（音频文件 3-17）：音乐信号的硬削波与软削波失真信号对比听辨

◆抖晃失真

训练 3-11（音频文件 3-18 和 3-19）：听辨 Wow 和 Flutter 失真。信号采用效果器

Waves mod 制作完成。

◆降采样频率误差失真

训练 3-12（音频文件 3-20）：原始信号的采样频率是 44.1kHz，请分别听辨采样频率下降为 22.05kHz，11kHz，6.3kHz 时音质的变化情况。所有信号均采用 Waves Lo-Fi 效果器制作完成。

◆量化误差失真

训练 3-13（音频文件 3-21）：原始信号的量化比特数为 16bit，请分别听辨量化比特数下降为 12bit、8bit 和 4bit 时音质的变化情况。所有信号均采用 Waves Lo-Fi 效果器制作完成。

◆感知编码失真

训练 3-14：感知声音信号编码成 MP3 格式后，数据率分别为 320kbps、128kbps、64kbps、32kbps 时音质的劣变情况。所有信号采用 Adobe Audition 自带的 MP3 编码器制作完成。

语音信号感知编码失真听辨（音频文件 3-22）

音乐信号感知编码失真听辨（音频文件 3-23）

◆梳状滤波效应

训练 3-15：左右声道播放相同的信号，左声道播放信号保持不变，右声道信号分别增加 0.1ms、0.5ms、1ms、2ms、5ms、10ms、20ms 和 50ms 的延时，感受梳状滤波效应。所有信号采用 Adobe Audition 自带延时效果插件制作完成。

粉红噪声（音频文件 3-24）

序号	1	2	3	4	5	6	7	8
延时	0.1ms	0.5ms	1ms	2ms	5ms	10ms	20ms	50ms

音乐信号（音频文件 3-25）

序号	1	2	3	4	5	6	7	8
延时	0.1ms	0.5ms	1ms	2ms	5ms	10ms	20ms	50ms

3.5.2　噪声信号的听辨

◆训练 3-16（音频文件 3-26）：电子线路中电子器件产生的咝咝声（Hiss）

◆训练 3-17（音频文件 3-27）：交流电源产生的嗡嗡声（Hum）

◆训练 3-18（音频文件 3-28）：在声频系统中，电子线路开关设计或安装不当，会产生咔嗒声（Click）或砰声（Pop）

◆训练 3-19（音频文件 3-29）：通风系统或空调系统产生的噪声

3.5.3　失真与噪声信号的听辨练习

◆练习3-5（音频文件3-30至3-34）非线性失真听辨练习：以下有5段流行音乐信号，分别是原始信号、2%THD信号、5%THD信号、10%THD信号、20%THD信号，仔细听辨并标出。

声音 A	声音 B	声音 C	声音 D	声音 E

◆练习3-6（音频文件3-35至3-41）对一段独唱的人声信号分别进行了降采样率，降比特率，压缩成MP3音频格式等处理，仔细听辨以下7段素材，并将不同处理方式的序号填写在相应的音频素材空格处。

（1）44.1kHz，16bit 的原始信号

（2）22kHz，8bit 的声音信号

（3）11kHz，16bit 的声音信号

（4）11kHz，8bit 的声音信号

（5）MP3 格式，64kb/s

（6）MP3 格式，16kb/s

（7）MP3 格式，8kb/s

声音 A	声音 B	声音 C	声音 D	声音 E	声音 F	声音 G

练习答案：

练习 3-1

序号	高于	等于	低于
1	+3dB		
2			−2dB
3		0dB	
4			−4dB
5	+1dB		
6	+4dB		
7			−3dB
8	+2dB		
9			−1dB

练习 3-2

序号	+1dB	−1dB	+3dB	−3dB	+6dB	−6dB	+10dB	−10dB
1					✓			
2							✓	
3				✓				
4		✓						

练习 3-3

序号	+1dB	−1dB	+3dB	−3dB	+6dB	−6dB	+10dB	−10dB
1				✓				
2								✓
3					✓			
4	✓							

练习 3-4

序号	+1dB	−1dB	+3dB	−3dB	+6dB	−6dB	+10dB	−10dB
1			✓					
2								✓
3						✓		
4	✓							

练习 3-5

声音 A	声音 B	声音 C	声音 D	声音 E
2%THD	10%THD	原始	20%THD	5%THD

练习 3-6

声音 A	声音 B	声音 C	声音 D	声音 E	声音 F	声音 G
1	5	7	6	2	3	4

思考与研讨题

1. 等响曲线说明了哪些问题？

2. 什么是掩蔽效应？纯音掩蔽纯音有哪些规律？

3. 常见的音频失真信号有哪些？阐述产生这些失真信号的原因。

4. 常见的噪声有哪些？是由什么原因造成的？

延伸阅读：

［1］EVEREST F A. Critical listening skills for audio professionals［M］. Boston：Thomson Course Technology，2006.

［2］孟子厚 . 音质主观评价的实验心理学方法［M］. 北京：国防工业出版社，2008.

［3］陈小平 . 声音与人耳听觉［M］. 北京：中国广播电视出版社，2006.

［4］孙建京 . 现代音响工程［M］. 2 版 . 北京：人民邮电出版社，2008.

［5］MOULTON D. Golden Ears：The Revolutionary CD-based Audio Training Course for Musicians，Engineers and Producers［CD］. Sherman Oaks: KIQ Productions，1995.

［6］COREY J. 听音训练手册［M］. 朱伟，译 . 北京：人民邮电出版社，2011.

［7］周晓东 . 录音工程师手册［M］. 北京：中国广播电视出版社，2006.

［8］朱伟 . 录音技术［M］. 北京：中国广播电视出版社，2003.

［9］林达悃 . 影视录音心理学［M］. 北京：中国广播电视出版社，2005.

［10］BARTLETT B，BARTLETT J. 实用录音技术［M］. 朱慰中，译 . 北京：人民邮电出版社，2014.

本章所用音乐版权：

1. 金响宴 – 男声朗诵—念奴娇·赤壁怀古，天乐唱片，1999.

2. Mumford & Sons：The Cave，Island Records，2009.

3. Taylor Swift：You Belong With Me，Big Machine，Universal Republic Records，2009.

4. 极致立体声五号·绝对人声 – 美女与野兽，ABC 唱片，K2-098，2004.

5. The Band Perry：If I Die Young，Republic Nashville Records，2010.

6. Carl Orff：Carmina Burana，DG Records，1995.

7. Sound Engineer Contest D-7，Neumman Company，2003.

4 音色感知与音质变化

本章要点

1. 乐器的声学构成

2. 弦鸣乐器音色听辨

3. 气鸣乐器音色听辨

4. 膜鸣乐器音色听辨

5. 体鸣乐器音色听辨

关键术语

弦鸣乐器、气鸣乐器、膜鸣乐器、体鸣乐器

4.1　人耳对音色的感知

4.1.1　基音与谐音的感知

在录音工作中，通常以录制语音和乐音为主，因此在本节中我们将更加关注语音和乐音信号的音色感知。在第一章我们已经介绍过语音和乐音都属于复合音，其中的基音与谐音成分都是声音信号的组成部分。通常，复合音中的基音振动能量较强，谐音能量相对较弱，因此基音振动频率往往就决定着这个复合音的主观音高。当然也有谐音能量强于基音的情况，例如中国民族弹拨乐器琵琶，图 4-1 显示了琵琶演奏 A4 音（基频 f_0=440Hz）时的谐音列。

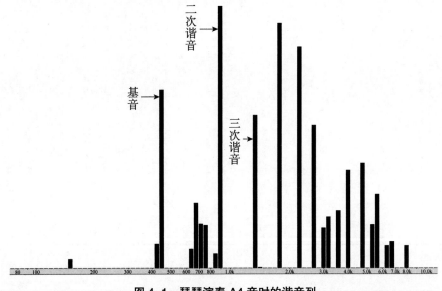

图 4-1　琵琶演奏 A4 音时的谐音列

人耳对复合音中各种谐音成分综合起来的主观印象即音色。不同的乐器即使演奏相同的音高，但是由于谐音列存在较大的差别，人们也很容易听辨出它们之间音色的差异。图 4-2 显示了不同西洋乐器演奏 A4 音的谐音列。谐音列最早由 Helmholtz（亥姆霍兹）在 1877 年提出。他提出谐音列的变化对音色感知的影响最大，并通过对多种乐器进行一系列实验研究之后，提出谐音列与音色感知之间的相关规律：

◆包含简单谐音的乐音（如音叉或管风琴的闭管），多数听起来轻柔悦耳，但是在低频段较为黯淡；

◆带有 6 个以上谐音的乐音（如钢琴、圆号和人声）听起来更丰满、更具乐音的效果；

◆只含有奇数谐音的乐音（如单簧管、管风琴的闭管），听起来比较空洞。如果基音比较强，总体音色仍比较丰满；如果基音强度较弱，则听起来声音很薄；

◆带有很强的第6和第7次谐音的乐音，音色极为突出，但听来比较粗涩、短促。

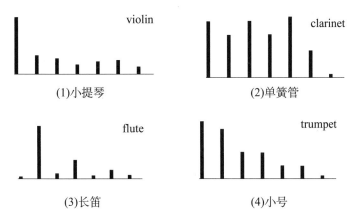

(1)小提琴　　　　　　　　　　(2)单簧管

(3)长笛　　　　　　　　　　(4)小号

图 4-2　一些典型西方乐器演奏 A4 音（基频 f0=440Hz）的谐音列

以上讨论的谐音都是与基音呈整数倍的分音，但是有很多乐器的频谱结构中存在着一些并不与基音呈整数倍的分音。这些分音可能会导致乐音音色变得粗糙，而且影响音高的听辨。图 4-3 显示了响棒的频谱结构，由图可以看出响棒产生的分音完全不与基音呈整数倍关系，因此响棒听起来并没有明确的音高。

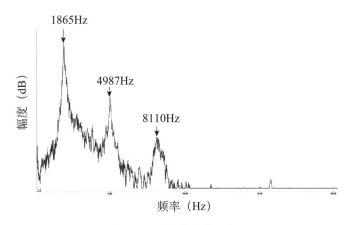

图 4-3　响棒的频谱结构

4.1.2　音色的协和性感知

音色的协和性感知一直是音乐声学界关注的问题。在西方交响乐中，以协和性理论为核心，通过对乐器形状、材料和律制的调整，逐步形成编制乐器谐波结构的高度统一，获得音色的融合与平衡。1863 年，Helmholz 对纯音音程和复合音音程界定了协和与不协和的概念，并提出用谐音之间以及双音之间基音的频率比来解释声音协和性，这成为西方音乐中协和性理论的基本思想。在经典协和理论形成以后，Plomp（普兰普）在 Helmholz 的协和概念基础上提出了音调协和性的概念，并通过主观听感实验确定音程协和度是否与临界带宽有关。对于纯音音程而言，最大的音调不协和度处位于两纯音的频率差略小于临界带宽的 25% 处，而且当音程宽度达到以及超过临界带宽时，音调协和度达到最大。由这条结论，Plomp 得出了 Plomp-Levelt 不协和度曲线，如图 4-4 所示。随后 Sethares（塞瑟雷斯）对该曲线进行了较好的拟合，得出了不协和度的计算公式（Roughness，粗糙度公式）。

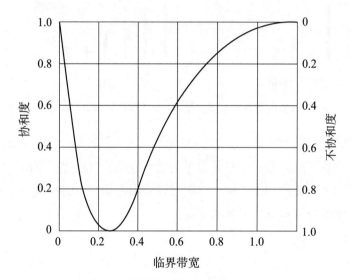

图 4-4　音色协和度与临界带宽的关系

2006 年，Gareth Loy（加雷斯·洛伊）在《计算音乐学》书中提出音乐协和性分为四个层次：

◆在物理层面，指乐音的声学特征以及乐器的物理属性、发声机制、乐器演奏法和沿用的音阶系统等对乐音协和性的影响。

◆在心理生理层面，指人耳的听觉结构，以及这些结构是如何工作的，协和的乐音经过这些结构之后的变化等。

◆在认知层面，指人们如何学习、辨别这些协和的乐音。

◆在文化层面，指社会历史背景和道德规范对乐音协和性认知的影响。

以上的理论都是基于西洋乐器的研究得出的。由于中西方音乐文化的差异，中国传统文化对音乐协和性有着不同的解释。中国传统哲学中常常强调一个"和"字，"以他平他谓之和"，是不同事物的统一。中国乐器的音色有着很强的独立性。将同质的不同事物统一在同一个整体中，体现了中国音乐哲学中对于"和"的理念阐释。李西安认为"谐和"与"协和"有着不同的含义。他提出："应该以现代谐和观取代古典谐和观：谐和是更高范畴的概念，而协和则更多带有物理的属性。谐和可以全部由协和的声音构成，也可由协和与不协和的声音共同构成，甚至不排除全部由不协和声音构成。不协和甚至极为尖锐的不协和声音随处可见，并由各种各样的不协和的局部构成了谐和统一的整体。"

我们从中西方乐器频谱结构的对比中就可以发现中西方对音乐协和性理解的差异。凡是纳入西方交响乐团的乐器，谐音列结构高度统一，分音全部是基音的整数倍，因此整体声音效果融合统一。而中国传统乐器的频谱结构含有很多非成整数倍的分音，导致音色有个性，而融合性不够。以中国民乐中"天仙配"组合——琴箫合奏为例，虽然这两件乐器的发声原理不同，但是组合在一起相得益彰。可见中国音乐中更加强调互补的协和。盲目地参照西方交响乐团建立中国民族管弦乐团，会导致音色协和性存在较大的问题。因此在保证中国民族乐器特色的前提下，建立中国音乐的协和性理论非常有必要。

4.2　乐器分类及音色听辨

4.2.1　乐器的声学构成及交响乐队配置

乐器的种类繁多，发音方式各异。从声学角度看，大部分乐器都包含以下四个部分：

◆激励体：激发振动的物体，如提琴类乐器的琴弓，琵琶演奏时演员佩戴的假指甲，扬琴的琴竹，吹奏者或歌唱者胸腔中的气流等。激发方式的不同会引起振动体不同的振动方式，产生不同频率成分的谐音，影响乐器音色。

◆振动体：发声振动的物体，如提琴类或胡琴类乐器的琴弦，木管乐器的簧片，作用于铜管乐器的演奏者嘴唇和鼓类乐器的鼓膜等。振动体的尺寸、材质和刚性往往决定乐器的基础音高。

◆共鸣体：扩散振动体振动能量的物体，如提琴类乐器的琴箱，歌唱者的胸腔，鼓类乐器的鼓腔等。

◆调控装置：对乐器演奏性能加以控制的装置，如中国弹拨乐器的弦轴，钢琴的延音和弱音踏板，木管乐器的音键等。乐器的调控装置对乐器的音高、音色、音强和音长都会带来改变。

关于乐器分类的方式目前常见的有三种，分别是按照乐器材料分类的八音分类法，按照管弦乐队乐器声部划分的分类法和根据乐器的振动体特征进行分类的萨克斯分类法。为了让读者更容易了解乐器发声特点，本文将按照第三类分类方式进行乐器的介绍。萨克斯分类法将所有乐器分成"弦鸣乐器""气鸣乐器""体鸣乐器""膜鸣乐器"和"电鸣乐器"，如图 4-5 所示。

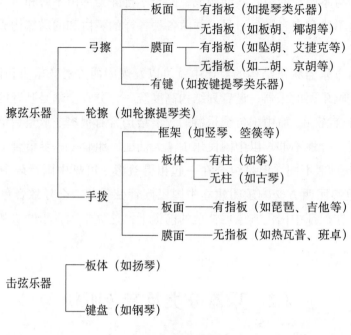

（1）弦鸣乐器

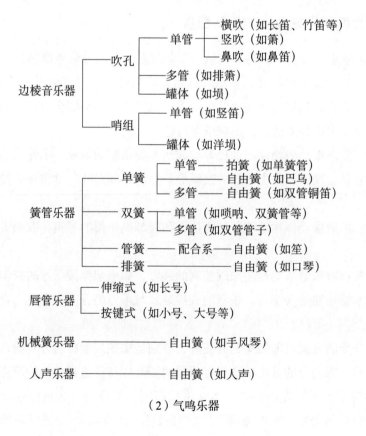

（2）气鸣乐器

```
                    ┌─── 棒体（如响棒）
                    │
                    ├─── 板体（如拍板）
          拍奏乐器 ──┤
                    ├─── 钵体（如钹）
                    │
                    └─── 钟体（如碰钟）

                    ┌─── 棒体（如三角铁）
                    │
                    ├─── 板体（如磬、木琴等）
                    │
                    ├─── 管体（如管钟）
                    │
          簧管乐器 ──┤              ┌─── 圆钟
                    ├─── 钟体 ──────┤
                    │              └─── 合瓦形（如中国先秦合瓦形钟）
                    │              ┌─── 盘形（如大、小锣）
                    │              ├─── 锅形（如芒锣）
                    └─── 锣体 ──────┤
                                   ├─── 筒形（如铜鼓、钢鼓等）
                                   └─── 梆鼓（如木鱼、梆鼓等）

                    ┌─── 球体（如沙锤）
          摇奏乐器 ──┤
                    └─── 不规则体（如齿轮嘎声器）

          拨奏乐器 ─────────── 手擦（如口弦）

          擦奏乐器 ─────────── 弓擦（如乐锯）
```

（3）体鸣乐器

```
                         ┌─── 直筒（如大、小军鼓等）
                         │
                         ├─── 琵琶筒（如中国大鼓、堂鼓等）
                         │
                  筒形 ──┼─── 高脚（如象脚鼓）
                         │
                         ├─── 细腰（如仗鼓）
          击奏乐器 ──┤    │
                    │    └─── 长筒（如长鼓）
                    │
                    ├─── 箍圈形（如铃鼓、手鼓等）
                    │
                    └─── 锅形（如定音鼓）
```

（4）膜鸣乐器

```
                    ┌─── 有键式（如有键盘合成器、电子琴等）
          电振荡乐器 ─┼─── 无键式（如无键盘合成器、又称音源）
                    └─── 弦控式（如弦控式电子琴）

          电扩声乐器 ─────────（如电吉他、电琵琶等）
```

（5）电鸣乐器

图4-5 萨克斯乐器分类法

图 4-5 中罗列的乐器很多，但是有部分乐器我们日常很少接触。本章主要针对西洋管弦乐队和中国民族管弦乐队中涉及的乐器展开介绍。在对各个具体乐器展开介绍之前，我们先对乐队的配置和摆位进行阐述，让读者对乐队整体的音响构成有基本的了解。

◆西洋管弦乐队

西洋管弦乐队由四个乐组组成，分别是弦乐器组、木管乐组、铜管乐组和打击乐组。弦乐器组中，从高音到低音的乐器分别是小提琴、中提琴、大提琴和低音提琴；木管乐组中，从高音到低音的乐器分别是短笛、长笛、双簧管、单簧管和大管；铜管乐组中，从高音到低音的乐器分别是小号、长号、圆号和大号；打击乐组中，包含的乐器有定音鼓、三角铁、马林巴、木琴、小军鼓、管钟、大锣等。乐队常见的摆位方式如图 4-6 所示。

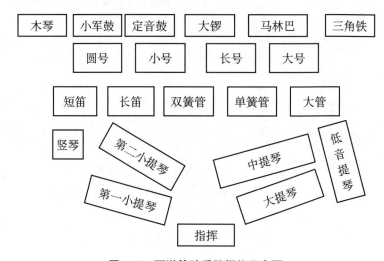

图 4-6　西洋管弦乐队摆位示意图

根据各组乐器的不同配置，管弦乐队又可分别称作双管编制、三管编制和四管编制的中、大型乐队，以及单管编制的小型乐队。以上分类主要根据木管组的数量而定，例如双管编制的管弦乐队，木管组包含短笛 2 支、长笛 2 支、双簧管 2 支、单簧管 2 支、大管 2 支。

◆中国民族管弦乐队

在二十世纪初，借鉴西方高度声乐化和高度器乐化的形式，我国形成了大型民族管弦乐队。经过一百年的发展与改革，民族管弦乐队也逐渐形成较为统一的乐队编制。目前民族管弦乐队包含四个乐组，分别是拉弦乐组、弹拨乐组、吹管乐组和打击乐组。拉弦乐组包含的乐器有高胡、二胡、中胡、大提琴和低音提琴，在香港中乐团采用革胡和低音革胡取代了大提琴和低音提琴；弹拨乐组包含柳琴、琵琶、扬琴、古筝、中阮和大阮；吹管乐组主要包括曲笛、梆笛、高音笙、中音笙、低音笙、高音唢呐、中音唢呐和低音唢呐；打击乐组包含中国大鼓、排鼓，铙钹、十面云锣、磬等。

目前乐队常见的摆位有三种。第一种摆位形式可以获得最佳的左右声像平衡，如图4-7所示，中国广播民族乐团、香港中乐团、澳门中乐团等都采用这种摆位方式。

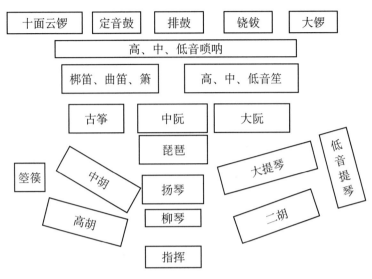

图4-7 左右平衡的民族管弦乐队摆位示意图

第二种摆位方式如图4-8所示，这是较为传统的摆位方式，更加强调了拉弦乐组在乐队中的重要性，目前上海民族乐团，中央民族乐团和浙江民族乐团都采用这种摆位方式。

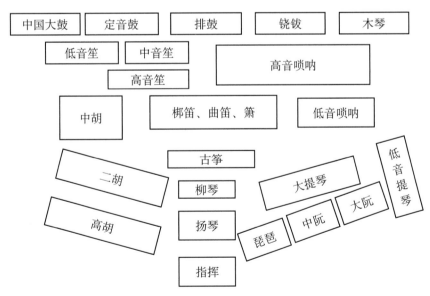

图4-8 拉弦乐器在左侧，弹拨乐器右侧的乐队摆位方式示意图

第三种摆位方式如图4-9所示，这种方式更加强调弹拨乐组在乐队中的重要性而将弹拨乐组放置在乐队的左侧。采用这种摆位方式的乐团较少，查阅资料发现中国少年民族乐团采用该方式。

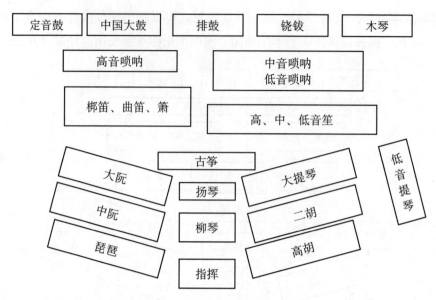

图 4-9　弹拨乐器在左侧，拉弦乐器右侧的乐队摆位方式示意图

4.2.2　弦鸣乐器音色听辨

4.2.2.1　弦鸣乐器发音原理概述

以弦振动为主要发声方式的乐器称为弦鸣乐器。从只有一根弦的独弦琴到两根弦的二胡，直至有数百根弦的钢琴，都属于弦鸣乐器之列。虽然这些乐器形态各异，音色多样，但从声学角度看，任何一件完整的弦乐器都由以下基本结构组成：

◆激励系统：如小提琴、二胡等乐器的琴弓、钢琴的琴槌、拨弦的手指等。

◆弦振系统：所有的弦鸣乐器都以琴弦为弦振体，不同的乐器所使用的琴弦材质有所不同，如钢弦、尼龙弦、羊肠弦等。

◆传导系统：传导系统是将振动源的声音能量传送到共鸣体的介质，如提琴的琴码、古琴、古筝的雁柱等。

◆共鸣系统：弦鸣乐器的共鸣体有的是板体，如钢琴的琴板；有的是腔体，如小提琴的琴箱。

◆调控装置：如小提琴的音栓、胡琴的弦轴、钢琴的延音踏板、现代电子弦乐器的电子扩声装置等。

下面以小提琴为例介绍弦鸣乐器的声学结构及发声原理，如图 4-10 所示。

其发声原理及过程主要归纳为以下几个部分：

（1）由激励系统（琴弓）激励弦振系统（琴弦）发声，即琴弓拉动琴弦，使琴弦振动发声。演奏者通过改变弦长和演奏技法（激励方式）来改变弦乐器的音高、音色、音长和

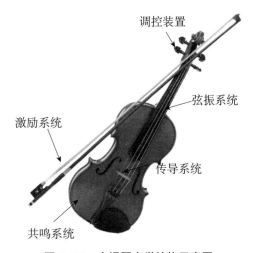

图 4-10 小提琴声学结构示意图

音强。

（2）弦振系统振动将声音通过传导系统（琴码）传递到共鸣系统（琴箱），利用共鸣系统来加强弦振动的声音能量扩散，增大音量。由于单纯的弦振动产生的声音能量辐射范围极为有限，因此绝大多数弦鸣乐器都是经过共鸣系统来扩大弦振动的声音能量的。另外，共鸣系统的声学性能对弦乐器的音色和演奏质量有着决定性的作用，通过改善共鸣系统的材质、形状，使其与各频率的共鸣更加充分，是乐器改良的重要部分。

（3）调控装置能够控制乐器的音高、音长、音色和音量。对于击弦乐器（如扬琴、钢琴）和拨弦乐器（如琵琶、古筝）来说，调控装置主要用于控制音的时值，对激发后的琴弦发声状态加以控制，以符合演奏要求。对于擦弦乐器（如提琴、二胡）来说，其音长主要由激励系统（琴弓）所控制，因此调控装置主要用于改变琴弦的音高。此外，还有一些弦鸣乐器通过调控装置改变音色和音量，如钢琴的弱音踏板、小提琴的弱音器等。

4.2.2.2 弦振动的一般特性

琴弦是弦鸣乐器的原始振动体，将弦用于乐器是为了通过弦获得振动。弦鸣乐器的声学特征主要来自琴弦，琴弦对弦鸣乐器的声学特征具有主控作用。从这个角度看，要进一步了解弦鸣乐器的声学特性，首先要从了解弦的振动开始。当一根弦被激励开始振动时，会同时产生四种不同类型的振动，即横振动、纵振动和扭转振动和倍频振动，如图 4-11 所示。

（1）横振动

横振动是弦的最基本、最重要也是最显著的振动方式。当琴弓对琴弦进行摩擦的时候，A、B 两端固定的弦开始振动，呈现中间最大、至两端逐渐缩小的位移运动，如图 4-11（1）所示。其振幅被限制在两侧弧线之内，与弦长垂直，这是可见的弦的有效全长振动。弦在全长振动的同时，也会作一系列分段振动，均呈现与振动段相对应的扁圆形。

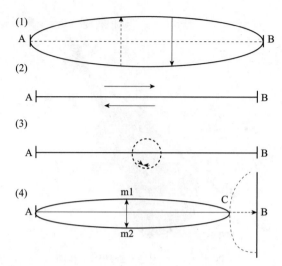

图 4-11 弦的横振动（1）、纵振动（2）、扭转振动（3）、倍频振动（4）

弦的横振动频率计算公式为：

$$f_n = \frac{nc}{2L} = \frac{n}{2L} \sqrt{\frac{T}{\rho}} \qquad (4\text{-}1)$$

其中，L= 弦长，T= 弦的张力，ρ= 弦的线密度（弦的粗细）。当 n=1 时，所求出的频率值为琴弦横振动的基频频点。当 n 为大于 1 的整数时，所求出的频率值即为琴弦横振动的谐频频点。由式 4-1 可知：

◆横振动决定琴弦振动的基频，即音高。

◆琴弦横振动所产生的乐音为一个复频信号，除基频之外，还会产生诸多谐频信号。

◆在当 n=1 时，假设弦长（L）越短，张力（T）越大，弦密度（ρ）越低，则基频越高，这个公式对羊肠弦、金属弦和尼龙线都适用。当然，不同材料的弦由于张力（T）和弦密度（ρ）不同，即使长度和粗细都一样，其音高也会不同。

（2）纵振动

纵振动是随横振动引起的沿弦长方向发生的周期性伸缩位移运动，即有弹性的弦在力的作用下会有所张弛，当力的作用停止时又恢复原状，如图 4-11（2）所示。例如当琴弓与琴弦成倾斜角度摩擦时，可以听到一个很高的声音，就是因为弦的长变弹性造成的。弦的纵振动计算公式为：

$$f_n = \frac{n}{2L} \sqrt{\frac{\gamma}{\rho}} \qquad (4\text{-}2)$$

其中，γ 代表弦的弹性模量。可以看出，在纵振动的运动中，弦的张力不再影响振动频率，这个频率只取决于琴弦的密度，即制作琴弦的材料。纵振动产生的能量相对于横振动来说，其能量很小，对音高的影响极不明显，但这种振动产生的高频会影响弦的音色。

不同材料的弦，弹性模量 γ 和材料密度 ρ 不同，纵振动所产生的频率成分也不同，音色也就出现差异，这也是羊肠弦、尼龙弦以及金属弦之间音色有别的主要原因。因此，纵振动主要影响琴弦的音色。

（3）扭转振动

扭转振动是随激发方式产生的一种振动形态。例如在提琴上用琴弓擦弦或用手指拨弦，都迫使琴弦产生扭动，我们称之为扭转振动，如图 4-11（3）所示。扭转振动和纵振动一样，能量较横振动来说很微弱，对弦振发声的音高基本不产生影响，但一定程度上会影响音色。这种振动在擦弦乐器中的作用尤为明显，而击弦乐器由于弦振动发声中几乎没有扭转振动的频率成分，这类乐器的音色变化也不如擦弦乐器那样丰富。

（4）倍频振动

倍频振动是与横振动同时存在的，琴弦每振动一个周期，其振幅会有两次最大值，当振幅达到最大值时，琴弦对两端拉力也最大，即琴弦每振动一周，与弦相连的音板也会随之振动两次，由此产生音高两倍丁横振动基音的音。这种运动就称为倍频振动，如图 4-11（4）所示。倍频运动对于弦与音板非直接相连的乐器（如提琴类）影响甚微。但对于琴弦一端直接栓于音板的竖琴和吉他等乐器比较明显。其谐音系列对音色也有一定改变的作用。

上述四种振动方式往往同时产生，弦被激励发生振动时，必然产生横振动；横振动使弦发生拉伸位移运动，引起纵振动；由于擦弦或拨弦，导致弦侧转而产生扭转振动；由于弦和琴体牵连，会周期性牵动音板而引发倍频振动。这四种振动方式因琴体的结构以及弦的激励方式不同而有相应的变化，但都同时发生在实际的振动中，对琴弦的音质起到决定性作用。

4.2.2.3 弦鸣乐器的音色听辨

（1）擦弦乐器

以弓和弦的摩擦作为弦振动激励源的乐器，称为擦弦乐器。其发声原理是：琴弓激励琴弦，以一定的压力和速度运动，使弦发生横向位移，并在最大位移时向平衡位置反弹回来而形成周期性弦振动。

一般来说，擦弦乐器的音强、音高和音色受琴弓压力和触弦位置影响。通常情况下，弓压越强，音量越大。但如果压力过强，使得琴弦反弹恢复力受到抑制，声音反而会失真；触弦位置不仅影响发声强度，也会影响擦弦乐器的音色，但各乐器情况均不太相同。有的乐器不仅可以使用琴弓擦奏，也可以使用手指或拨子拨奏，拨弦触弦的位置要与琴弓擦弦的位置避开，一般都在离琴码更远的位置，该位置琴弦弹性较好，利于拨奏。此外，擦弦乐器有着丰富的弓法，不同的弓法会产生不同的音响效果，从声学本质上讲，不同弓法产生的音响效果也是由于琴弓激励琴弦的方式不同所致。

◆提琴组

西洋乐器中的提琴组包含小提琴、中提琴、大提琴及倍大提琴四种乐器，如图 4-12

所示。西洋弦乐组中各件乐器虽然大小不一，但声学构造却相差无几，它们之间的区别，只是体积不同，发音音调不同。它们的体积与音高并无直接的比例关系；而是在保证演奏家能同时弹拨和弓拉的前提下，适当地增大。

小提琴

中提琴

大提琴   倍大提琴

图 4-12 提琴组各乐器

小提琴木材的选择和油漆的使用都会影响到乐器的音质。面板常使用鱼鳞云杉，背板使用枫木；琴颈和琴桥通常使用枫木；指板、止弦器及弦栓常使用黑檀木；低音梁和音柱使用松木或云杉。

小提琴的琴弓由马尾制成，张力大小可调。其四根弦按照五度关系定弦。第一弦是"E"弦，多为钢弦，音色明朗、嘹亮；第二弦为"A"弦，通常是羊肠弦外缠铝丝，音色柔和、优雅；第三弦为"D"弦，材质与二弦相同，音色如歌、紧张；第四弦为"G"弦，使用优质羊肠弦外缠银丝，音色深沉、紧张，属中音。

中提琴的四根弦也是按五度关系定弦。尺寸稍大，与小提琴相比它的发音鼻音较重、较粗糙，也不如小提琴演奏灵活，但拨弦音非常好听。

大提琴的四根弦同样按五度关系定弦。比中提琴低八度，尺寸是中提琴的两倍以上。它的泛音列非常美妙动听。

倍大提琴则用四度关系定弦，其泛音极为丰富。音色低沉、优雅；拨弦音的音色柔和、丰润并隆隆作响。

提琴组各件乐器频率范围如表 4-1 所示，提琴组各件乐器音色请听音频文件 4-1~4-4。

表 4-1 提琴组频率范围

	小提琴	中提琴	大提琴	倍大提琴
基频	196 Hz~2093Hz	123.4Hz~763.6Hz	65 Hz~520Hz	41 Hz~261.6Hz
泛音	10kHz	10kHz	8kHz	7kHz 以上

不同拾音位置对乐器音色的影响较大，请听辨不同位置拾取的大提琴音色。

训练 4-1 不同位置拾取的大提琴音色听辨训练。用相同型号的传声器在 3 个不同位置拾取大提琴的演奏，如图 4-13 所示：

位置 1（音频文件 4-5）：该拾音位置在 G 弦板下方拾音，拾音距离较远，该拾音位置偏离了大提琴的声辐射区域，音色相对于其他两个位置来说最不丰满。

位置 2（音频文件 4-6）：该拾音位置直接对准大提琴的 f 孔拾音，拾音距离较近，在丰满度上较位置 1 更好，低频更加丰满，这是因为该位置能拾取到更多 f 孔的共振频率和一部分琴箱的声音。

位置 3（音频文件 4-7）：该拾音位置对准大提琴指板上方 30° 位置，所拾取的大提琴音色在 3 个是拾音位置中是高频、中频、低频声音比例最平均的一组。

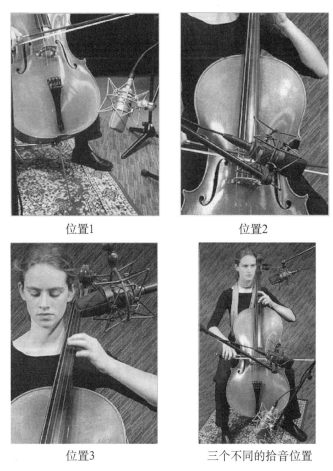

位置1 位置2

位置3 三个不同的拾音位置

图 4-13 不同位置拾取大提琴音色

中国民族乐器中的擦弦乐器也叫拉弦乐器，由胡琴发展而来，种类繁多，包含了二胡、板胡、坠胡、京胡等。这些乐器音色丰富、多样，配合各种不同的功法、指法等演奏技巧，能表现丰富多样的音乐形象，极具表现力。胡琴一般由琴弓、琴弦、琴筒、琴杆、琴码、弦轴和装饰用的琴头构成，以二胡为例，如图 4-14 所示。

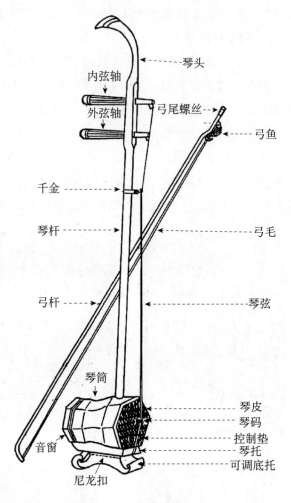

图 4-14　二胡的结构

琴筒是木质或竹制的，截面呈圆形（圆筒）或呈多角形（多呈六角形），蒙以动物皮（羊皮、蛇皮或蟒皮等）。琴码用马尾制成，置于两弦之间。马尾上粘有松香，以增加弓和弦的摩擦，增加泛音。胡琴的演奏音域由琴筒大小决定，高音胡琴筒径小、长度短，声音高亮；反之则为低音胡琴，发音低、声音深沉。

◆二胡

二胡盛行于中国江南一带，又名南胡。在众多拉弦乐器中，二胡的影响最大、流传最广、发展最快，最具代表性。二胡共有两根弦，琴筒由六块同样尺寸的木板黏合拼成，琴杆为木质，琴头常用龙头装饰，琴筒蒙以蟒皮，发音温柔、平和，如图 4-15 所示。二胡的音色与琴弦材质、有效弦长、琴码位置以及琴弓擦弦点有关。

一般来说，二胡的琴弦多用钢弦、丝弦或尼龙缠丝弦。粗弦在同等条件下，音色会偏结实、浑厚些，音量也会更大；而细弦在同等条件下，音色偏柔和、细腻，音量偏小。在

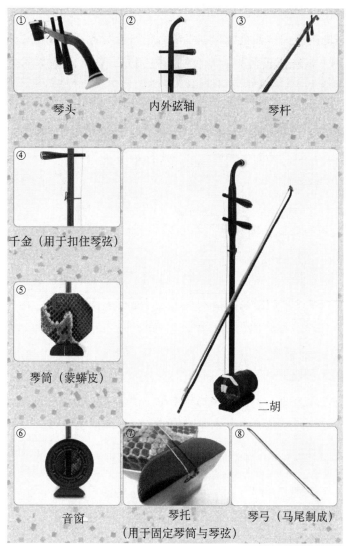

①
琴头

②
内外弦轴

③
琴杆

④
千金（用于扣住琴弦）

⑤
琴筒（蒙蟒皮）

二胡

⑥
音窗

⑦
琴托
（用于固定琴筒与琴弦）

⑧
琴弓（马尾制成）

图 4-15 二胡

高把位的音色方面，粗弦比细弦更加难以控制，经常会出现一些难以控制甚至无法控制的噪音。所以在演奏一些抒情性、优美的现代作品或者高跨度作品时多采用外弦无缠弦的细弦作为演奏用弦。粗弦在重低音区音色的结实浑厚方面有着明显优势，振动更加充分，所以在演奏一些对比强烈、大调性、曲风大气以及史诗性作品时，会有较好的表现。

千金同样会影响二胡音色，主要取决于千金的材质、与琴杆的距离及其本身缠绕的圈数、位置的高低等。其中，千金位置的高低是它影响音色最为明显的一个属性，千金位置与琴码之间的距离代表了琴弦的有效弦长，在同等音高下有效振动的弦距越长，弦的硬度越强，音色越明亮，反之则弦的强度越弱，音色越暗淡。

琴码是连接琴皮和琴弦的枢纽，其位置对二胡音色的影响表现在：较高的琴码使琴弦拉伸更紧，音色更加明亮；较低的琴码使琴弦拉伸更为松弛，音色更加浑厚、柔和。从音响学角度分析，琴码对二胡琴弦振动的传导以及与皮膜的谐振在整个频响范围内越均衡越好，有利于二胡声能的放大，并且能根据二胡音色特点对各音频段进行适度的调谐。常见的琴码有：枫木码（声音比较透亮，音色圆润性稍差，各音区基本平衡，但感觉声音统一性不太好，音量略大）；红木码（声音基本均衡，音色较润厚，高音区尚可，但音量偏小，不够透亮，稍有灰暗之感，不常用）等。

此外，如果把擦弦点改在有效弦长的七分之一至九分之一处，可以削弱或消除不协和的第七或第九阶泛音，这对增加二胡音色的谐和性更有益。

二胡音色请听音频文件 4-8。

◆高胡

高胡是高音二胡的简称，因其是广东音乐中最重要的特色乐器之一，所以又叫"粤胡"。高胡在 20 世纪 20 年代由二胡改制而成，当时由于南方天气潮湿，二胡所使用的蟒皮易受潮松塌，于是人们便将蟒皮蒙得很紧，同时，又把二胡外弦的丝弦改用钢丝弦，定弦也提高了四度或五度，形成了高胡清澈、明亮且富有表现力的音色。

从构造上看，高胡的琴筒比二胡略小，琴筒较细，多为圆形，长 13 厘米，前口外径约 8.6 厘米；筒后口不加音窗。20 世纪 70 年代初，又根据椭圆形声场扬声器的声学原理，经过改良制成扁圆琴筒高胡，琴筒长 14.5 厘米，前口长径 10.3 厘米，短径 7 厘米，后口长径 11.3 厘米，短径 7.8 厘米，使其共鸣频率范围更加宽广，音量更大。琴杆和琴筒选用红木或乌木制作；琴码使用多年生、木质坚硬的朱木，制成桥空形，如图 4-16 所示。

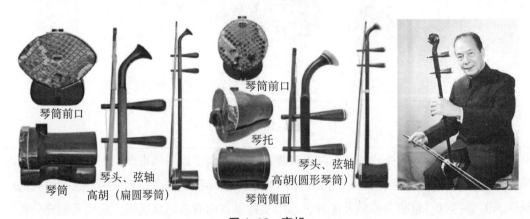

图 4-16　高胡

高胡音色请听音频文件 4-9。

◆中胡

中胡是"中音二胡"的简称，与二胡、高胡一样属于中国特有的民族拉弦乐器类别中的一员，是在传统二胡形制基础上加以改制的一种弓弦乐器。从形态上来说，中胡的琴筒比二胡稍大，多为圆形，蒙蟒皮，长约 15 厘米，前口外径 10.5 厘米左右。也有前口是八方形或六方形的，后口为圆形，有音窗的中胡；还有加大后口尺寸像扩音筒一样的中胡。琴杆比二胡稍长，约为 83 厘米。琴弦采用丝弦或尼龙缠钢丝弦，比二胡略粗，如图 4-17 所示。

中胡音域比较宽广，其音质浑厚含蓄，音域与高胡和二胡处在不同音区，比二胡低一个纯四度或纯五度，特别是中胡少了尖锐的高音，因而可在民族管弦乐队中补充高胡和二胡的低音部分，使整个乐队的声音丰满、雄厚。相比之下，中胡音色比高胡、二胡更加厚实、温暖和丰满，但作为独奏乐器，它缺少二胡的华丽辉煌性和高胡的穿透力，因此常与高胡、二胡一起使用，担任乐队的中声部演奏。

经过长时间的乐器改良，中胡有了扁圆筒中胡和扁八方筒中胡；后又制成扩音筒中胡，并将琴筒的后口制成喇叭形，使中胡成了独奏乐器。

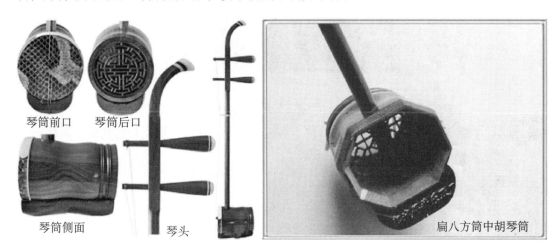

琴筒前口　琴筒后口

琴筒侧面　　琴头　　　　　　　　　　　　　　　扁八方筒中胡琴筒

4-17　中胡

中胡音色请听音频文件 4-10。

◆板胡

板胡也是中国民族拉弦乐器中的重要成员，在各个地域的名称各有不同，又称梆胡、秦胡等。作为北方地区的特色乐器，板胡主要流行于我国东北、华北和西北各地，在河北梆子、评剧、豫剧等地方戏剧伴奏中占主要地位。

板胡音色明亮、高亢，琴杆是由红木、紫檀或花梨木制成的，为圆柱体或扁方形，琴头呈方形。琴筒多用椰子壳制成，也有用木、竹或铜制的，前口以桐木薄板为面。琴杆上端一侧置两弦轴，轴用牛角或红木制成扁片状，位于琴杆中部架弦。琴弓较长，分为高音板胡、中音板胡和低音板胡，如图 4-18 所示。

板胡的结构绝大部分和二胡相同，主要区别在琴筒和千金上。板胡的琴筒呈圆筒形，以硬的椰子壳、木质、铜质或竹质为材料，琴筒一头大一头小，使音响共鸣集中，形成了板胡独有的音色。千金使用牛角或红木制成的变形木片，系于琴杆下轴到弦马的 1/3 处。琴码用竹或木制成，置于面板中央以上，琴板的约 1/3 处。竹码共鸣较大，发音也较浑厚优美。琴弦一般用丝弦或钢丝弦，丝弦发音浑厚，钢丝弦则发音清亮。在演奏技法上，板胡的弓、指法虽然与二胡大体相同，但板胡以中弓为多，滑音也用得相当广泛，而且干

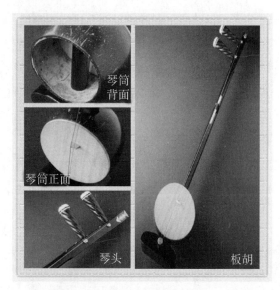

图 4-18　板胡

脆、爽利。这种演奏技法的特点和它清脆、高亢的音色，构成了板胡独特的演奏风格。

板胡音色请听音频文件 4-11。

◆京胡

京胡，早期也称"胡琴""二鼓子"，是从徽戏中的徽胡发展而来的拉弦乐器，清朝随皮黄腔的发展逐渐形成，因是京剧的主要伴奏乐器而得名。

京胡从形制上与其他胡琴相似，由琴杆、琴筒、弦轴、千斤、弦马、琴弦和弓子等部分构成，琴筒筒口蒙蟒皮，用马尾弓拉奏。其最大的特点在于琴杆和琴筒都采用紫竹、白竹或染竹制作，通常有五节，在上方的第一和第二节上，各装有一个弦轴，下端的底节插入琴筒中，在筒里的一段杆身上，开有长方形、前后对穿的风口，成为琴筒的复共鸣部分。琴弦原用两根丝弦，外弦较细，里弦较粗，现多用钢丝弦，音准比丝弦好，发音清脆且不易断弦，如图 4-19 所示。

因其特殊的制作材质，京胡的音色强而有力，清脆嘹亮。在以上几种胡琴中，京胡的尺寸最小，几种乐器的尺寸属中胡最大，其次为二胡、板胡、高胡。在音域方面，因京胡的琴杆最短，因此其音域较窄，音色特点基本集中在中高频段，高频十分丰富。此外，京胡与其他胡琴不同，定弦根据曲目而定。

京胡音色请听音频文件 4-12。

◆坠胡

坠胡，又名"曲胡""二弦"，是河南曲剧、越调等戏曲的主奏乐器，在清末由小三弦演变而来，流行于河南、山东等地。坠胡的琴筒用铜板或硬木制作，呈圆筒形，琴筒短而粗，长 9 厘米，直径约 11 厘米，前口蒙蟒皮。琴杆和琴头形似三弦，但琴杆较短，琴头较小，指板较宽。用马尾弓拉奏，音色丰满，宽厚，音量变化幅度较大。一

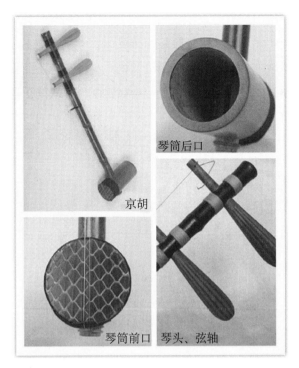

图 4-19　京胡

般定弦为 a、d1，音域 a~d3。低音区淳厚略带沙哑，中音、高音洪亮清脆。坠胡的音色在拉弦乐器中颇有特色，演奏时滑音用得很多，语言性强，特别善于模仿各种特有的声音——如各种动物的叫声、人的笑声、哭声等。琴弦有两根，一般用丝弦或尼龙外缠钢丝弦，如图 4-20 所示。

坠胡音色请听音频文件 4-13。

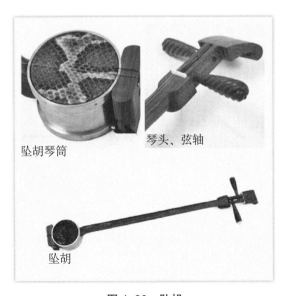

图 4-20　坠胡

◆革胡

革胡是 20 世纪 50 年代上海音乐学院杨雨森先生以二胡为基础，吸收了其他拉弦乐器的特点，在保留胡琴类乐器基本音色和造型的基础上，结合西方提琴类乐器的发音，而制成的民族低音拉弦乐器，如图 4-21 所示。从诞生至今，革胡的乐器改良先后经历了"对称式小革胡"、"对称式皮膜发音大革胡"、"58 型革胡"、"64 型大革胡"（如图 4-22）等阶段。革胡按照音域可分为低音革胡[1]、倍低音革胡[2]等类型。

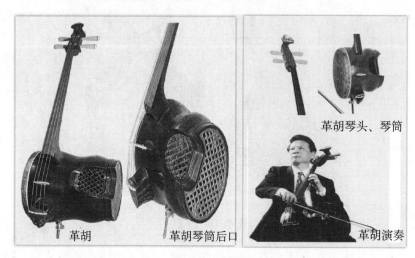

图 4-21 革胡

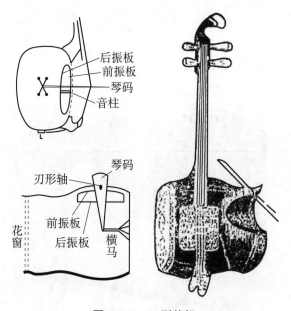

图 4-22 64 型革胡

---

[1] 低音革胡：定弦为 C、G、d、a，音域为四个八度。
[2] 倍低音革胡：定弦为 E1、A1、D、G。

革胡的音色低沉明亮，圆润雄厚且音域宽广。它主要由琴筒、琴杆、杠杆琴码、协振[①]鼓和琴弓五个部分组成。琴码是双卷耳式杠杆直码，协振鼓为模板结合式，琴筒前口蒙以蟒皮，后口贴有桐木薄板，有音窗，张弦四根。其中低频主要通过蟒皮反映出来，高频和次高频主要通过桐木薄板反映出来。

革胡音色请听音频文件4-14。

各类中国拉弦乐器的频谱范围如表4-2所示。

表4-2　中国拉弦乐器的频率范围

种类	基频（Hz）	频率范围（Hz）	主要频率范围（Hz）
板胡	590~3537	590~20k	600~1.2k
坠胡	220~1575	220~9.5k	440~1.5k
二胡	294~2352	294~12k	350~1.5k
高胡	440~2637	440~20k	440~2k
中胡	196~880	196~8.2k	300~800
京胡	440~1985	440~20k	440~2.5k

（2）拨弦乐器

以手指或拨子拨弦作为激励声源的乐器，称为拨弦乐器。拨弦乐器的发声原理基本与擦弦乐器一样：手指或拨子将琴弦带离平衡位置，然后突然将弦放回，致使弦的张力和反弹力将琴弦拉回并越过平衡位置，形成周期性的弦振动。

拨弦乐器的音强、音高和音色变化受多种因素影响，其音强变化主要由手指或拨子施加给弦的压力和拨弦速度决定；音高变化主要由弦的有效弦长决定；音色变化则主要由手指或拨子的触弦位置及弹奏方式决定。值得注意的是，拨弦乐器因每拨一次弦仅发一个音，声音不能持续，声音的起振和衰减十分明显，没有擦弦乐器的稳态过程，其每个音持续的时间与弦长紧密相关。一般来说，弦越长衰减过程越长，余音就越长，反之亦然。此外，弹拨工具和琴弦材质对音色也有较大影响。

◆柳琴

柳琴是我国民族乐队中典型的弹拨类乐器，外形构造与琵琶相似，但比琵琶小，通体长约65厘米，形似柳叶，又因最初琴身为柳木制作，故名柳琴或柳叶琴，如图4-23所示。柳琴原是流行于鲁、皖、苏一带的民间乐器，用作柳琴戏、泗州戏等地方戏曲的伴奏及弹奏简单歌曲，演奏时用拨片弹奏。其音孔镶骨制或塑料制音窗；琴颈和面板上沾以竹制音品，共二十九品，采用十二平均律；琴弦张四弦，采用钢弦或尼龙缠钢弦，面板多用老桐木制成，背板采用红木或其他质地比较硬的木材；拨片采用赛璐珞、尼龙、塑料或牛角等

---

① 协振：在革胡的传导体（琴码）上通过一个安装在圆筒内的共鸣体产生部分振动，进而使整个琴筒产生整体的振动。64型大革胡是将扇形琴码的支撑点放在协振鼓上，并通过杠杆码把振动传至皮膜。

材料，制成等边三角形。

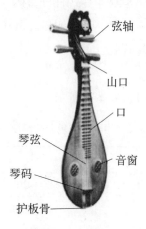

弦轴

山口

口

琴弦

音窗

琴码

护板骨

图 4-23　柳琴

柳琴的音色低音区浑厚结实，中音区圆润柔和，高音区清脆明亮、穿透力强，因一弦和二弦均采用纯金属材质，其音色具有浓厚的金属感。

柳琴音色请见音频文件 4-15。

◆琵琶

琵琶被称为"弹拨乐器之王"，是中国拨弦乐器中的重要组成部分。琵琶背板用紫檀、红木、花梨木制作，腹内置两条横音梁和三个音柱，与面板相粘接。面板选用木质干而松的梧桐木制成。面板下部有一个复手，用红木或老竹制，其一端有四孔为系紧琴弦用，另一端板内腹面有小圆孔，通共振腔，又称为"纳音"。琴头常用象牙雕刻装饰，有四个弦轴用以绷紧琴弦，弦轴选用有韧性的牛角或黄杨木制成，也有用象牙的；琴身上端又称琴颈，是"相位"之处，琴身中下部是"品位"之处。相和品都是音位的标志。相用牛角、红木或象牙制；品竹制，基本上呈片条状，底部稍宽以稳固其身，上部和弦接触之处用竹青，以增加耐磨力。琵琶由六个相、二十四个品构成了宽广的音域，采用十二平均律。在19世纪50年代以前，琴弦常采用丝弦，现在多采用钢丝弦或钢丝尼龙缠弦。琵琶的构造如图 4-24 所示。

按照面板腹部宽窄，琵琶可分为大抱、小抱两种，大抱面板腹部宽约 9 寸，琴高约三尺，因而声音洪亮；小抱腹部宽约 7 寸，琴高约二尺七寸左右，发音清脆。一般来说，凡大套乐曲，都用大抱琵琶演奏。第一弦最细，名为子弦；第二弦较粗为中弦；第三弦更粗为老弦；第四弦最粗为缠弦。演奏方法有轮指、泛音、扫弦、切分、滚奏等。

琵琶音色请听音频文件 4-16。

训练 4-2：不同琴弦材质对琵琶音色的影响训练

采用三种不同琴弦材质演奏《十面埋伏》，琵琶背板材质为酸枝红木，指甲采用玳瑁。三种琴弦材质分别为：

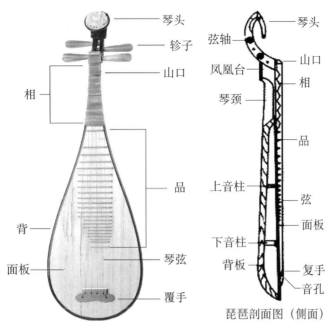

图 4-24 琵琶

①银弦（音频文件 4-17）：一弦是钢丝弦，其余是以钢丝为蕊，外面缠银丝。音色与当代的琵琶音色较为接近，音色较为明亮，有一定余音。

②钢绳（音频文件 4-18）：钢绳为蕊，外缠尼龙。音色较为浑厚，明亮度欠缺。

③丝弦（音频文件 4-19）：所有弦均以蚕丝制成。音色最为明亮，余音较短。

◆阮

阮属于古琵琶的一种，由琴头、琴颈、琴身、弦轴、山口、缚弦等部分组成，如图 4-25 所示。琴头和琴颈是用两块硬质木料胶合而成，琴头顶端多饰以民族风格的雕刻，琴颈上粘有指板，指板用红木制成，其上嵌有二十四个音品，品按十二平均律装置。琴身是一个呈扁圆形的共鸣箱，由面板、背板和框板胶合而成，面背板都是用桐木板制成。在面板上胶有缚弦和出音孔。弦轴有四个，用红木、黄杨或黄檀等木材制作，除用普通弦轴外，也可用齿轮铜轴。琴弦使用丝弦、肠衣弦或金属弦。用拨子或假指甲弹奏。

阮根据形制大小可分为大阮、中阮、小阮三种，还有一种叫低音阮。各种阮的定弦及音域均不相同，在乐队中的作用也不一样。大、中、小阮以五度关系定弦，低音阮以四度关系定弦。小阮属高音乐器，发音清脆、明亮，在民族管弦乐队中长担任演奏曲调，体积最小；中阮为中音乐器，音色恬静、柔和，体积比小阮稍大，在乐队中采用两件以上的中阮演奏和声，会使弹拨乐器组的中音声部更为丰满；大阮比中阮低五度，是次中音乐器，发音坚实、雄厚而有力，体积比中阮更大，在乐队中演奏旋律时，常与中阮作八度结合，以加强中阮效果；低音阮是低音乐器，体积最大，发音深沉而低厚，犹如西洋乐器中的低音提琴，在民族乐队中，低音阮只用于演奏和声的节奏或是经过简化的曲调。有些乐队还将它作为低音拉弦乐器使用。

小阮音色请听音频文件 4-20，中阮音色请听音频文件 4-21，大阮音色请听音频文件 4-22。

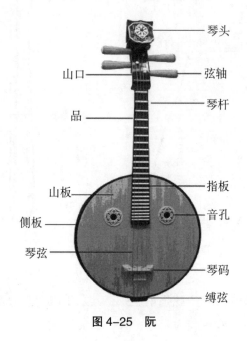

图 4-25　阮

◆古筝

古筝，又名汉筝，是汉族传统乐器中的筝乐器。结构由面板、雁柱、琴弦、前岳山、弦钉、调音盒、琴足、后岳山、侧板、出音口、底板、穿弦孔组成，如图 4-26 所示。共鸣箱由面板、底板和边板组成，面板和底板常选用梧桐木，边板选用水曲柳、红木或其他杂木制成。筝头由紫檀或其他较坚实的木料制成，其作用是固定琴弦，由穿弦孔来固定。筝头与共鸣箱相通，扩大了共鸣的范围。筝尾主要用于安装琴钉，在造型上起着与筝头对称平衡的作用。琴码也叫雁柱，它是筝弦和面板的传振支柱，可自由移动。古筝的出音孔有多个，其大小和数量分布与古筝音质有密切关系，出音孔太大，共鸣体回音减弱，古筝余音偏短；反之出音孔太小，共鸣体回声增强，古筝余音偏长，但音质的清晰度有所减弱。琴弦以钢丝弦为主，适当配置金属缠弦或尼龙缠弦；也有以尼龙缠弦为主，适当配置钢丝弦的；也有全部用尼龙缠弦或丝弦的。钢丝弦音色明亮、缠弦音色浑厚；根据琴弦数量可将古筝分为十二弦古筝、十三弦古筝等。目前最常见的古筝为二十一弦。岳山起着载弦的作用，也是计算古筝有效弦长的起始点，起着传递声音的作用。古筝音域宽广，演奏技法丰富，常用的演奏方法有点指、遥指、刮奏、摇按和吟等，常用五声调式，其音色在低音区浑厚，高音区清脆。

古筝音色请听音频文件 4-23。

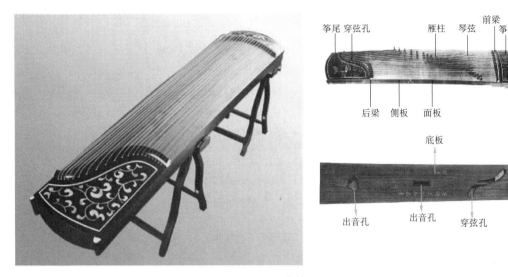

图 4-26 古筝

◆古琴

古琴是中国最古老的拨弦乐器，经历了约三千年的历史，其声学构造蕴含了中国深厚的民族文化。琴身长约三尺六寸五，象征一年三百六十五天；宽约六寸，厚约二寸。古琴最早依凤身形制成，其全身与凤身相对应，有头，有颈，有肩，有腰，有尾，有足，如图4-27 和图 4-28 所示。

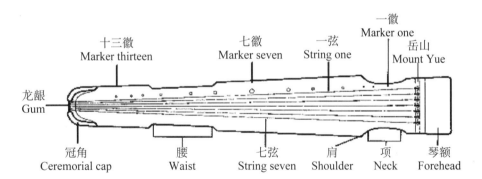

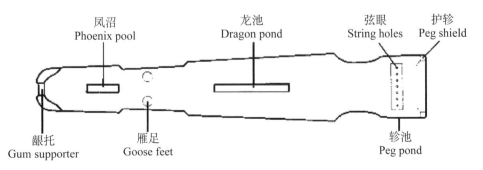

图 4-27　古琴结构示意图

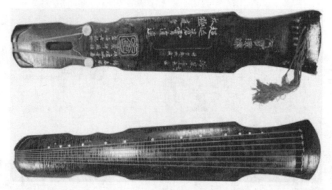

图 4-28　古琴实物图

"琴头"上部称为额。额下端镶有用以架弦的硬木，称为"岳山"，又称"临岳"，是琴的最高部分。琴底部有大小两个音槽，位于中部较大的称为"龙池"，位于尾部较小的称为"凤沼"，寓意"上山下泽，有龙有凤"，象征天地万象。岳山边靠额一侧镶有一条硬木条，称为"承露"。上有七个"弦眼"，用以穿系琴弦。其下有七个用以调弦的"琴轸"。琴头的侧端，又有"凤眼"和"护轸"。自腰以下，称为"琴尾"。琴尾镶有浅槽的硬木"龙龈"，用以架弦。龙龈两侧的边饰称为"冠角"，又称"焦尾"。七根琴弦上起承露部分，经岳山、龙龈，转向琴底的一对"雁足"，象征七星。琴腹内，头部又有两个暗槽，一名"舌穴"，一名"音池"。尾部一般也有一个暗槽，称为"韵沼"。与龙池、凤沼相对应处，往往各有一个"纳音"。龙池纳音靠头一侧有"天柱"，靠尾一侧有"地柱"。使发声之时，"声欲出而隘，徘徊不去，乃有余韵"。由于琴没有"品"（柱）或"码"，有效琴弦特别长，因此，古琴在所有弹拨乐器中是余音最长的乐器。

琴前广后狭，象征尊卑之别。宫、商、角、徵、羽五根弦象征君、臣、民、事、物五种社会等级。后来增加的第六、七根弦称为文、武二弦，象征君臣之合恩。十二徽分别象征十二月，而居中最大之徽代表君象征闰月。古琴有泛音、按音和散音三种音色，分别象征天、地、人之和合。琴面是由整块梧桐木制成，表面呈拱形，以琴面为指板，底板由整块梓木制成。琴弦用丝弦或尼龙缠钢丝弦。由于古琴的有效弦长特别长，一般在 110 厘米以上，故而振幅大，振动时间久，其余音绵长不绝。岳山用红木、骨或象牙制成。琴徽多用螺制作，也有用象牙或黄金制的。古琴常见的演奏方法走手音，吟等。

古琴音色请听音频文件 4-24。

◆三弦

三弦是我国传统的民族拨弦乐器，因张三根弦而得名，是苏州评弹、京韵大鼓等地方戏曲的主奏乐器之一。三弦由琴头、弦轴、琴杆、琴鼓、琴码、皮膜和倒冠几部分组成，大致可分为大三弦和小三弦两种，如图 4-29 所示。

琴鼓是三弦共鸣的主要部分，以红木、紫檀木或其他较硬的木材做成椭圆形木框，内腔多为方形，两面蒙蟒皮制成。蟒皮上架有竹制琴码，鼓头的底端有倒冠，用来系紧琴弦。三弦的琴鼓从外面看很大，实际共鸣箱很小，使得三弦发音干、尖、余音短，有很强的个性色彩。小三弦的琴杆和鼓头用同样材料制成，琴杆内部不挖空。大三弦的琴杆为减轻左手托重负担，用楠木或其他较轻的木料制成，中间一般是挖空的。琴杆下端插入鼓头内部，上端连接琴头。琴头一般用黄杨木制成，其左右两侧插入三个弦轴，左一右二，下方置有山口，为有效弦长的起始位置。琴弦有三，为子弦（一弦）、中弦（二弦）、老弦（三弦）三种。过去用丝弦，现在一般使用钢丝缠尼龙弦。弹奏时右手使用赛璐珞或玳瑁制成的假指甲，放于两腿之上演奏。大三弦属中低音乐器，音色浑厚而响亮，多用于北方说唱音乐如鼓书、弹词等伴奏；小三弦又称"曲弦"，音色明亮清脆，多用于南方评弹等说唱音乐的伴奏。由于三弦琴杆无品，弹奏旋律时音域间高低变化自由，可奏出各种滑音，在所有说唱、戏曲和歌唱伴奏中，都能很好地起到衬托作用，在转调和演奏有半音的乐曲时尤为灵活，最适合演奏抒情的旋律和激昂的曲调，具有丰富的表现力。

　　三弦音色请听音频文件 4-25。

图 4-29　小三弦

◆声学吉他

　　声学吉他是西方古老的一种拨弦乐器，从西班牙流行起来，到二十世纪发展成为世界上最普遍的乐器之一，能够演奏古典、弗拉门戈、民谣和爵士等不同音乐风格。声学吉他由琴头、弦轴、琴颈、指板、面板、音孔、琴码、系弦板等部分构成，如图 4-30 所示。

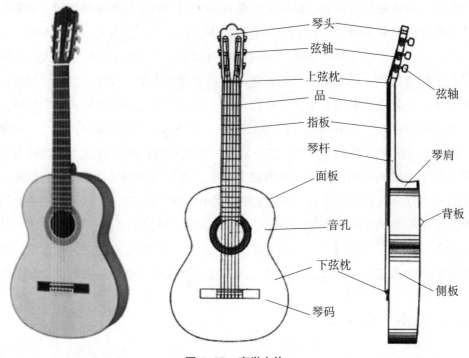

图 4-30   声学吉他

吉他面板通常由云杉制成，厚度为 2.5 毫米，底板通常由花梨木、红木等硬木制成，厚度也是 2.5 毫米。指板是一条带格子条的指板，附着于琴箱，琴箱面板上有出音孔。琴桥直接固定在面板上，支持六根弦的张力。指板上的格子条（品）可精确地产生特定音高。吉他的低音主要由琴箱的空气和面板共振所决定：琴箱越大，共振频率越低。普通的声学吉他按四个种类设计：古典、弗拉门戈、民谣和匹克。古典和弗拉门戈吉他使用尼龙弦，音质淳厚；民谣和匹克吉他使用钢弦，音色清脆明亮，主要用于给歌唱者伴奏。此外，民谣和匹克吉他的指板要比古典和弗拉门戈吉他更窄，金属弦的音量往往比尼龙弦更大，用金属弦的民谣吉他所产生的声压级一般要比用尼龙弦的古典吉他大 5~10dB。演奏方法有滑音、锤弦、勾弦、扫拨、揉弦等。吉他的发音过程主要通过琴弦、面板、背板和共鸣腔共同完成，每个部分都有多种振动模式，其琴箱的振动是一个复杂的过程，因此在不同位置拾取吉他的音色能够获得不同的效果。

吉他的音色请听音频文件 4-26。

训练 4-3：不同位置拾取的吉他音色听辨练习。将传声器放置在 3 个不同位置拾取吉他的演奏，如图 4-31 所示。

位置 1（音频文件 4-27）：对准琴桥位置拾音，面板与琴颈的交界处，属于近距离拾音，拾取的吉他音色清晰度较高，能听到演奏者擦弦的声音。

位置 2（音频文件 4-28）：直接对准琴箱出音孔位置拾音，该位置拾取的吉他音色丰满度最好，能够清晰地听到琴箱共鸣的声音，低频最丰富。

位置3（音频文件4-29）：在琴桥下方，面板中下部位置进行拾音，该位置由于偏离了吉他的高频辐射区，因此拾取的吉他音色明亮度较差。

位置1

位置2

位置3

图 4-31 不同拾音位置拾取声学吉他

◆竖琴

竖琴是西方一种大型的拨弦乐器，如图 4-32 所示。其演奏音域与钢琴相似，包含六个八度和一个五度，最低音为 C1，最高音为 f4。竖琴结构由琴身（包括琴柱、挂弦板、共鸣箱和底座）和琴弦系统（包括琴弦、弦轴、变音传动机件装置和踏板）组成。其斜立的共鸣琴箱上翘，形成三角形琴架，琴弦自上而下与前柱平行地张于琴颈与琴箱上，弦长逐次递增。琴箱音板一端相接，另一端用琴柱支撑在两者之间，琴柱内有操纵变音的杆，挂弦板上的弦轴可以用来调整琴弦的张力、踏板可以用来调整竖琴调性。

竖琴张弦47根，琴弦材质一般使用羊肠弦或尼龙弦，低音弦还要用钢丝外缠，以增加弦的张力。竖琴音域宽广，音色甜美柔和，中音区铿锵动听，在西洋管弦乐队中常做合奏乐器。主要的演奏手法有：泛音奏法、滑音奏法、浊音奏法等。

竖琴音色请听音频文件 4-30。

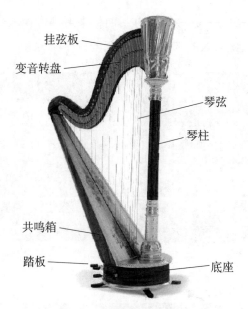

挂弦板

变音转盘

琴弦

琴柱

共鸣箱

踏板

底座

图 4-32　竖琴

各类拨弦乐器的频谱范围如表 4-3 所示。

表 4-3　常见拨弦乐器频谱范围

种类	基频（Hz）	频率范围（Hz）	主要频率范围（Hz）
柳琴	197~6.3k	197~20k	4k~11.5k
琵琶	110~1325	110~17.8k	220~2k
中阮	65~663	66~8.6k	200~500
古筝	74~1180	74~16k	250~550
三弦	98~2360	98~8k	500~800
竖琴	32~3136	32~19.8k	700~4k

（3）击弦乐器

以敲击琴弦作为激励声源的乐器，称为击弦乐器。根据结构上的不同，击弦乐器又可以分为两大类，一类是与擦弦乐器一样，由激励体、弦振体、传导体、共鸣体和调控系统五大部分组成，如扬琴；另一类则在此基础上加了一套键盘控制系统，如钢琴。二者虽在形制上有所区别，但发声原理完全相同，都是由琴锤敲击琴弦，使琴弦产生振动，通过琴码传至共鸣体，使声能得以扩散而发声的。

从音乐声学角度讲，击弦乐器的音高变化主要由弦的长度决定，音量变化主要由琴槌敲击弦的力度和速度决定，对于有键盘系统的击弦乐器（如钢琴）来说，由于其击弦位置相对固定，音色变化则主要由触键的力度和演奏决定；对于无键盘系统的击弦乐器来说，因为其击弦位置不固定，故还可以通过改变击弦的位置来改变音色。

◆扬琴

扬琴是中国民族管弦乐队中必不可少的击弦乐器，由共鸣箱、山口、弦钉、弦轴、琴码、琴弦和琴竹等构成，如图 4-33 所示。扬琴的种类多种多样，常见的有八音扬琴、十音扬琴、十二音扬琴等，音域也各不相同。其音色丰富，低音区发音朦胧、雄厚而深沉；中音区柔和、纯净而透明；高音区清脆、明亮；最高音区则较紧张。演奏旋律时主要用中音和高音区，低音区多用作和声的衬托。

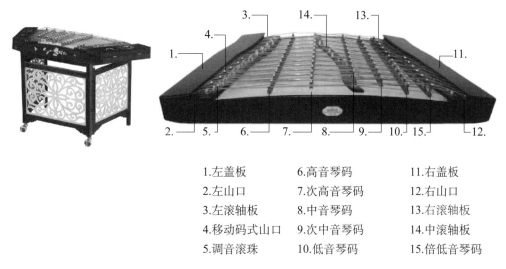

1.左盖板	6.高音琴码	11.右盖板
2.左山口	7.次高音琴码	12.右山口
3.左滚轴板	8.中音琴码	13.右滚轴板
4.移动码式山口	9.次中音琴码	14.中滚轴板
5.调音滚珠	10.低音琴码	15.倍低音琴码

图 4-33 扬琴

共鸣箱是扬琴的箱体，由前后两块侧板和左右两端琴头连接成框架，上下蒙以薄板，呈蝴蝶型或扁梯形。侧板和琴头多用色木、桦木等质地较硬的木材制作。面板以梧桐木为最好。扬琴的琴码有数个，在共鸣箱里每个琴码都胶有一道音梁，它与面板和底板相接，两端与侧板相连，将琴箱分成几个空间。由右至左分别称为倍低音码、低音码、次中音码、中音码、次高音码、高音码。扬琴的音孔在面板的山口下方开有数个音孔，为圆形或长方形，也有开在底板上的，数量较多。扬琴左右侧都有滚珠，将琴弦抬高，以降低弦与螺丝间的杂音。新式扬琴的设计可以迅速移动滚珠的装置，称为"滚轴板"，只需手指之力就可以立即滑动滚珠位置，使得少数乐曲对特殊音的要求变成可能。扬琴的山口位于面板两侧的长形木条，用红木制成，起到架弦作用。扬琴通常使用钢丝弦，高音部分用裸弦，低音部分用缠弦，在裸弦上缠绕细铜丝而成。

扬琴音色请听音频文件 4-31。

◆钢琴

钢琴被誉为西方乐器中的"乐器之王"。其发音依靠琴键牵动钢琴内部包着毛毡的琴槌，继而敲击钢丝琴弦发出声音。从声学构造上看，钢琴是一件非常复杂的乐器，由琴键、琴槌、琴弦、琴码、音板、踏板、弦钮、制音器等部分组成，如图 4-34 所示。

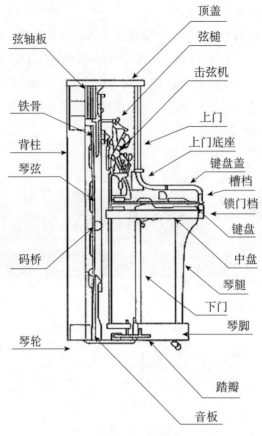

图 4-34　钢琴

　　钢琴的音色优美，富于表现力，可演奏高达七个八度的音域。它共有 88 个琴键，低音区音色浑厚，高音区则清晰、明亮。钢琴的音色变化主要由触键的力度和速度决定。另外琴槌的形状、质量、材料弹性和刚度对音色和音量也有直接影响，就琴槌的形状而言，主要影响的是触弦面积：弦越长，触弦面积应当越大。就琴槌刚度而言，其硬度越硬，则与弦接触时间越短，导致起振过程越短，高频泛音的振幅越强，音色脆而带金属声；反之则接触时间长，起振时间长，音色更圆润，但音色稍暗。

　　钢琴音色请听音频文件 4-32。

4.2.3　气鸣乐器音色听辨

4.2.3.1　气鸣乐器发音原理概述

　　气鸣乐器是指所有以空气作为振动体的乐器。气鸣乐器的种类繁多，形态各异。从音域宽至九个八度、体积庞大、控制机件繁多的管风琴，到长度不足 10 厘米的口笛；从雄壮威武的铜管乐器组，到音色柔美细腻的江南箫笛，甚至连人们日常生活从口中吹出的口哨，都属于气鸣乐器的范畴。从声学角度看，所有的气鸣乐器都由以下基本结构组成：

◆激励系统：气鸣乐器共有三种不同的激励方式，每一种方式都可生成不同的乐器，这三种激励方式的激励源分别是边棱音、簧片和唇。

◆振动系统：所有气鸣乐器都是依靠乐器管内或腔内的空气柱振动发出声音的，因此其振动体为空气柱。

◆共鸣系统：通常有管类，如长笛、单簧管、双簧管等；也有腔体，如埙等。

◆调控装置：气鸣乐器上所有的音键或音孔，如长笛的音键，梆笛的音孔等，都可以控制管内或腔内空气柱的长度、体积及持续时间，从而达到改变音高、音色的目的。

因此，所有气鸣乐器的演奏，首先都是由不同的激励源带动乐器内空气柱产生振动，然后通过各种调控装置改变乐器内部空气柱的长度、强度和持续时间，从而使气鸣乐器有了音高、音强以及音长的变化。值得注意的是，气鸣乐器的激励系统和共鸣系统都要经过一个互相调制的过程，才能发出我们日常所听到的声音，这一过程，在乐器声学中称为耦合，图4-35显示了单簧管耦合前后频谱结构。

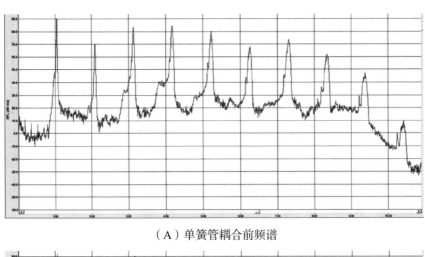

（A）单簧管耦合前频谱

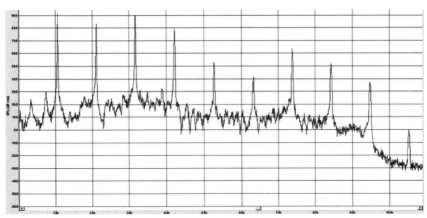

（B）单簧管耦合后频谱

图4-35　单簧管耦合前后频谱变化

　　所谓耦合，就是当激励体的振动激发起空气柱振动时，二者在振动频率上会发生相互调制，这一调制过程就称为耦合。对于气鸣乐器来说，无论是边棱音频率、簧片频率还是嘴唇的频率，与气鸣乐器管体或腔体内的空气柱振动频率并不一致，前者的振动频率受气流强度、喷射角度以及振动体质量的影响，而后者则取决于管体或腔体的长度或体积大小。对于气鸣乐器来说，其音高并不由振动体的振动决定，而是由乐器管内或腔内的空气柱振动决定。因此，在耦合过程中，空气柱的振动频率占主导作用，空气柱的振动频率高低由管体长度，也就是共振体长度决定，管长与音高成反比，管体越长，音高越低。这一点与弦鸣乐器、膜鸣乐器都不同，这两类乐器的音高就是振动体的振动频率。耦合前后音色对比请听音频文件4-33和4-34。（以双簧管为例）

　　影响气鸣乐器音色的基本因素主要来自乐器材料和开管闭管类型。

　　◆乐器材料：气鸣乐器的制作材料种类繁多，从古至今用过的材料从土、石、陶、兽角，到现代木管乐器使用的木、铜、合金等材料，都对乐器音色有所影响。

　　◆开管闭管类型：所谓开管和闭管是指气鸣乐器两端的开口情况。开管乐器的两端均为开放式，如双簧管、大管等；闭管乐器仅有喇叭口一段开放，如管风琴的低音音管。闭管乐器由于喇叭口一端被封闭，空气柱在其封闭端只能被反射回开口端，因此，在管体同样长的情况下，闭管乐器内的空气柱基音波长要比开管乐器长一倍，即频率低八度，如图4-36所示。在实际的乐器制造工艺中，管风琴的低音管都是闭管结构，其原理就是因为在同样音高的情况下，闭管乐器所用的管长仅为开管乐器的一半，在制作时能够节省原材料和安装空间。

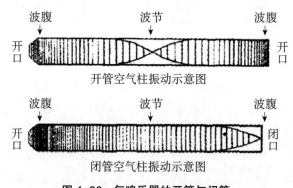

图4-36　气鸣乐器的开管与闭管

　　除了音高的差异之外，开管和闭管在谐音列构成上也有很大差异。从频谱构成上看，开管乐器能够产生与基频成整数倍的谐音列，而闭管类乐器的声音能量主要集中在奇次谐波上，只能产生与基频成奇数倍的谐音列。由于缺少了偶次谐波的成分，闭管类乐器的音色在丰满度上比开管乐器差一些。

　　此外，有一类乐器在外形上具有开管乐器特征，但在音色特点及频谱结构上却呈现出闭管乐器特征，这类乐器叫作"半闭管乐器"，半闭管乐器数量稀少，目前我们常见的乐器中只有单簧管属于此类。

4.2.3.2　气鸣乐器音色听辨

（1）边棱音激励类

以边棱音作为激励源的气鸣乐器，称为边棱音乐器。边棱音的产生与乐器管口结构密切相关，如图4-37所示。当一股气流流向带有尖锐边缘的吹孔时，气流会被分成上下两个分离的气流，这两股气流进行涡旋的时候会相互碰撞，产生出来的高频声音就是边棱音。边棱音的频率变化取决于气流对边棱喷射的角度。一般来说，喷射角度越大，频率越高。在音色特点上，单纯的边棱音是一种很弱的、咝咝的声音，这种声音本身能量很小，且含有大量高频噪声，只有通过和共鸣管的耦合，才能获得真正的乐器声，音色听起来才会圆润。演奏技术纯熟的乐手能够在很短的瞬间完成耦合的过程，而对于新手来说，耦合则需要稍长的时间才能完成。

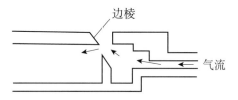

图4-37　边棱音发声示意图

边棱音乐器的音高变化主要由吹奏者吹出的气流大小、角度以及共鸣腔体或管体的空气柱长度决定。一般来说，吹出的气流越大，则频率越高，振幅越大，反之则越低。而通过在音管上开不同数量的音孔或音键，用手指或按键开闭音孔，也能改变空气柱的长度，从而发出不同的音高。另外，改变唇与吹口的吹奏角度，也能起到改变音高的作用。

◆长笛

长笛是现代管弦乐和室乐中主要的高音旋律乐器，外形是一根开有数个音孔的圆柱形长管，由管身（包括吹节、主节和尾节）和音键系统组成。管身为木质或金属管状，全长62厘米。笛头内部有木塞封闭，笛尾开放，通过手指（或按键）开闭音孔，改变管体内空气柱的长度发出不同的音高，如图4-38所示。

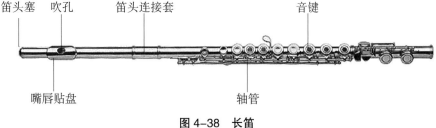

图4-38　长笛

长笛的音色清新、明亮。高音区活泼，低音区空灵。对长笛单音进行频谱特征分析（如图4-39）看出，长笛的基频能量强度超过其他谐波能量，这意味着长笛的音高由基频决定。此外，从第七次谐波开始，其谐波能量强度陡然下降，拥有这种频谱结构的乐音听起来会有一种空洞感，这也符合长笛低音区的音色特征。传统称谓的长笛是指一组乐器，它由 C 调短笛、C 调长笛、G 调中音长笛和 C 调低音长笛组成。在管弦乐队和军乐队中，用得最多的是 C 调长笛和 C 调短笛。

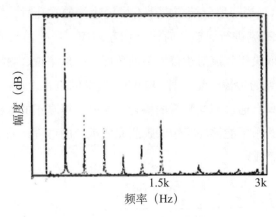

图 4-39　长笛频谱

长笛音色请听音频文件 4-35。

训练 4-4：不同位置拾取的长笛音色听辨练习。用 1~2 支传声器在 4 个不同位置拾取长笛的演奏，如图 4-40 所示。

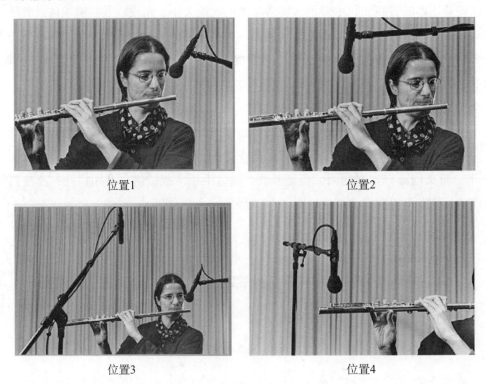

图 4-40　不同拾音位置拾取长笛

位置 1（音频文件 4-36）：该拾音位置位于长笛吹嘴侧前方，处于长笛声音的最佳辐射区域，能够拾取到高、中、低频比例适中的长笛音色，且音色丰满；

位置 2（音频文件 4-37）：该拾音位置位于长笛中段，所拾取的声音高频比例较高，清晰度也较高，但丰满度较位置 1 稍差；

位置 3（音频文件 4-38）：该拾音位置使用两支传声器拾音，在位置 1 的上方架设了一支传声器，增加了更多空间感；

位置 4（音频文件 4-39）：该拾音位置对准长笛尾部拾音，在这个位置拾取的长笛音色缺少高频，清晰度及丰满度都较差。

◆短笛

短笛是长笛家族的变种乐器，结构与长笛类似，在西方管弦乐队的吹管类乐器中音域最高。可以由木、金属、塑料或化合物构成，如图 4-41 所示。其管身长度是长笛的一半，音高比长笛高一个八度。音色尖锐、富有穿透力。

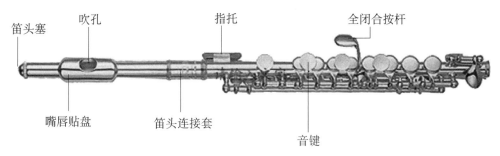

图 4-41　短笛

短笛音色请听音频文件 4-40。

◆梆笛

梆笛是我国典型的气鸣乐器，因伴奏梆子戏而得名，多为 G 调。笛身细而短小，为竹制，上面开有六个指孔用于改变音高。笛头部分有软木材制成的笛塞，装在吹孔管内一定的深度里，调节笛塞到吹孔的距离可以改变音高。膜孔的位置贴有笛膜，一般使用很薄的芦苇片制成，能够使梆笛发出清脆、明亮的声音。笛身中间装有铜套，铜套的拔出或插入可以改变笛身的长度，拔开铜套的距离越大，笛子的管体越长，音高也越低，反之则越高，如图 4-42 所示。

梆笛的音色清脆、嘹亮，是北方的梆子戏、豫剧等剧种的主要伴奏乐器之一，其音色除了受笛身长度的影响之外，演奏者的手指、口风、气息压力和笛膜也是影响其音色的重要因素。其中，笛膜是中国竹笛特有的活动调控装置，空气柱与笛膜共同振动。笛膜的状态不太稳定，它受气温的影响，温度高了会变紧，使空气柱经过笛膜时的振动较常温下产生一定的变化，甚至会振动不起来，导致音色不干净；气温太低，笛膜会变松，使空气柱的振动不充分，无法发出甜美的音色。

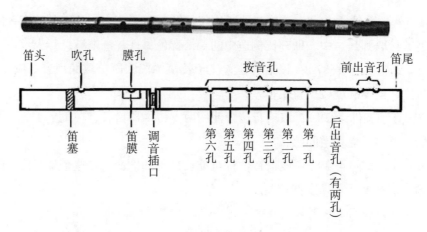

图4-42　梆笛

梆笛音色请听音频文件4-41。

◆曲笛

曲笛是我国南方特有的吹奏乐器，因伴奏昆曲而得名，多用于江南丝竹，苏南吹打等南方各戏种的伴奏乐。曲笛管身粗而长，为竹制，其结构与梆笛相同，但音色醇厚、圆润，具有浓厚的江南韵味。其音高与梆笛音高相差一个纯四度，多用C调和D调，如图4-43所示。

图4-43　曲笛

由于材料质地和构造上的差异，我国的竹笛和西方长笛相比在频谱上有诸多不同，主要表现在：竹笛在高音区（3kHz以上）谐波成分比长笛丰富许多，因此音色比长笛更加高亢、透亮；竹笛的基频（如图4-44所示）与谐波强度差比长笛更大，因此其音高感更加明确；竹笛在4.5kHz附近有一个突起，可能与笛膜共振有关。

曲笛音色请听音频文件4-42。

◆箫

箫是我国古老的汉族单管竖吹乐器，其管长为70~78厘米，比曲笛稍长而细，音区比曲笛低，属中音乐器。管身为竹制，常用紫竹、黄枯竹或白竹制作，上端留有竹节，下端和管内去节中空。箫的吹孔在管身上端，吹气发声。在箫管的中部，正面开有七个音孔，背面开有一个音孔，平列在管下端背面的两个圆孔是出音孔，用来调音。出音孔下面的两个圆孔为助音孔，起着美化音色和增大音量的作用，如图 4-45 所示。

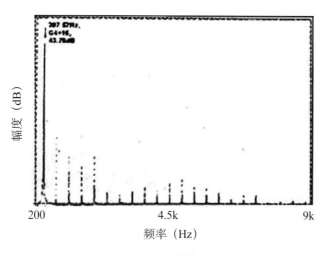

图 4-44 竹笛频谱

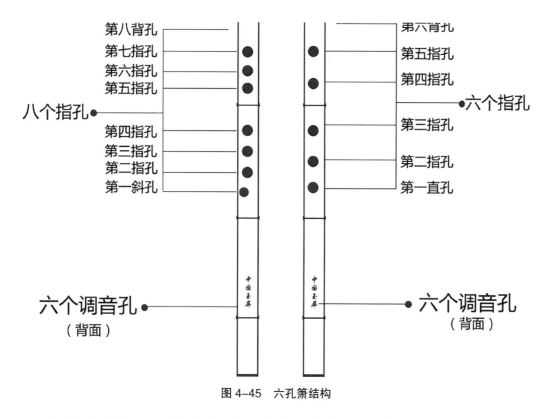

图 4-45 六孔箫结构

按照音孔数量分类，现代箫可分为六孔箫和八孔箫两种；按照流派分类，可分为洞箫、南箫和琴箫。洞箫常与古琴进行合奏；南箫由唐代尺八发展而来，传统的南箫的特点是采用外切型吹口，仅见于民间和传统南音音乐；琴箫共开八孔，直径略细，音色小，也适用于与古琴合奏，但与洞箫不同。箫的音色与选材、制作及演奏方法有关。一般来说，制作箫的竹材要使用4~5年的老竹，纤维要细密紧实，且不宜太重，否则会导致箫的高音滞重，低音不够醇厚。从制作工艺上看，要根据竹材情况开好吹孔，以保证音色与音量的平衡。

箫的音色请听音频文件 4-43。

◆埙

埙是中国古代一种用陶土烧制的吹奏乐器，整体呈圆形或椭圆形，埙体上开有数个音孔，如图 4-46 所示。通过手指按压不同的音孔改变共鸣腔体内空气容积量和开口的面积来改变音高，空气容积量越大，振动频率越低，音高也越低。打开孔径大的口可以发出较高的音，孔径小的口发出较低的音。埙的种类很多，根据其形制可分为卵形埙、葫芦埙、子母埙、牛头埙等；根据音孔数量可分为六孔埙、八孔埙、十孔埙等；根据制作材质可分为陶埙、竹埙、瓷埙、木埙等。其音色低沉浑厚，空灵柔美。根据吹奏者的演奏水平和制作埙的材质不同，埙的音色也会有所不同。

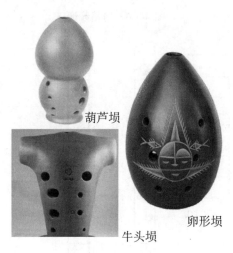

葫芦埙

牛头埙

卵形埙

图 4-46　埙

埙的音色请听音频文件 4-44。

除已经介绍过的乐器以外，中西方还有很多其他的边棱音气鸣乐器，如排笛、竖笛、排箫、鼻笛等，还有如胡笳、壮笛、斯布斯额、鹰笛、骨笛、吐任、直通箫、布利亚、巴葛丢冬、列都、笛朽篥、库洛等少数民族使用的边棱音乐器，其种类丰富，在此就不一一介绍了。

（2）簧片激励类

以簧振动作为激励源的气鸣乐器，称为簧管乐器。乐器上的簧片，是指用金属或植物制成的弹性薄片。一端被夹在封口处或簧室内，另一端不固定。当气流通过封口或簧室时，簧片就会产生振动而发声。同边棱音乐器一样，簧片振动和共鸣体振动同样要经过耦合的过程，簧片振动本身产生的声音能量很小，且含有较多的高频噪声，需要通过与共鸣体的耦合来增大音量，改变音色。

簧管乐器的音高变化与共鸣腔体的长度或体积，以及簧片的体积和质量相关；音量变化主要由演奏者吹出的气流速度决定；音色变化则由吹奏者的吹气方式决定。簧管类乐器从振动方式上可分为拍打振动式和自由振动式。

◆单簧管

单簧管在西方管弦乐团中归属于木管乐器组，属于单簧乐器，即只有一个簧片拍打振动发声。单簧管由笛头（含单簧片、哨片）、二节、主体管、喇叭口和音键系统组成，如图 4-47 所示。笛头部分用束圈固定簧片。管身为木质结构，呈圆柱形，吹口管成锥形。

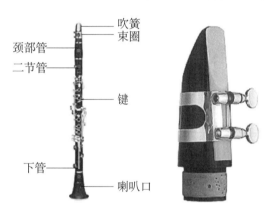

图 4-47　单簧管

常见的单簧管为降 B 调，A 调和 C 调均属高音单簧管，此外还有约十种不同音高和调性的单簧管。单簧管的音色丰富，高音区尖锐而响亮；中音区明亮而优美；低音区低沉而丰满。此外，在前面的章节中我们已经讲过，单簧管是一类特殊的乐器，从声学构造上看，它属于开管乐器，但在频谱结构上，它却呈现出闭管乐器的特征，其能量都集中在奇次谐波上，而缺少了许多偶次谐波的能量，如图 4-48 所示，因此其音色听起来有一种空洞感。

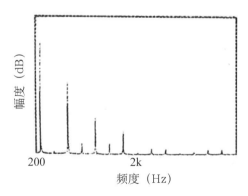

图 4-48　单簧管单音频谱

单簧管的音色请听音频文件 4-45。

◆萨克斯

萨克斯属于木管乐器，与单簧管一样也属于单簧类乐器。萨克斯由音嘴、管颈、簧片、主管、音键系统、音柱系统和管口等部分组成，如图 4-49 所示。除音嘴、簧片外其余部分全为黄铜制造，因此其音色既具木管乐器的柔美又有铜管的亮丽，高音区介于单簧管和圆号之间；中音区犹如人声和大提琴音色；低音区则像大号和低音提琴，在爵士乐、流行乐等风格中广为应用。按照定调可分为降 B 高音萨克斯管、降 E 中音萨克斯管、降 B 次中音萨克斯管和降 E 上低音萨克斯管。

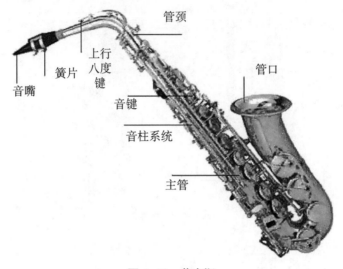

图 4-49　萨克斯

萨克斯的音色请听音频文件 4-46。

训练 4-5：不同位置拾取的萨克斯音色听辨练习。用 1 支传声器在 3 个不同位置拾取萨克斯的演奏，如图 4-50 所示。

位置 1（音频文件 4-47）：该拾音位置对准萨克斯的管口拾音，所拾取到的萨克斯音色结实，清晰。由于属近距离拾音，还可以听到演奏者按压音键的声音。

位置 2（音频文件 4-48）：该拾音位置对准萨克斯管口上方拾音，能够很好地拾取到从喇叭口扩散出来的声音，结实、清晰且较位置 1 有了更多的空间信息。

位置 3（音频文件 4-49）：该拾音位置对准萨克斯管口的侧方拾音，由于该位置偏离了萨克斯的高频辐射区域，所以拾取到的音色较暗淡，清晰度较差。

◆双簧管

双簧管，顾名思义是由两个簧片共同振动激励的木管乐器，由吹嘴（含双簧片）、管体（包含上下节和喇叭口）以及音键组成。吹嘴为一对芦苇片对合而成的双簧，整个管体都是用经过处理的硬木制作的，呈圆锥形，管长约 60~70 厘米，上面装有大约 20 个音键，

位置1　　　　　　　　　　位置2　　　　　　　　　　位置3

图4-50　不同拾音位置拾取萨克斯

如图4-51所示。双簧管的整套音键以复杂的杠杆结构组成，吹奏按键时，杠杆组合会按所吹奏的音高，自动打开或关闭所需的气孔。

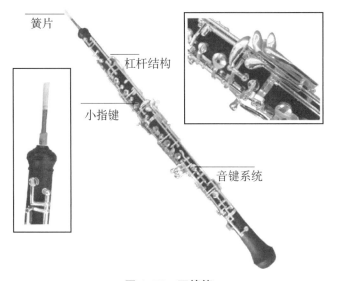

簧片

杠杆结构

小指键

音键系统

图4-51　双簧管

双簧管的音色柔和，有芦笛声，适于表现田园风光和忧郁抒情的情绪和徐缓如歌的曲调。从频谱结构上看（如图4-52所示），所有双簧类的乐器其基频能量较弱，声音能量主要集中在第三、第四次谐波上，所以此类双簧乐器在音色上都有浓重的"鼻音感"。

双簧管的音色请听音频文件4-50。

◆英国管

英国管是双簧管的一种，又叫中音双簧管。其结构与双簧管类似，管长比双簧管长一半，音域比双簧管低五度。喇叭口为球状，音色比双簧管低沉、含蓄，缺少一些双簧管的欢快、甜美，如图 4-53 所示。

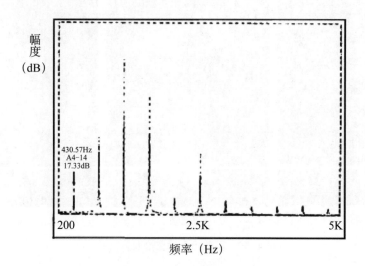

图 4-52　双簧管单音频谱

图 4-53　英国管

英国管音色请听音频文件 4-51。

◆大管

大管，也称巴松管，是双簧管乐器家族中的次中音和低音乐器。由 S 吹管、次中音管、U 形腔管、低音管、喇叭口等五部分构成，每部分可以拆卸，如图 4-54 所示。管长约 134 厘米，通常使用枫木制作，演奏时，用挂带挂在演奏者的颈项或肩头。大管的音色各音区差别很大，低音区浑厚、饱满、有力、粗糙，吹奏时，气息损耗量极大；中音区温和、甜美、浓厚，是常用的旋律音区；高音区富于戏剧特色，有管弦乐队的"小丑"之称。

大管音色请听音频文件 4-52。

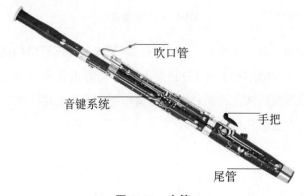

图 4-54　大管

◆唢呐

唢呐是中国民族乐器中的双簧乐器，由哨口（芦苇簧片）、气盘、侵子、杆及喇叭碗几部分组成，如图4-55所示。气盘是两块薄铜片制成的圆片，分上下套在侵子上，上片用于拖住嘴唇，帮助运气作用，下片用来压紧杆身。侵子是用铜片按一定直径和长度卷成的上小下大的圆锥形筒子，用银焊牢，其长短和粗细决定了唢呐是否好吹。杆即管身，是用红木或其他硬质木料制成的空心圆锥体，上开八个音孔。按照音域及乐器大小可区分为高音唢呐、中音唢呐及低音唢呐。

1.哨 2.气盘 3.侵子 4.木管 5.喇叭碗

图 4-55　唢呐

唢呐的音量宏大，音色明亮、粗狂、穿透力极强，从频谱结构上看，其第三、第四次谐波能量非常突出，远远超过基频能量，因此它同双簧管一样也具有浓重的鼻音效果（如图4-56所示），常用于表现热烈奔放的场面及大喜大悲的情调，在民间的吹歌会、秧歌会、鼓乐班和地方曲艺、戏曲的伴奏中广泛应用。其最大的特色在于能以演奏者的嘴巴控制哨子做出音量、音高及音色的变化。

唢呐音色请听音频文件4-53。

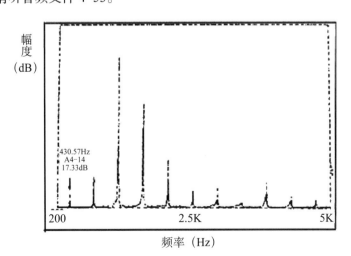

图 4-56　唢呐单音频谱

◆管风琴

管风琴是迄今为止世界上最古老的乐器之一，有着两千多年的历史。它具有所有乐器中最复杂、最庞大的结构，包含了多层的键盘、众多的音管和音栓，并且运用了复杂的机械原理，成了能够演奏出美妙音色的巨型乐器。管风琴由音管、音栓、键盘、控制系统、风箱和琴箱组成，如图 4-57 所示。

图 4-57　管风琴

①音管

管风琴的音管全部采用闭管结构，以节约材料和安装空间。音管的音高由其管体的尺寸决定，音色则依赖于音管的形状、发声原理以及金属或木质的材质差别。音管有哨管（类似于竖笛）和簧管（类似于单簧管）两种不同发音方式的管。以哨管为主体，其次是簧管，因为簧管在泛音区产生的音色更加丰富。管风琴作品形式丰富多彩，既有独奏形式，也有与弦乐、木管、铜管等其他乐器或声乐合奏的室内乐。

②音栓

音栓也叫拉栓，是可以推拉的圆形突钮，它连接着风箱中的每一列音管，以控制气体是否进入音管发声。

③键盘

管风琴的键盘包含一个或多个，分为手弹和足键两种，可以分别用手和脚进行弹奏，每个键盘都与管风琴的风箱相连。

④轨杆机

管风琴的控制系统是指键盘、音栓和音管之间的连接机构，演奏者操纵键盘和音栓，即通过这些机构控制音管发音。在 20 世纪以前，传统管风琴的控制系统为杠杆结构的轨杆机。随着科技的进步，20 世纪中期以后不再采用轨杆机，而普遍采用电力鼓风机。

⑤ 风箱

传统的管风琴风箱由一个储气大风箱和一堆鼓风小风箱结合在一起组成，通过人力轮番鼓动小风箱，空气即进入大风箱并通往储气箱，最后通往气室构成整个供气系统。20 世纪中后期逐渐采用电力鼓风。

管风琴音色请听音频文件 4-54。

训练 4-6：不同制式的管风琴音管音色听辨练习，四种不同设计的管风琴音管，如图 4-58 所示。

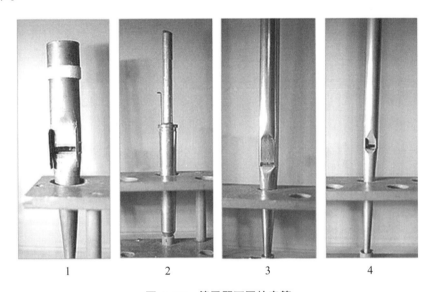

图 4-58　管风琴不同的音管

图 1（音频文件 4-55）：该音管所演奏的音高与其他音管音高相同，但其长度只有其他音管的一半，且管口直径最大，这样的结构使其音色在四组音色中最浑厚，但略暗淡。由于管口是闭合结构，因此能够产生很多不均匀的谐波成分。

图 2（音频文件 4-56）：从形制上看，图 2 中的笛状管与其他三根音管都不同，被称为簧笛音管。但这种音管上并无簧片，而是在管顶加一只细管，音色呈现出笛声的感觉。

图 3（音频文件 4-57）：该音管称为柔音萨利赛音管，音色婉转悠扬。但因音直径比图 1 中音管更窄，因此其音色比图 1 音管稍刺耳一些。

图 4（音频文件 4-58）：该音管属于闭管结构，音色不如图 3 中音管的音色丰满。

◆笙

笙是苗族、侗族等少数民族一种古老的单簧气鸣乐器，其簧片是自由振动式簧，这种簧固定在共鸣管封口的中间，无论进气还是出气，都能激发簧片振动发声，如图 4-59 所示。此外，笙也是吹管乐器中唯一的和声乐器。笙由笙底、笙台、笙盘、笙苗、吹嘴等部分组成，其吹嘴部分为木质，簧使用铜制，每根笙苗发一音，直接插入笙底的部分连接簧片，吹奏时用手指按住笙苗下端所开的音孔，使簧片与管中空气柱产生耦合振动而发音。笙的音色明亮甜美，高音清脆透明，中音柔和丰满，低音浑厚低沉。按照笙苗数量可分为十七笙、二十一笙、二十四笙和三十六笙等。

笙的音色请听音频文件 4-59。

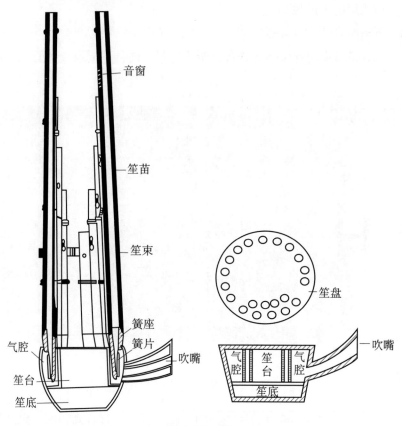

图 4-59　笙

（3）唇激励类

以嘴唇作为激励源的乐器，称为唇管乐器。其发音原理是空气通过双唇间的缝隙吹入号嘴时，唇的振动通过共鸣管耦合而得到增强。在耦合过程中，唇振动与空气振动相互调制，从而发出乐音，双唇在此起到的是簧片作用。

常见的唇管乐器有小号、长号、圆号、大号等。从结构上看，这些乐器大致由激励源（嘴唇）、共鸣体（管体）和调控装置（如音键、弱音器）三部分构成。它们的音高变化与共鸣管长度以及双唇的形态相关；音量变化则由流入号嘴的气流速度决定；音色变化由演奏者嘴唇突起的方式、是否加弱音器等因素决定。

此外，唇管乐器的号嘴也有改变音色的作用，因为嘴唇振动时，振动气流会在号嘴内产生气流涡旋引起边棱音效应，因此不同型号的号嘴边棱音振动分量不同，音色则不同。

按照唇管乐器改变音高的方式，可将这些乐器分为活塞式、旋转阀式和伸缩管式三类。

①活塞式

利用活塞原理改变音高的原理是：当活塞处于原位时，空气柱在基础音管内振动发声；按下活塞后，基础音管接通了延长音管，使得管内空气柱长度改变，从而改变乐器的音高，如图 4-60 所示。利用活塞原理改变音高的唇管乐器有：小号、大号。

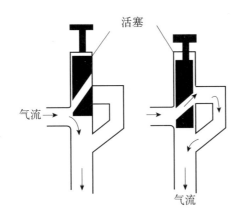

图 4-60　采用活塞原理改变音高

◆小号

小号是铜管乐器家族的一员，也是铜管乐器家族中音域最高的乐器。小号由号嘴、管体和活塞系统三部分组成，如图 4-61 所示。管长 1.35 米，管体上有数个音键。根据其活塞运动的方式，分为立式小号和扁键式小号。立式小号的活塞为上下运动方式；扁键式小号的活塞则是左右运动的方式。

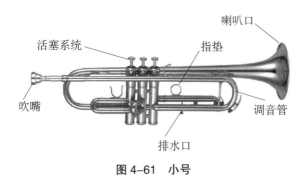

图 4-61　小号

小号的音色以及吹奏乐音的高低强弱，与吹入管内的气流流量和流速息息相关。一般来说，奏强音时流量大，流速快；奏弱音时流量小，流速慢。奏高音时，流量小，流速快；而奏低音时则相反。奏强高音时流量大，流速也快；奏弱高音时流量小而流速快。奏强低音时流量特大，流速也快；奏弱低音时流量小，流速慢。

首先，从小号频谱上看，其谐波成分很丰富，在 5kHz 左右的高音区依然有较强的能量存在，因此小号的音色明亮、高亢。其次，小号的声音能量主要集中在第四、第五、第六次谐波上，这样的能量分布与双簧乐器很相似，这也说明了双唇即为簧片的作用。再次，与木管类乐器相比，小号的谐波成分中含有更多的噪音（见波形底线上的杂波），由此决定了小号的音色有一种粗犷的感觉，如图 4-62 所示。

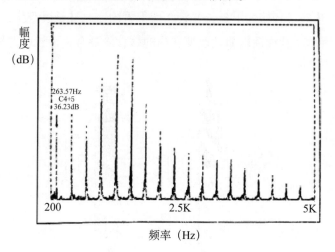

图 4-62　小号单音频谱

小号的音色请听音频文件 4-60。

弱音器是唇管乐器经常使用的附加器件。其发声原理是在乐器喇叭口上加上一个障碍物，使空气柱振动不能直接向空间进行辐射，从而抑制了空气柱的纵振动，减弱了基频振幅，达到减弱音量的目的。此外，由于共鸣管内的气流在通过弱音器时，会产生边棱音效应，从而增加高频泛音，使乐器的音色更加凸显出金属感。

训练 4-7：小号弱音器音色辨别练习，在小号的喇叭口处安装四种不同种类的弱音器，如图 4-63 所示：

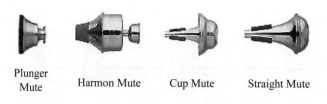

Plunger　　　Harmon Mute　　Cup Mute　　Straight Mute
Mute

图 4-63　小号弱音器

Plunger Mute（音频文件 4-61）：

该弱音器由一只橡胶或金属的碗状物构成，演奏时，乐手左手持弱音器交替堵塞，可以演奏出诙谐的语言或歌唱的效果。

Harmon Mute（音频文件 4-62）：

该弱音器由金属制成，使用时插入喇叭口中，用软木护圈固定，表演时可根据需要手掌盖住管口。中间插入的管子长度可以调整，乐队中小号声部在使用这种弱音器时一般都将管子拉到最长，这样可以奏出呲呲带金属色彩的音响效果。

Cup Mute（音频文件 4-63）：

使用这种弱音器可以演奏出一种轻柔的音色，带有可以调整的杯口用以调整弱音器不同尺度。由于头部有圆形突起，使得小号音色听起来有如在闷罐中的感觉。

Straight Mute（音频文件 4-64）：

这是一种金属弱音器，尾部直接插入小号喇叭口中，空气柱能够在弱音器与乐器中来回穿梭，使用该弱音器能够获得干净的小号音色。

◆大号

大号是铜管乐器家族中音域、体积最庞大的乐器，如图 4-64 所示。它同样由号嘴、管体和活塞系统三部分组成。号嘴连接音管，另有四到六个活塞。从形制上分为抱式大号，圈式大号和转口式大号等。大号的音色低沉、浑厚、饱满，从频谱上看，其声音能量主要分布在 1kHz 以下，也充分说明了其低沉、浑厚的音色特点。

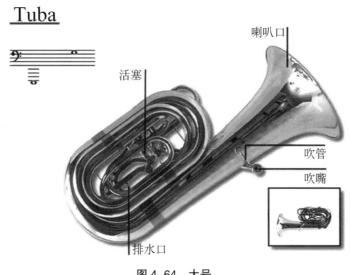

图 4-64 大号

大号的音色请听音频文件 4-65。

②旋转阀式

利用旋转阀原理改变音高的原理是：当阀门处于原位时，空气柱在基础音管内振动发声，按下音键后，阀门打开，接通了延长音管，使得管内空气柱长度改变，从而改变乐器的音高，如图 4-65 所示。

◆圆号

圆号，也称法国号，是铜管乐器家族中的中低音乐器。圆号由号嘴、管体及旋转阀机械系统三部分组成。号嘴为雏形样式，有多种型号。号嘴连接数根磷铜制滑管，管长 3.93 米，并弯成圆形。另有数个阀键（常见的有三键、四键和五键），可以使演奏者吹奏出从低音 B 到高音 F 之间所有的半音，使圆号成为铜管乐器中音域最宽、应用最广泛的乐器。

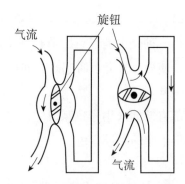

图 4-65　采用旋转阀原理改变音高

圆号的喇叭口直径较大，演奏者常将手插入喇叭口，形成阻塞音，起到减弱音量和改变音色的作用，如图 4-66 所示。圆号的音色因吹奏方法的不同灵活多变，用阻塞音和弱音器后音量减小，弱奏时音色温柔暗淡，有远距离效果；强奏时亦能发出粗狂强烈的音色。

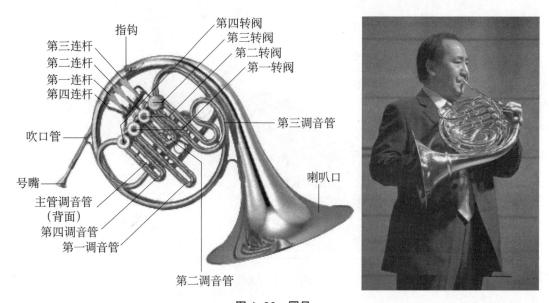

图 4-66　圆号

圆号的音色请听音频文件 4-66。

③伸缩管式

采用伸缩管式改变音高的原理是：通过推拉内外两幅套管的长度，改变管内的空气柱长度，从而改变乐器的音高。

◆长号

长号是一种古老的铜管乐器，因其依靠内外两幅套管的伸缩改变音高，故又名"伸缩号""拉管"。长号由号嘴、U 型套管（管长 2.75 米）、里管、调音管、喇叭口等部分组成。管体采用磷铜或镀金材质，如图 4-67 所示。

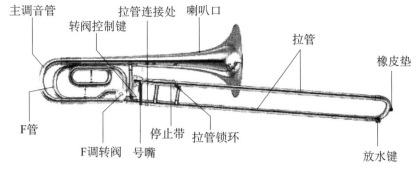

图 4-67　长号

长号音色丰富，强奏时，音响恢宏威武，旷达壮丽；弱奏时，柔和丰满、厚实悠远，也引起独特的伸缩管结构，因此能够演奏出各种滑音。它与小号同属于唇管类乐器，因此两者在频谱上有许多相近之处。但与小号相比，长号音区较低，因此高频谐波较少，在 2kHz 以上几乎不存在较强的谐波能量，如图 4-68 所示。

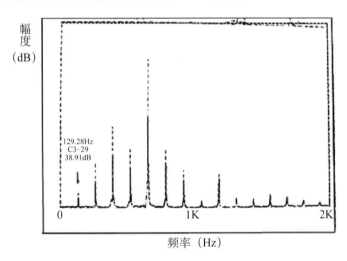

图 4-68　长号单音频谱

长号按照调性可分为中音长号（降 E 调小长号）、次中音长号（降 B 调不带变音管的乐器）、次中音长号（降 B 调带 F 变音键的乐器）和低音长号（降 B 调乐器，但带 F、G 二个变音键，喇叭口也比一般的要大）。

长号的音色请听音频文件 4-67。

4.2.4　膜鸣乐器音色听辨

4.2.4.1　膜鸣乐器发音原理概述

膜鸣乐器是以膜为振动体的乐器统称，通常是指各种鼓类乐器。膜在振动时呈现出二维空间的特性，振动特性由膜的形状、大小、张力面密度以及激励方式决定，振动频率主要取决于膜的大小、张力和面密度。鼓膜的振动模式主要包含同心振动模式和旋转振动模式，如图 4-69 所示。膜振动属于复合振动，除了整体振动还存在分区振动。整体振动产生的频率是乐音的基频，分区振动产生的频率是谐振频率。膜振动的高次谐振频率与基频之间不成整数倍关系，因此大多数膜振动乐器是无固定音高的乐器。以堂鼓为例，敲击堂鼓发声的频谱如图 4-70 所示。从图中可以看出，基音是偏低的大字 1 组的 D1（低于标准音 34 音分），第一个泛音是偏高的大字组的 #F（高于标准音 45 音分），与基音构成一个近乎增三度的不协和关系，第二个泛音又是一个偏高的大字组的 D（高于标准音 38 音分），与基音构成一个几乎增八度的音程关系。由于这三个音构成一个不协和的音程关系，因此这个鼓声听起来不具有明确的音高感。

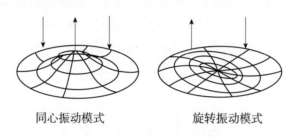

同心振动模式　　　　　旋转振动模式

图 4-69　两种不同的振动模式

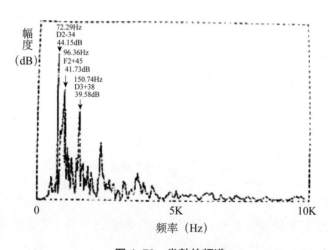

图 4-70　堂鼓的频谱

膜的分区振动也是有一定规律的，以圆形膜为例，分区振动是以径向节线和轴向节线来划分的，如图 4-71 所示。图中每个圆形上方都使用两个数字代表振动模式，第一位数字代表径向节线的数量，第二位数字代表轴向节线的数量。"41"就代表有四个径向节线一个轴向节线，此时圆膜被分割成八个区。每个圆形的下方数字表示该振动模式产生的频率与基频的频率比值，例如"41"振动的振动频率与基频的比值为 3.16。

"01"模式振动频率主要取决于鼓面的张力以及在每平方面积上的鼓面材质的质量。

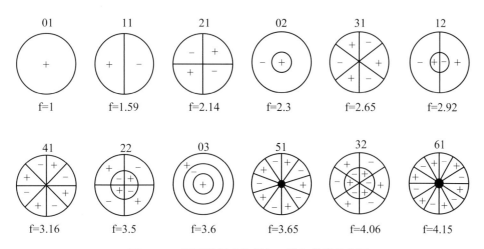

图 4-71 圆形膜振动的径向、轴向节线示意图

通过式 4-3 的频率公式可以计算出圆形膜振动的基频频率：

$$f_1 = \frac{2.405}{2\pi\alpha}\sqrt{\frac{T}{\sigma}} \qquad (4-3)$$

其中，α 为鼓面半径（m）；T 表示膜的张力（N/m）；σ 表示膜的面密度（kg/m²）。由此可见，膜的振动频率与张力成正比，与半径和面密度成反比。

膜鸣乐器通常都是用鼓槌作为激励体来激励鼓膜振动发声的。有些膜鸣乐器会通过鼓腔共鸣来增大乐器的辐射能量，例如定义鼓、堂鼓等。膜鸣乐器的音量取决于外力激励膜面的强度和激励的位置。膜鸣乐器音色的变化，主要与激发工具的软硬度有关，较硬的激发工具能产生较明亮的音色，较软的激发工具能产生较柔和的音色。有些乐器还可以增加附加共鸣装置来改变音色，例如在小军鼓面上加一组钢丝弦，击奏时弦与膜产生碰撞，可以产生高频振动效果。

4.2.4.2 膜鸣乐器音色听辨

◆定音鼓

定音鼓是第一个进入交响乐团的膜鸣乐器，它由鼓身、鼓面、鼓槌和调音系统构成。鼓身由金属制成，只有一个鼓面，通常蒙以牛皮或合成材料，并通过脚踏板控制鼓面松紧，使得乐器音高在纯五度之间可调，如图 4-72 所示。鼓槌通常是木质的，鼓槌的头常用毡布包裹。一套定音鼓，曾是大小两架定音鼓一起使用，调成五度音关系，现在交响乐队中通常设置三个或四个定音不同的定音鼓来配合管弦乐的演奏。低音定音鼓的基频频段是 87.3Hz~130.8Hz，中音定音鼓的基音频率范围是 103.8Hz~155.6Hz，高音定音鼓的基音频率范围是 233Hz~349.2Hz。

在上节讲述膜振动时，我们曾经提过多数膜鸣乐器是无固定音高的乐器，那么定音鼓为何有固定的音高呢？经研究发现，定音鼓的鼓膜经过特殊处理，能抑制某些不协和的

图 4-72　定音鼓

泛音；此外锅形共鸣腔对鼓膜振动起到耦合作用，将一些不协和的泛音加以调整，使之与基音构成协和或近似协和的关系。图 4-73 显示了定音鼓的频谱，该乐音的基频是大字组的 $^{\#}$C，第一个泛音是偏高一点的大字组 $^{\#}$G（高出标准音 16 音分），第二个泛音是小字组的 $^{\#}$c（高出标准音 9 音分）。由此看来，这三个音基本构成五度加八度的协和关系，因此这个鼓声具有明确的音高感。

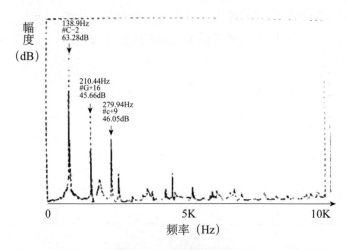

图 4-73　定音鼓的频谱

定音鼓音色柔和、丰满，音量可控性强，不同力度可表现不同的音乐内容。演奏方法分为单奏和滚奏两种。单奏多用于节奏型伴奏；滚奏时，连续敲击，动作小而迅速，用来模拟效果逼真的雷声。

定音鼓的音色请听音频文件 4-68。

◆ 小军鼓

小军鼓是无固定音高的双面膜鸣乐器，又称为响弦鼓，如图 4-74 所示。小军鼓的频谱范围是 80Hz~18kHz，能量集中的频率范围是 80Hz~500Hz。小军鼓的鼓身为扁平圆筒形，由木材或金属制成，两端蒙以羊皮，下面的鼓面上绷有两条响弦，可以产生高频沙沙声。鼓槌采用两根小硬木槌，槌头较小，且不包裹任何弹性材料。演奏方式有单奏、双奏和滚奏，三者结合起来可得到非常明晰的节奏效果和急剧变化的音响，从隐约可辨的 ppp 沙沙声直到极强的 fff 声。

图 4-74　小军鼓

小军鼓也可以通过改变鼓槌的材质或是对木质鼓槌包裹不同的材料改变音色。请听音频文件第 4-69 首到 4-74 首曲目，它们是由以下六种不同的鼓槌敲击小军鼓，仔细听辨它们之间音色的差异。

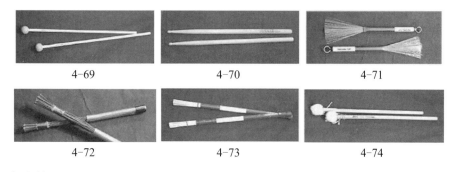

| 4-69 | 4-70 | 4-71 |
| 4-72 | 4-73 | 4-74 |

◆ 大堂鼓

大堂鼓也称为中国大鼓，由木制的圆桶上下端蒙以牛皮而成，挂在四腿木架上，用两个木制鼓槌击奏，如图 4-75 所示。大堂鼓的频谱频率范围是 50Hz~5.5kHz，能量集中的频率范围是 50Hz~200Hz。由于鼓面较大，从鼓心到鼓边可发出不同的音色。鼓心部位，发音低沉、厚实，鼓面外圈发音薄，余音短，越靠近鼓面边缘声音越单薄。在民族管弦乐队中，大堂鼓声音雄厚，有穿透力，具有增强气势的作用，在较为抒情委婉的乐曲中，又能起到色彩性的作用。大堂鼓常用的演奏技法包括击鼓边、鼓边平击、闷击、双槌同击、闷击推奏、闷击拉奏、槌压鼓击槌、槌压鼓击鼓、鼓槌相击、鼓心移击、鼓边移击等。大堂鼓除了通过敲击鼓面上的不同位置和使用不同的演奏技法会产生相应的音色以外，还可以用敲鼓梆、刮鼓钉等演奏方式产生多样的音色。

大堂鼓的音色请听音频文件 4-75。

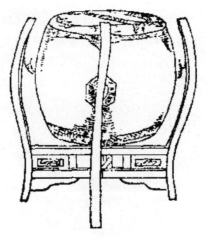

图 4-75　堂鼓

◆ 排鼓

排鼓是由中国广播民族乐团的蔡惠泉先生和杨竞明先生在 1959 年通过民间采风，根据浙江嵊县（现称嵊州市）锣鼓中的小堂鼓和扁鼓革新而来。排鼓一般由五个大小不同，发音高低不同的鼓组成，如图 4-76 所示。每个鼓身均漆红底，上绘彩纹，各鼓两端的鼓皮都有改变张力的装置，可调节音高。根据演奏者的不同需求，各鼓调音幅度可达四到五度。每个鼓两端的外径相同而内径不同，因此鼓两面所发出的音调高低相异，演奏时借鼓架上的"U"形叉架可翻转鼓身进行音高选择。排鼓的音响效果非常丰富，特别擅长于表现热烈欢腾的情绪，在乐队中常作华彩乐段的独奏。

图 4-76　排鼓

排鼓的音色请听音频文件 4-76。

◆ 板鼓

板鼓又称为单皮或班鼓，在中国戏曲乐队中，板鼓和拍板并用，由一人兼奏，居于指挥和领奏地位，板鼓如图 4-77 所示。早在唐代就已用于清乐中，那时称为节鼓。板鼓是单面鼓，鼓身用桦木、槐木、榉木等硬质木料制作，由 5 块较厚木板拼合而成。鼓身直径25cm，但绝大部分是木质框面，中间振动发音的鼓面仅有 5~10cm，鼓膛呈 8 字形，鼓边高 9.5cm。鼓皮常用牛皮，张紧于鼓面并包到鼓身底端，用密排鼓钉绷紧，并在底部箍以铁圈。演奏板鼓时，将板鼓空悬在系有绳子的竹制或木制的鼓架上，用两根鼓签敲击。板鼓常用的演奏技法有点签（用鼓签点击鼓面）、满签（鼓签平击鼓面）、单打（右手执签击鼓，左手持拍板敲击）、双打（双手持签齐打或交替滚奏）和闷打（左签压住鼓面，右签打鼓面，发出闷声）。板鼓常与拍板一起控制唱腔节奏，为演员的各种身段和动作伴奏，给锣鼓演奏增加花点，烘托舞台气氛和人物形象。

图 4-77　板鼓

板鼓音色请听音频文件 4-77。

4.2.5　体鸣乐器音色听辨

4.2.5.1　体鸣乐器发音原理概述

体鸣乐器是指以物体整体作为振动体发声的一类乐器的总称。这类乐器以具有一定强度或弹性的物质材料本身为振动体，在无其他媒介振动体（如形成张力的弦和膜）的自由状态下受激而发声。体鸣乐器的激发方式以碰奏、敲奏常见，另有刮奏、摇奏、拨奏、擦奏、吹奏等多种方式。现实生活中的体鸣乐器主要包括打击乐器类中除鼓外的其他乐器，小至含在嘴中吹奏的口弦，大至重达千斤的编钟、编磬，都属于体鸣乐器的范畴。

从声学角度可将体鸣乐器分为"棒振动"和"板振动"两大类；从共鸣系统来看，也可分为共鸣系统和无共鸣系统两类。有共鸣系统的体鸣乐器，包括木琴、铝式钟琴、口弦等。对于这些乐器来说，共鸣系统一方面具有扩大声音能量及声辐射面积的作用，同时还具有频率耦合的作用，即可以通过共鸣腔体或管体的体积来调节振动体本身的音高和音色。无共鸣系统的体鸣乐器，常见的如三角铁、锣、编钟、编磬等。这些乐器一般只有激励系统和振动系统，很少有带调控系统的。

4.2.5.2　体鸣乐器音色听辨

（1）棒体类体鸣乐器

棒体类体鸣乐器中的"棒"，泛指所有类似棒状的弹性物体，包括矩形棒（如木琴的音板）、直形棒（如响棒）、曲形棒（如三角铁）等。

当这类乐器的棒体受到外力激发时，会产生偏离平衡位置的变形，并随之作惯性振动，从而发出声响。其振动以横振动为主，除了整体振动外也存在分段振动，使乐器产生泛音与基音，构成音高之间的不协和关系。但经过适当磨削加工后，可以去掉和调整一些不协和泛音，使之更有乐音特性。棒体的音高（主要指矩形棒）变化取决于不同的厚度、长度、宽度和材料密度。音量大小变化，则取决于激发力的大小，同时也取决于敲击的位置，只有敲击位置正确，才能将其音量发挥到最大。

①矩形棒

◆木琴

木琴属于打击乐器的一种，主要流行于东南亚、非洲和中南美洲，因其音板用木片制成，所以称为木琴。木琴主要由音板、共鸣管、琴架和琴槌四部分组成，如图 4-78 所示。音板置于共鸣管之上，用琴槌敲打以产生旋律，音板之间用绳索连接。

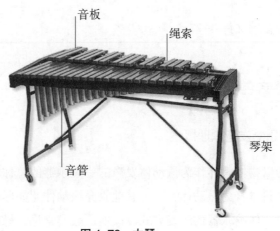

图 4-78　木琴

一般来说，木琴的音板用红木或其他硬质木料制作，以若干不同长度按钢琴黑白琴键那样排列成两行；共鸣管为长短不同的圆形薄铝管；音槌是木琴的激励系统，造型为一对小木槌，多用红木制成，琴架则为金属制。木琴的音色坚硬清脆、余音短、穿透力强。其音色的变化因音板材料、宽度、长度不同而有差异，高音木琴音板较窄，音色清脆；反之则音板较宽，音色浑厚。此外，音色也与琴槌的质地相关，琴槌材料越软，则音色柔、音量小；材料越硬，则音色亮、音量大。按照地域不同，木琴可以分为非洲和中南美洲的民间木琴、东南亚木琴、非洲木琴、中南美洲木琴等。

木琴的音色请听音频文件 4-78。

◆马林巴

马林巴是木琴的一种，但其结构、音色与一般的欧洲木琴有很大不同，如图 4-79 所示。首先，马林巴的音板所采用的材质比木琴所用的红木质地软，发音宽厚，音区低，余音较长，每块琴板下面都有用各种果壳、葫芦或罐头盒、长方形木盒等做的音管，这些音管的大小，长短是与相应的音板相适应的。在每个共鸣体上还开有 1~2 个小孔，孔上蒙以竹膜、鸡蛋膜、薄纸等。演奏时声音由琴板传到共鸣体和孔上的薄膜上，听起来嗡嗡作响，产生出一种特殊的共鸣效果。按照音板数量分类，马林巴可分为 49 键、52 键、56 键、61 键、66 键、69 键等。

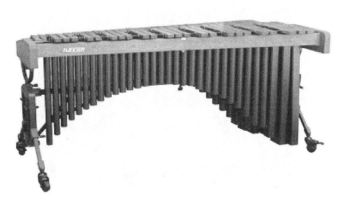

图 4-79　马林巴

马林巴的音色请听音频文件 4-79。

◆钟琴

钟琴主要用于西洋管弦乐队，如图 4-80 所示。其音板是一组长度不同的扁平钢条，固定于木质框架上。音板的频率与厚度成正比，与长度平方成反比，按照钢琴琴键的顺序以半音排列，高音区位于右方，低音区位于左方，用两支硬质音槌演奏。音槌槌头材质有很多种，常见的有橡皮、玻璃、金属或木质。

钟琴音色尖锐、清脆如银铃，能够奏出一种颤音的效果。在乐队中使用时，常用以描绘崇高的意境或幻想、仙境等场景。奏单音时优美动听，也可奏双音或强音。音域高达二至三组。

图 4-80 钟琴

钟琴的音色请听音频文件 4-80。

◆电颤琴

电颤琴是在第一次世界大战后问世的一种以敲击发声的爵士乐特色乐器，形制与木琴相仿，如图 4-81 所示。与木琴不同的是，它的音板是以金属条制成的。和木琴一样，钢片琴的每一个金属条下方也有共鸣管，不过它要比木琴多一个电动马达或发条式装置，用来转动共鸣管内的圆盘，从而使敲击发出的声音得以延续并形成长短、强弱皆可控制的颤音，音色悦耳、特别。经过乐器改良，现在的电颤琴音板和共鸣管均以铝制，以类似钢琴的击弦机击奏，有踏板制音器控制音响的长短，每一个音板下方都附有共鸣管以放大音量。

图 4-81 电颤琴

电颤琴音色请听音频文件 4-81。

②曲形棒

◆三角铁

三角铁是管弦乐队中一种常见的小型打击乐器，无固定音高。主体由一根弯成等腰三角形的弹簧钢条（首尾不连接）组成，如图 4-82 所示。用另一根金属棒敲击发声，发音清脆悦耳，穿透力强，适宜做较简单的节奏敲击，也可将金属棒置于三角铁环内转动奏出"滚奏"效果。

图 4-82　三角铁

三角铁音色请听音频文件 4-82。

c）直形棒

◆响棒

响棒又称短棒、拍子木，源于古巴、用红木制作的粗、细各一的一种打击乐器，如图 4-83 所示。它声音明亮、极富穿透力，无固定音高，常常起到稳定节奏、渲染气氛的作用。响棒的握法正确与否，与音色好坏有着密切关系，无论是平握，还是悬握粗梆，均要轻握，不可捏得过死，否则声音发闷，无共鸣。

图 4-83　响棒

响棒的音色请听音频文件 4-83。

◆梆子

梆子，又名梆板，是我国汉族的打击乐器，在明末清初随着梆子腔戏曲的兴起而流行起来。梆子由两根长短不等、粗细不同的实心硬木棒组成，长的一根为圆柱形，长 25 厘米；短而粗的另一根为长方形，长 20 厘米。梆子一般多用紫檀、红木制作，材料坚实、干透，如图 4-84 所示。

梆子用于中国各类民族乐队中，分为河北梆子、南梆子、坠梆和秦梆等。河北梆子流行于晋陕冀豫地区，多用紫檀、红木或枣木制作，演奏时，左手执长方形、右手执圆形木棒，互击发音。音色清脆、高亢而坚实，无固定音高。

南梆子又称广东板，广泛流行于南方地区，多用花梨木制作，为长方形木制的中空体，如图 4-85 所示。棒体中间为一长方形音孔，演奏时，左手执梆，右手执一竹签或木

图 4-84　梆子

槌敲击。发音短促、圆润，除在戏曲伴奏和器乐合奏中击奏强拍外，也可用来表现马蹄声、机枪射击声等特殊音响效果。

图 4-85　南梆子

坠梆又称脚踏梆子，用于豫剧及河南坠子书的伴奏，如图 4-86 所示。坠梆的腰部有一木榫，固定在一个立棍上，立棍上另有一榫槽，中间有击梆木槌，中心横穿一钉，木槌一端由绳索拴系于奏者的右脚上，通过脚的踩动，控制木槌击梆发音。

图 4-86　坠梆

梆子音色请听音频文件 4-84。

（2）板体类体鸣乐器

板体类体鸣乐器中的"板"，是指用弹性材料制成的等边形或圆形片状体。板在受到激发力后，会产生变形偏离平衡位置，并依靠自身的弹性恢复力作用返回并越过平衡位置，如此作惯性振动。如果没有外力阻止，板体材料本身存在的阻尼会使板振动逐渐减弱直至消失。

从板的振动情况来看，除了全片振动外，板也存在分片振动。其振动方式与膜振动方式相似，但更为复杂。实践中发现，形状、厚度均匀的板体打击乐器，往往不能发出明确高度的乐音，音色也不优美。因此，绝大多数板体类体鸣乐器的外形都不规范，厚度也不均匀。如锣、钹等响铜乐器虽为圆形，但都制成中间隆起的形状，而且厚度不均匀。编磬也是不规则的矩形，厚度因调音锉磨而呈不均匀状。

一般而言，直径较大的圆形板体打击乐器，例如管弦乐队中的大锣，因为振动模式太复杂，都不能产生明确的音高。从其频谱结构来看，大锣的音高不明确是因为其谐波成分比较密集、复杂，有些谐波的能量甚至超过基频。而人耳对这种基频与谐波的结构，只能产生一种模糊的音区感觉，无法准确判别其音高。

直径短小的圆形板体，振动模式相对简单，可以通过特殊技术改变或调整泛音的高度，使之产生明确的音高感。如中国民族打击乐器"云锣"就属于有音高的板体类体鸣乐器。同样具有音高的板体类体鸣乐器，还有我国京剧中的手锣，它不仅有明确的音高，还能通过演奏者的敲击手法发出由低到高的滑音效果。

类似的锣属乐器，其锣的平面可划分为中心、内圈、中圈和外边四个部分。敲击平面上的不同部分，可以获得不同的音色：击中心，发音深沉；击内圈，音色发闷，余音较短；击中圈，音色和击内圈相当，但高次谐波能量使声音更强烈和粗犷；击外边则音色沙哑，带有强烈的金属色。

而对于用槌敲击的吊钹类乐器，由于钹中心有穿孔，振动方式有所改变，其发声特点与锣正好相反，越靠近中心的声音频率越高，外边和外圈的音质最好。

板体类体鸣乐器的音量变化，取决于对板施加的外力大小，一般来说在其弹性材料的弹性模量允许范围内，施力越大，振幅越大，音量也就越大。

板体类体鸣乐器基本都属于打击乐器，常见的有：大锣、小锣、云锣、铙钹、响板。

◆大锣

大锣是乐队中常用的打击乐器，锣盘为铜制，呈扁圆形，直径约30厘米，如图4-87所示。大锣有边，边上有小孔，系以绳。演奏时，左手提锣，右手持木槌击奏。锣面各部分发音高低都不同，但无固定音高。中心部分发音较低，越接近外边部分发音越高，音色粗狂、洪亮。

大锣音色请听音频文件4-85。

◆小锣

小锣也属于锣的一种，因锣面较小而称小锣。小锣与大锣一样为铜制，呈圆形，直径约22厘米，如图4-88所示。中心部分突起，不系绳。演奏时左手的食指挑起锣边，拇指为防护小锣滑落而贴放于锣边上，右手持锣槌敲击发声。它的音色明亮、清脆。小锣

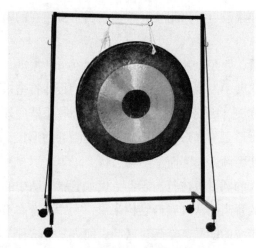

图 4-87 大锣

在京戏中也称京小锣，它与大锣在京剧中随着表演动作的节奏敲击，起着衬托和加强效果的作用。在演奏锣鼓曲时，除有时突出其音色特点外，也敲击花点，起着丰富合奏的效果。

图 4-88 小锣

小锣音色请听音频文件 4-86。

◆云锣

云锣也称九音锣，是蒙古、满、纳西、白、彝、藏、汉等族使用的敲击体鸣乐器，是锣类乐器中能奏出曲调的乐器，常用于民间音乐、地方戏曲和寺庙音乐中，流行于内蒙古、云南、西藏和汉族广大地区。

云锣由锣体、锣架和锣槌组成，如图 4-89 所示。锣体由大小相同，而厚度、音高存在区别的若干铜制小锣组成。这些小锣以音乐次序悬挂于木架上，每个小锣都由 3 根绳吊在木架的方框中。云锣的演奏方法与中国锣类似，用小槌击奏，其常见编制为 10 个一组，也有 14 个一组和 24 个一组的大型云锣。

图 4-89 云锣

云锣音色请听音频文件 4-87。

◆铙、钹、镲

铙、钹、镲严格说分别指形制和大小不同的同类板式打击乐器，如图 4-90 所示。从外形上看，它们都是圆形铜制金属盘，中间有突起的半球形鼓包，鼓包顶上打有小孔，穿入手带或握柄。这类乐器通常成对使用，演奏时手持握柄或手带使其左右或上下互动碰擦发声；在现代乐器中（如架子鼓），也常用单片镲以棒槌击奏。

图 4-90 铙、钹、镲

在历史记载中，最早传入中国的是钹，铙是后来在中国发展起来的。铙与钹的差别在于：前者整体较薄，中心半球形鼓包与周边面积比相对较小，按两者的直径比约为 1:6；钹的整体相对较厚，中心鼓包较大，与周边的直径比约为 1:2。铙的边缘通常明显有翘起，发音一般低于相同大小的钹而余音较长。铙和钹在后来的乐器发展过程中逐渐合并，被人们称为铙钹，在现代乐器中统称为镲，广泛用于管弦乐、军乐及地方戏曲等乐队中。铙钹、镲以其形制和直径大小分类繁多，音色响亮、带有浓烈的金属色。

铙钹音色请听音频文件 4-88。

◆响板

响板又叫"西班牙响板"，多用于西班牙、意大利等南欧国家以及拉丁美洲的民族舞蹈之中，如图 4-91 所示。在交响乐、歌剧和舞剧音乐中，响板通常只限于伴奏具有南欧及拉美风格的音乐、歌舞。在个别情况下，响板也可以用于独奏。响板属竹木体鸣乐器类，无固定音高。演奏时将两片响板像贝壳一样相对挂在拇指上，用其他四个手指轮流弹击其中一片响板，使之叩击在另一片上发声。音色清脆透亮，不仅可以直接为歌舞打出简单的节拍，而且可以奏出各种复杂而奇妙的节奏花样，别有一番特色。

图 4-91　响板

响板音色请听音频文件 4-89。

◆编磬

编磬是中国古老的击奏体鸣乐器，用石或玉制造，为形状不规则的四边形，在"八音"中属"石"音，如图 4-92 所示。编磬通常为十六面一组，除黄钟、大吕、太簇、夹钟、姑洗、仲吕、蕤宾、林钟、夷则、南吕、无射、应钟等十二正律外，又加四个半音，悬挂在木架之上，音调高低不同，演奏时用小木槌敲打奏乐，古代时多用于宫廷雅乐或盛大祭典。

磬的音色悠远动听，低音浑厚洪亮，高音明澈，音域可达三个八度。目前出土的编磬中，属湖北随县曾侯乙墓出土的为最大。此套编磬共四十一枚，分上下两层悬挂，上层十六枚，下层十六枚，另有九枚可随时调用，这套编磬与编钟密切配合，可在同一调高上进行合奏或同时转调演奏。

编磬音色请听音频文件 4-90。

（3）类板体体鸣乐器

在体鸣乐器中，除了棒体与板体外，还有一类乐器虽然从形状看不是"板"，但从声学原理上看，其振动方式可以用板振动理论加以推算，故而把这些乐器称为"类板体乐器"。西洋的圆钟、手钟、中国古代的镈钟、合瓦形的甬钟和钮钟都属于类板体乐器，如图 4-93 所示。

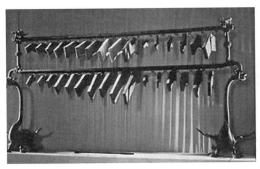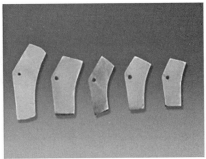

图 4-92 编磬

图 4-93 类板体钟型

下面以中国古老的编钟为代表，介绍类板体的发音原理。

中国编钟，又称"扁钟"，为合瓦形，如图 4-94 所示。合瓦形编钟最奇特之处，在于一个钟上可以敲击出两个乐音：在正鼓部位置可以敲出一个"正鼓音"，在侧鼓部位置可以敲出另外一个音。对西周时期的编钟而言，大多数情况下侧鼓音比正鼓音高出一个大三度或小三度。这种发音现象被称为"一钟双音"。其独特的发音方式同样出现在 1978 年出土的曾侯乙编钟上。

从声学原理上看，板振动除了整体振动之外，还存在分块振动。对于圆形钟来说，其结构使得分块振动的能量总和混为一体，从听感上来说永远是一个复合音。而合瓦形的钟体结构破坏了板体的统一性。同时，通过挖燧或加厚板体局部的方法，加强各个分块振动的能量，即把一块板从振动模式上分割成多块板。因此，激励不同的板体部位，就可产生不同的音高。

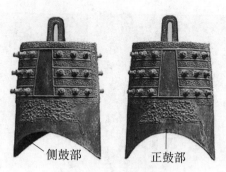

侧鼓部　　　　　正鼓部

图 4-94　合瓦形编钟

此外，合瓦形编钟表面上还有多个突起的钟枚，不仅有美化钟形的作用，在声学上，还可以加强板体振动的对称性，使振动节线更为整齐。同时，它还可以起到强化振动负载的作用，使声音较快衰减。鉴于上述声音特性，合瓦形钟能够作为演奏乐器，而一般的圆形钟由于不具备相应的声学特性，因此不能作为乐器使用。

编钟音色请听音频文件 4-91。

4.2.6　乐器音色听辨练习

◆练习 4-1（音频文件 4-92）　西洋乐器音色听辨

播放的声音素材为英国作曲家布里顿的作品《管弦乐队指南——为青年而作》。为了展示西洋管弦乐队中乐器的音色，分别为不同的乐器谱写了主旋律，仔细听辨并将主奏乐器依次写下来。

1	2	3	4	5	6
7	8	9	10	11	12
13	14	15	16	17	18

◆练习 4-2（音频文件 4-93）　民族乐器音色听辨

仔细听辨播放的民族乐器独奏片段，并写出乐器的名称。

1	2	3	4	5
6	7	8	9	10

续表

11	12	13	14	15
16	17	18	19	20

练习答案:

练习 4-1

1	2	3	4	5	6
短笛 / 长笛	双簧管	单簧管	大管	小提琴	中提琴
7	8	9	10	11	12
大提琴	低音提琴	竖琴	圆号	小号	长号 / 大号
13	14	15	16	17	18
定音鼓	大鼓 / 钹	铃鼓 / 三角铁	小军鼓 / 梆子	木琴	响板 / 铜锣

练习 4-2

1	2	3	4	5
板胡	马头琴	三弦	琵琶	高胡
6	7	8	9	10
笙	唢呐	梆笛	中胡	柳琴
11	12	13	14	15
京胡	埙	曲笛	坠胡	二胡
16	17	18	19	20
古琴	中阮	古筝	箫	扬琴

思考与研讨题

1. 乐器的声学构成是什么? 按照振动体特征的不同, 乐器可以分成几类?

2. 中国交响乐队的常规配置是什么? 乐队如何摆位?

延伸阅读:

[1] 韩宝强. 音的历程 [M]. 北京: 中国文联出版社, 2003.

[2] 杜功焕, 朱哲民, 龚秀芬. 声学基础 [M]. 南京: 南京大学出版社, 2001.

[3] 齐娜, 孟子厚. 音响师声学基础 [M]. 北京: 国防工业出版社, 2006.

［4］陈小平.声音与人耳听觉［M］.北京：中国广播电视出版社，2006.

［5］胡泽.音乐声学［M］.北京：中国广播电视出版社，2003.

本章所用音乐版权：

1. EBU－SQAM：Recordings for subjective tests－Kettle-drums，1988.

2. EBU－SQAM：Recordings for subjective tests－Claves，1988.

3. 宋飞：清明上河图，广东音像出版社，SLCD-0013，2006.

4. 粉墨是梦－粤剧·蝴蝶夫人，瑞鸣唱片，RMCD-1010，2006.

5. 小曲儿，瑞鸣唱片，RMCD-1028.

6. 天人合一，瑞鸣唱片，RMCD-1048.

7. 包朝克：马头琴魂传说，星文唱片，2006.

8. Sound Engineer Contest A-3，A-4，A-5，A-9，B-5，B-12，Neumman Company，2003.

5 空间感知与声场建立

本章要点

1. 理解单声源方向定位的原理及距离定位的因素

2. 理解多声源形成声像感知的机理

3. 了解混响形成的原因及决定混响时间的几个参量

4. 声像定位及宽度的听辨

5. 拾音制式声像定位与畸变的听辨

6. 双声道立体声的反相畸变听辨

7. 空间感的听辨

关键术语

双耳效应、混响半径、混响时间、哈斯效应、感知声源宽度、空间感、环绕感、
双耳互相关系数、预延时、干湿比

5.1　声源空间感知原理

人的听觉系统除了可以对声音的响度、音调和音色等主观属性有感觉以外，还能够对声音进行空间感知，即对声音空间属性具有主观感觉。

声音的空间感知，包括以下三个方面：

◆单声源的定位感知

◆多声源的合成定位感知

◆声源所处环境的感知

5.1.1　单声源的定位感知

人耳的听音系统可以对单个声源进行定位，判断其空间位置，包括方向定位和距离定位两个方面。但人对声源方向的定位能力是有限的，一个实际点声源在听觉上产生的方位感并不是空间某一位置或一个点，而是向四周扩散展开一定的度数。

声源方位可用图 5-1 所示的坐标系（ψ，θ，r）表示。其中 ψ 为声源相对于听音者的垂直方位角，θ 为水平方位角，r 为声源到听音者的距离。例如，听者正前方的坐标位置为 $\psi=0^{o}$，$\theta=0^{o}$，水平面为 $\psi=0^{o}$ 决定的平面，中垂面为 $\theta=0^{o}$ 决定的平面。

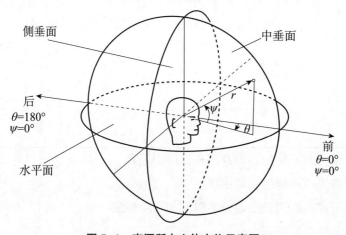

图 5-1　声源所在立体方位示意图

5.1.1.1　方向定位

在水平面上，人对正前方的方向分辨率最高，能达到 1°~3°。当声源向侧方移动时，方向辨别阈逐渐增加，在正左侧和正右侧时达到最大，约为正前方的 3~10 倍。当声源水平方位角继续增大并向后移动时，方向辨别阈再次变小，在正后方的辨别阈大约是正前方的 2 倍。而人在头顶和头后方的声源定位不如前方和前上方好。

心理声学的研究表明，在自由场情况下，对单一声源的方向定位因素包括双耳效应、耳廓效应和人头转动因素等。

（1）双耳效应

双耳效应体现为双耳信号间的差异产生的定位效应，包括双耳时间差和双耳声级差，主要用于水平方向的定位。

①双耳时间差

声波从声源到双耳传输的时间差，即双耳时间差（Interaural Time Difference，ITD）是对声源方向定位的一个重要因素。当声源位于中垂面时，它到双耳的距离相等，即 ITD=0。但当声源偏离中垂面时，其到左、右耳的距离不同，因而存在时间差 ITD，如图 5-2 所示。当声源位于正侧方时，ITD 达到最大值，对一般人头尺寸来说，约为 0.6ms~0.7ms。

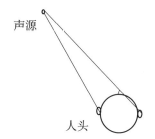

图 5-2 声源偏离中垂面产生双耳时间差

心理声学的实验结果表明，在频率 $f < 1.5\text{kHz}$ 的情况下，双耳时间差所带来的相位差 $\Delta\psi$ 是声源定位的主要因素。双耳的相位差与时间差有如式 5-1 的关系：

$$\Delta\psi = 2\pi f \Delta t \qquad (5\text{-}1)$$

而当频率大于 1.5kHz，双耳的相位差有可能大于 2π，因而相位差会产生混乱，从而双耳时间差不再起主要作用。

②双耳声级差

双耳声级差（Interaural Level Difference，ILD）是声源方向定位的另一个重要因素。当声源偏离中垂面时，由于头部对声波的遮蔽和散射作用，特别在高频，与声源异侧耳处的声压受到衰减，产生声级差。当频率 $1.5\text{kHz} < f < 4\text{kHz}$ 时，时间差和声级差共同起作用，当频率 $f > 4\text{kHz}$ 时，声级差 ILD 为有效的定位因素。

（2）耳廓效应（谱因素）

当声源在中垂面上时，双耳信号几乎没有差别，因此不能用双耳信号差来辨别声源上下的方位。此时，耳廓效应是用于垂直方位定位的主要因素。耳廓具有不规则的形状，形成一个共振腔。当声音到达耳廓时，一部分声波直接进入耳道，另一部分则经过耳廓反射后才进入耳道，如图 5-3 所示。当声源处于垂直方向上的不同位置时，由于声音到达的方向不同，反射声和直达声之间强度比不仅发生变化，而且反射声与直达声之间在不同频率上形成不同的时间差和相位差，在鼓膜处形成一种与声源方向位置有关的频谱特性，听觉神经据此判断声音上下的空间方向。

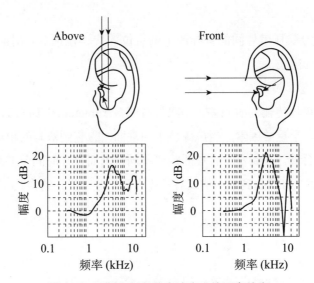

图 5-3　不同入射角的声波产生的耳廓效应

图 5-4 显示的是声源位于中垂面，仰角 ψ 分别为 -10°、0° 和 10° 在人头模型上测得的耳廓响应曲线。由图可以看出，在高频处的响应曲线差异较大，人耳由此进行垂直定位。

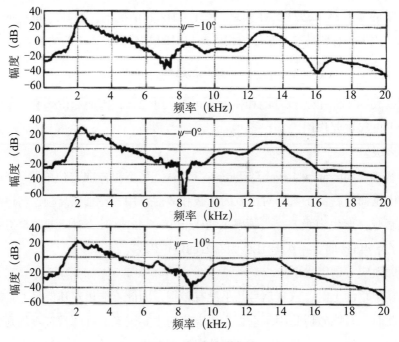

图 5-4　耳廓响应曲线

（3）人头转动因素（动态因素）

对于水平面上一对前后镜像的声源，如正前方 θ=0º 和正后方 θ=180º 的两个点，所产生的 ITD 和 ILD 相等，因而仅靠 ITD 和 ILD 来判断声源的方向是不行的。因此，头部绕垂直轴转动对区分水平面内前后镜像方向声源非常重要。在空间所有 ITD 和 ILD 相等的点组成的集合，可以构成一个空间锥形表面，叫作"混乱锥"。在这一锥面上，所有到人头为 r 的点所产生的 ITD 和 ILD 都相等，因此不能辨别出方向，只有靠头部转动来消除这种不确定性。

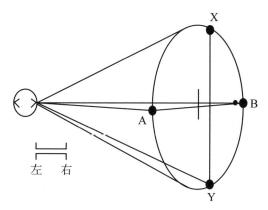

图 5-5　空间锥形区域声像混淆"混乱锥"

当头部转动时，会引起 ITD 和 ILD 的改变，这也被称为动态因素。以水平面正前方和正后方一对声源为例，两声源到双耳的距离相等，所产生的 ITD 和 ILD 都为零，因而单从 ITD 和 ILD 不能分辨出它们的方向。但是头部转动将导致 ITD 的改变，声源位于前方或者后方引起 ITD 存在不同，如图 5-6 所示。除此以外，头部转动还会引起 ILD 以及传输到人耳的声波频谱的改变，正是这些动态的因素提供了声源方向的定位信息。

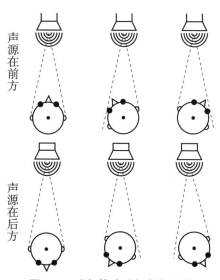

图 5-6　头部转动避免声像混淆

5.1.1.2 距离定位

人耳对声源距离定位的能力相比方向定位能力要差。在听觉对距离的定位中，听者对声音信号的熟悉程度起着重要的作用。人们对熟悉的声音信号距离的判断与实际声源的距离相当一致，然而对不熟悉的声音信号进行距离定位时，距离误差会变大。一般对远距离声源（r 约大于 1.6m），感知距离偏小（近）；而对近距离声源（r 约小于 1.6m），感知距离偏大（远）。对声源距离定位是多种不同因素综合作用的结果，主要有声音的主观响度、声波的高频衰减、直达声与混响声能比。

（1）响度（无混响环境）

声音的主观响度是和声压大小密切相关的。在自由场的情况下（无混响环境下），功率恒定的点声源产生的声压与距离成反比，也就是距离增加一倍，声压下降 6dB。因而人耳的听音系统可以根据声音的响度判断声源的距离，即高的响度对应近的距离。

（2）直达声和混响声的声能比（有混响环境）

在混响环境中，存在一个混响半径 r_r 的概念，它是指直达声能与混响声能相等的位置。图 5-7 表示直达声声压级 L_d、混响声声压级 L_r 和总声压级 L_t 随距离的变化情况。当声源距离 $r < r_r$ 时，以直达声为主，响度因素起主要作用。当声源距离 $r > r_r$ 时，以混响声为主，总声压级几乎恒定，响度因素已经变得无效。此时直达声与混响声能的比值（D/R）成为估测声源距离的有效因素。这个比值可以表示为

$$\frac{D}{R} = \frac{P_D}{P_R} = \frac{r_r^2}{r^2}$$

其中 P_D 是直达声声能密度，P_R 是混响声声能密度。从该公式可以看出 D/R 等于房间的混响半径和声源的距离平方之比，因此可以通过直混比判断出声源的距离。

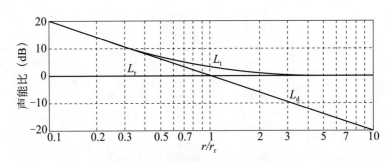

图 5-7　直达声声压级 Ld、混响声声压级 Lr 和总声压级 Lt 随距离的变化

（3）空气对声波的吸收所引起的高频衰减

对于远距离的声源，空气吸收起到低通滤波的作用，从而改变了声波的频谱，空气对声波的吸收所引起的高频衰减也是一个可能的声源距离定位因素。但只有在非常远的情况下该因素才起作用，对于普通房间的距离尺寸则可以完全忽略。

5.1.1.3 感知声源宽度

感知声源宽度（Apparent Source Width，ASW）是人耳感知的声源宽度范围，即声源发出的声音在空间传播后经双耳作用而被听者感觉到的宽度，感知声源宽度可能与真实乐器宽度不同，如图 5-8 所示。研究表明，早期反射声是影响 ASW 的重要因素。大量在音乐厅进行的主观评价实验结果表明，人们偏爱更宽阔的 ASW。增加早期反射声能可以扩展 ASW，扩展程度取决于早期反射声的幅度和延时时间。ASW 与早期双耳听觉互相关系数（Inter-aural Cross-correlation Coefficient，IACC）和侧向声能比有关。

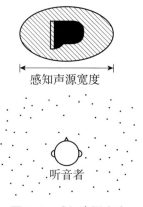

图 5-8　感知声源宽度

（1）IACC

IACC 是对某一瞬间到达两耳的声压相似性的量度。假设空间某一声源在听者左、右耳产生的声压信号分别为 $P_L(t)$ 和 $P_R(t)$，那么双耳听觉（归一化）互相关函数为：

$$\Phi_{LR}(\tau) = \lim_{T \to \infty} \frac{\int_{ts}^{te} p_L(t) p_R^{*}(t+\tau) dt}{\sqrt{\int_{ts}^{te} p_L(t) p_L^{*}(t) dt \int_{ts}^{te} p_R(t) p_R^{*}(t) dt}} \qquad (5\text{-}2)$$

其中 * 表示复数共轭，由 $\Phi_{LR}(\tau)$ 可以计算出双耳听觉互相关 IACC，即函数 $|\Phi_{LR}(\tau)|$ 在 $|\tau| \leqslant 1\text{ms}$ 范围内绝对值的最大值：

$$\text{IACC} = \max|\Phi_{LR}(\tau)| \qquad |\tau| \leqslant 1\text{ms} \qquad (5\text{-}3)$$

由定义可知，$0 \leqslant \text{IACC} \leqslant 1$。对应的 $\tau = \tau_{\max}$ 即为双耳信号的时间差（ITD）。IACC 分为早期 IACC（IACC_E）和后期 IACC（IACC_L）。不同的研究人员使用不同的带宽和时窗来计算 IACC_E 值，目前用 80ms 的时窗计算出来的 IACC_E 值与 ASW 的匹配性最好。两者的关系是 IACC_E 越小，ASW 越宽。

（2）侧向声能比（Lateral Energy Fraction，LF）

侧向声能比也是影响 ASW 的因素之一。侧向声能比的定义为：

$$LF=\dfrac{\displaystyle\int_{0}^{80\,ms}侧向声能（t）^{2}dt}{\displaystyle\int_{0}^{80\,ms}总声能（t）^{2}dt}\qquad\qquad（5\text{-}4）$$

研究表明，侧向声能比越高，ASW 越宽。

5.1.2 多声源的合成定位感知

当两个或两个以上的声源同时发出声音，听觉系统将综合利用这些声源的空间信息而得到一种合成的主观空间听觉。在不同的条件下综合得出的信息不同，主观空间听觉的结果也不相同。当各声源产生的声波互不相关时，听觉系统有可能分别对各声源进行定位。当各声源产生相关的声波时，由声波的线性叠加原理，双耳声压是每个声源各自产生声压的线性叠加。人耳的听音系统有可能将声音定位在其中一个声源的位置，而察觉不到其他声源的存在，也有可能定位在没有声源的空间位置。这种主观感觉上形成的空间声源称为虚拟声源，或声像。

产生声像的原因是听音系统将双耳叠加的声压所带来的定位信息（ITD，ILD）和过去的听觉经验比较，如果叠加声压的全部或部分主要定位信息正好和空间某方向的单声源的情况相同，听音系统就会在（假想的）单声源方向上形成声像。如双通道立体声的重放，所形成的声像可以在两个扬声器之间的任意位置或者某个扬声器上。因而多声源的合成定位是听音系统综合利用各种声源空间信息而错觉形成的一种主观听觉。

5.1.3 声源所处环境的感知

声源如果处于一个密闭的空间中，除直达声以外，还存在着反射声。图 5-9 是一个典型的室内声波从声源到接收点（听音者）的传输途径示意图。

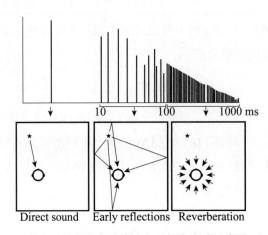

图 5-9 室内声波传输和反射声衰减示意图

首先到达听者耳朵的是直达声，其后是不同延迟时间的反射声。首次反射是由声程差最小的反射表面产生，延迟时间由该声程差决定。随着时间的增加，通过不同反射面的反射次数增加，使得从不同方向到达接收点的反射声密度增加，同时由于反射表面的吸收作用，反射声的能量逐渐衰减，形成混响声场。

因此，人耳可以对声源所处的环境进行感知，从而形成空间印象（Spatial Impression，SI）。对于空间印象的感知可以分成以下几个方面：

◆对房间大小的感知
◆对房间混响的感知
◆对环绕感和空间感的感知

5.1.3.1　对房间大小的感知

对房间大小的感知主要取决于早期反射声，早期反射声是指在直达声到达之后 50ms 内到达的声音，由早期反射声产生的空间印象称为早期空间印象（Early SI）。这些反射声经过小范围反射而到达听者，在方向上略有不同。直达声与早期反射声之间的时间为我们提供了关于房间尺寸的信息。房间表面离听者越远，声音传至表面再反射回来的时间就越多。

当早期反射声在直达声后 30ms 内到达听者时，人耳不能够分辨出前后紧挨着出现的两个声音，而且还将声源定位在直达声传来的方向上，这就是所谓的哈斯效应（优先效应）。这时会让我们觉得声音更响亮而且更为丰满。当两个语音信号在 10ms~30ms 之间到达人耳时，有利于语言识别度的提高。只有滞后直达声 50ms 以上的延迟声才会对语音的识别造成影响。所以 50ms 被称为哈斯效应的最大延时量。因此，声源可以在空间中进行正确的定位，而与来自不同方向的反射声无关。

5.1.3.2　对房间混响的感知

当声源在封闭空间发声时，由于吸收与反射的作用，声场的建立需要一个过程。当声源停止发声后，由于声场边界或声场中的反射体使声波在其间多次反射或散射而产生声音延续的现象，称为混响。混响也可以指由以上原因而产生延续的声音。这个递减过程的长短主要决定于封闭空间的大小和对声音的吸收情况。声学工程中，某频率的混响时间是室内声音达到稳定状态，声源停止发声后，残余声音在房间内反复反射，经吸声材料吸收，平均声能密度自原始值减到百万分之一即衰减 60dB 所需的时间，记为 T_{60}。封闭空间混响时间的长短对音质有着重要的影响。混响时间长，音质丰满，但是过长会导致听音不清晰。混响过程短有利于听音的清晰，但混响过短，又使声音显得干涩和强度变弱，造成听音吃力。因此合理设计混响时间对音质至关重要。美国物理学家赛宾于 1900 年提出了闭室混响时间，如下：

$$T_{60} = 0.161V/S\alpha \tag{5-5}$$

式中 S 为室内表面总面积（m^2）；α 为房间内表面的平均吸声系数；V 为封闭空间的容积（m^3）。由赛宾公式可见，混响时间是表示房间声音特点的一个客观物理量，与声源无关，即混响时间仅与房间容积、内表面吸声量有关，室内各处混响时间是相等的。

对于混响声产生的空间印象称为背景空间印象（Background SI）。

5.1.3.3　对环绕感（空间感）的感知

关于空间感的定义有很多，一种比较准确的说法是：如果一个声场能够给人提供广阔的环绕的空间印象，那么这个声场就有空间感。这样看来空间感和环绕感属于同类词，通常用 LEV（Listener Envelopment）来表示。

（1）后期反射声能对环绕感和空间感的影响

研究后期反射声对空间感影响的初期阶段，人们把注意力主要集中在侧向反射声上。Morimoto（森本）最早提出与 LEV 相关的物理量 $IACC_L$，这个结论是在只考虑后期反射声传播中的前面和侧面方向得出的，而没有考虑其他方向的反射声影响。随后 Bradley（布拉德利）和 Soulodre（苏洛德雷）通过对很多客观参量研究后发现，在包括不同声级、侧向声能比、早期和后期反射声信号的双耳互相关等参数中，后期侧向声级 GLL（Late lateral Energy Level）与 LEV 有着最密切的关系。GLL 的定义如下：

$$GLL = 10 Log_{10} \left\{ \frac{\int_{80ms}^{\infty} 侧向声能(t)^2 dt}{\int_{80ms}^{\infty} 总声能(t)^2 dt} \right\} \tag{5-6}$$

（2）后期反射声方向对环绕感和空间感的影响

为了研究后期反射声方向对 LEV 的影响，Furuya（古谷）在 Bradley 基础上又进行了大量的实验。他们将后期反射声分为四个方向进行研究：前向（FL_{80}^{∞}），侧向（LL_{80}^{∞}），后向（BL_{80}^{∞}）和顶向（VL_{80}^{∞}）。在他们的实验中，不同方向的后期反射声由不同的扬声器进行重放，如图 5-10 所示。

在固定直达声和早期反射声能量及其延时的情况下，分别改变 FL_{80}^{∞}、LL_{80}^{∞}、BL_{80}^{∞} 和 VL_{80}^{∞} 的值来观察 LEV 的变化。实验结果表明除后期前向声级的值对 LEV 没有影响外，其余的 3 个参量 LL_{80}^{∞}、BL_{80}^{∞} 和 VL_{80}^{∞} 都跟 LEV 有很大的关联。LEV 分别随 LL_{80}^{∞}、BL_{80}^{∞} 和 VL_{80}^{∞} 值的增加而呈线性递增，说明不仅后期侧向反射声对 LEV 起作用，来自顶向和后向的反射声都与 LEV 紧密相关。各个方向对 LEV 的影响大小依次为侧向、后向、顶向和前向。这个实验结果对于如何通过声学设计获得空间感有重要的指导意义。

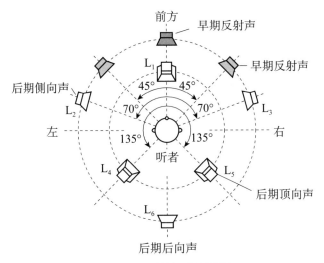

前方
早期反射声
早期反射声
后期侧向声
后期顶向声
后期后向声
L_1 L_2 L_3 L_4 L_5 L_6
左 右
听者
45° 45°
70° 70°
135° 135°

图 5-10　重放扬声器设置

5.2　声场建立

　　将歌唱家或交响乐团在音乐厅的演唱或演奏通过录音及制作技术真实地还原出来是录音师最重要的追求目标。将演出现场的声场真实地建立起来，主要体现在两个方面：一个是声源准确的声像信息，另一个是声场的空间印象。声像信息方面包括声像定位、声像宽度及声像深度等。不同的拾音制式，设置不同的延时时间都会影响这些信息。声场的空间印象也可简称为空间感，它与环境声拾音制式及混响器等因素有关。

5.2.1　立体声拾音制式与声像定位

　　双声道立体声拾音技术已经有半个多世纪的发展历史，也是当前使用最多的立体声拾音方法。双声道立体声拾音技术种类繁多，如图 5-11 所示。本节将以 AB 制式、XY 制式和 MS 制式为主，介绍双声道立体声拾音技术的原理。

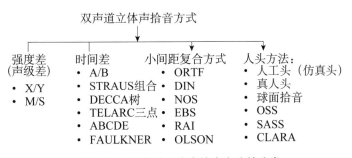

双声道立体声拾音方式

强度差 （声级差）	时间差	小间距复合方式	人头方法：
• X/Y	• A/B	• ORTF	• 人工头（仿真头）
• M/S	• STRAUS组合	• DIN	• 真人头
	• DECCA树	• NOS	• 球面拾音
	• TELARC三点	• EBS	• OSS
	• ABCDE	• RAI	• SASS
	• FAULKNER	• OLSON	• CLARA

图 5-11　双声道立体声拾音方法的分类

双声道立体声拾音技术通过模拟人耳对声源方位及空间环境判断的机理，在双声道扬声器重放系统中再现立体声。通过模拟人耳时间差定位原理产生出时间差拾音方式，以 AB 制式为典型代表；通过模拟人耳强度差定位原理而产生出强度差拾音方式，以 XY 制式和 MS 制式最为著名。

5.2.1.1　AB 制式

AB 制式是将型号特性完全一致的两支传声器彼此拉开一定间距构成的立体声传声器系统，如图 5-12 所示。拾音时，将传声器系统置于声源前方，并将左边传声器拾取的信号馈送到记录载体的左声道，而将右边传声器拾取的信号馈送到记录载体的右声道。

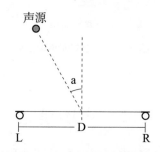

图 5-12　AB 立体声拾音制式

时间差立体声拾音的计算公式如式 5-7 所示，其中 a 是声源的指向角，D 是两传声器的膜片距离。根据 Eberhard Sengpiel（埃伯哈德·森皮尔）的相关研究，可以得知当声源到达两传声器的时间等于 1.5ms 时，可得到声源的最大入射角度 a_{max}。为了描述立体声拾音制式能否"忠实"地拾取和再现声源的方位信息，都会引入拾音范围的概念。拾音范围是立体声传声器系统拾取的全部声信号能在立体声重放系统中正确声像定位的声源范围。对于 AB 制式而言，拾音范围指立体声传声器拾取的全部时间差 Δt 在 1.5ms 范围内的声源范围，它是在 $\Delta t = 1.5$ms 处声源最大入射角度的 2 倍，即 $2 \times a_{max}$，如图 5-13 所示。通过公式 5-7 我们可知，AB 制式的拾音范围仅与传声器的间距有关，间距越大，拾音范围越小。

$$\Delta t = \frac{D}{c} \cdot \sin a \qquad (5-7)$$

AB 制式在实际应用中通常使用全指向型传声器，以期获得较好的温暖感、自然感和纵深感，是录制古典音乐的主要拾音方式。在强吸声录音棚中，一般不宜使用 AB 制式，因为该拾音制式要求录音环境应具有很好的厅堂特性。AB 制式在单声道兼容方面不够理想，由于两传声器具有时间差，合成单声道时会造成梳状滤波效应。传声器间距越大，梳状滤波效应越明显。

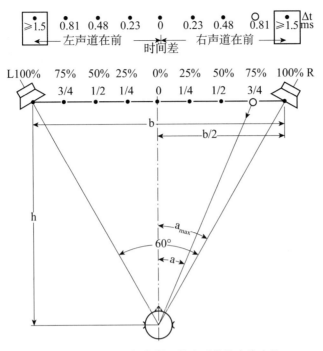

图 5-13 时间差扬声器立体声重放的声像定位

5.2.1.2 XY 制式

XY 制式是将两支特性完全相同的指向性传声器紧靠在一起，同轴放置，置于声场中的一个点，传声器主轴指向左侧的为左声道，主轴指向右侧的为右声道，如图 5-14 所示。一般情况下，心形和 8 字形指向的传声器使用较多，尤其以心形传声器的使用更为常见。声场中不同方向的声音到达 XY 拾音制式时，由于两支传声器的指向特性和放置角度，拾取的声道间信号存在强度差信息。

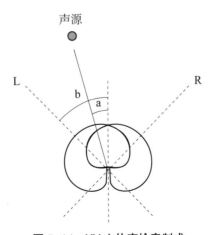

图 5-14 XY 立体声拾音制式

　　强度差立体声拾音的计算公式如 5-8 所示，其中 A、B 是两支传声器的指向性系数，b 是两支传声器的膜片半张角，a 是声源指向角。当两支传声器拾取到的信号强度差达到 18dB 时，可得到声源的最大入射角度 a_{max}。参照 AB 制式拾音范围的定义，XY 制式的拾音范围 $=2×a_{max}$。在拾音范围内的声源能够在立体声重放系统中进行正确的声像定位，如图 5-15 所示。通过对公式 5-8 计算我们可知，XY 制式的拾音范围与传声器的指向性和膜片夹角有关。传声器指向性越尖锐，拾音范围越小；膜片夹角越大，拾音范围越小。XY 制式相对于 AB 制式而言，声像定位准确度更好，单声道兼容性也好于 AB 制式，但是在空间感和温暖感等的音质方面差于 AB 制式。

$$\Delta L = 20\lg \frac{A + B\cos(b - a)}{A + B\cos(b + a)} \qquad (5\text{-}8)$$

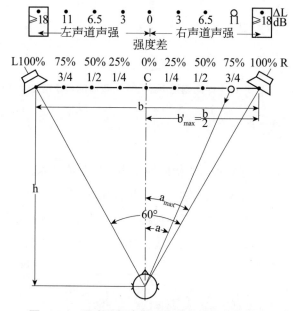

图 5-15　强度差扬声器立体声重放的声像定位

5.2.1.3　MS 制式

　　MS 制式是将两支传声器置于声场中的一个点，其中一支可用任何指向特性的传声器，正对声源中间，称为 M 传声器，另一支必须用 8 字形指向特性的传声器，这支传声器横向放置，膜片主轴正对声场左侧，称为 S 传声器，如图 5-16 所示。MS 制式的 L、R 声道信号是通过和差变换得到的，如公式 5-9 所示。由公式可知，要想获得 L 和 R 信号，需要获取三路信号，分别是 M 信号、S 信号和 -S 信号。在实际工作中，有两种获取方法，一种是使用"Y"型线，另一种是在调音台或数字音频工作站中通过跳线的方式获得。"Y"型线是一种一进两出的音频连接线，如图 5-17 所示。在调音台上通过跳线和反相开关获取的方式，如图 5-18 所示。通过跳线的方式得到两路相同的 S 信号，将其中一路信号利用调音台的相位开关进行 180º 的反相处理得到 –S 信号，配合使用声像移动电位器来生成 L 声道和 R 声道。

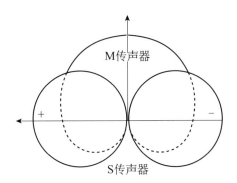

图 5-16　MS 立体声拾音制式

$$\begin{cases} L = M + S \\ R = M - S \end{cases} \qquad (5\text{-}9)$$

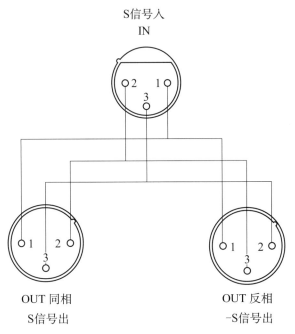

图 5-17　"Y" 型线的构成

　　MS 制式同样也存在拾音范围，但由于 L、R 声道是由和差变换得出的，MS 制式的拾音范围除了与 M 传声器的指向性有关，还与 S 信号和 M 信号的比例（用 S/M 表示）有关。研究结果表明 M 传声器的指向性越尖锐，拾音范围越小；S/M 的比值越大，拾音范围越小。MS 制式拥有一个非常突出的特点是在录音过程中可以调整拾音范围角度，而无须对立体声传声器系统进行调整。此外 MS 制式的单声道兼容性是最佳的，因为 L 声道和 R 声

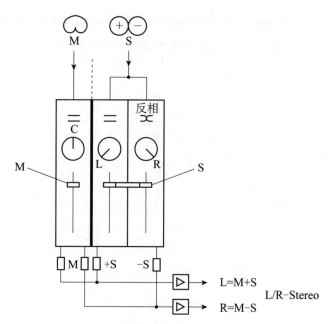

图 5-18　使用调音台的三个通道实现和差变换

道信号叠加后输出的是 M 信号，比用任何拾音制式拾取的立体声信号再经技术处理的单声道信号质量都要高。

为了让读者对时间差型与强度差型立体声拾音方式有更加明晰的认识，我们在声像定位、空间感、音质和单声道兼容性四个方面进行对比，如表 5-1 所示。

表 5-1　时间差型和强度差型立体声拾音方式的对比

	强度差型	时间差型
声像定位	准确、清晰	不如强度差型
空间感	不如时间差型。但用 8 字形指向 90° 夹角的 X/Y 方式和 M 为全指向的 M/S 方式稍好一些	开阔、真实、自然，表现力要比强度差型丰富
音质	发紧、发死、发硬	松弛、活跃、柔和
单声道兼容	好，特别是 MS 方式	不如强度差型

5.2.2　环绕声主拾音制式与声像定位

随着数字音频技术的发展，各种数字视听系统层出不穷，极大地提高了人们对视听效果的感受。声音的重放形式，也从双声道立体声形式过渡到多声道环绕声形式。多声道环绕声格式从 4 声道的矩阵环绕声开始起步，目前应用最为广泛的是 5.1 声道环绕声格式，它已经被 ITU 制定为伴随图像的标准多声道数字音频系统，如图 5-19 所示。多声道环绕声相对于双声道立体声而言，可以更加精确再现声源定位信息，扩展听众的聆听区域，并且更加充分地还原声场特点，如空间感、包围感、温暖感等。

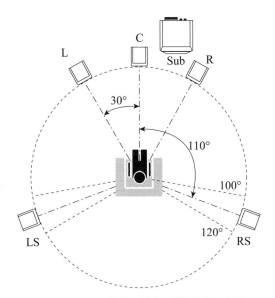

图 5-19　5.1 声道环绕声系统重放示意图

为了配合多声道环绕声重放形式，在前期拾音方法上也出现了多声道环绕声拾音制式。多声道环绕声传声器拾音系统通常由两部分构成：第一部分是主传声器系统，主要用于拾取声源的直达声进行声源定位；第二部分是环境传声器系统，用于拾取反射声和混响声，增加声场信息。如果传声器系统拾取的声场信息还不够充分，会通过后期加入人工混响的方式得到理想的声音效果，如图 5-20 所示。根据主传声器与环境传声器的间距大小，间距大于 2m 的称为分层式传声器拾音系统，间距小于 2m 的称为整体式传声器拾音系统。

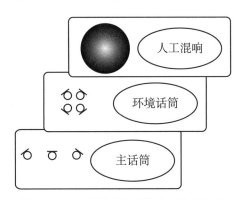

图 5-20　多声道环绕声拾音系统的构成

目前现有的多声道环绕声拾音系统有几十种，使用最为广泛的主传声器系统有 OCT、INA 3、Decca Tree，环境传声器系统有 Hamasaki Square 和 IRT。由于不同拾音系统具有各自不同的特点，在应用领域也存在较大的差异。

5.2.2.1 拾音原理

L-C-R方式是当今使用较普遍的一种主传声器拾音系统，其使用三支传声器，彼此间隔一定的距离，形成两个子立体声拾音系统，即：L-C立体声拾音系统与C-R立体声拾音系统，由此形成两个相邻的子立体声拾音区域。三支传声器（L、C、R）拾取的信号分别被送入左、中、右扬声器，两个拾音区域中的信号分别被两个子立体声拾音系统拾取并用于三声道重放系统中两个子立体声重放区域（L-C与C-R）的信号重放，如图5-21所示。

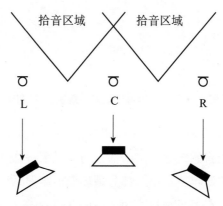

图5-21　两个子立体声拾音系统

当我们将三支传声器如图5-21那样水平放置，使三支传声器的膜片处于同一水平位置时，L与C传声器、C与R传声器可以构成两个相邻的立体声拾音区域，从而实现重放时两个立体声重放区域的声像定位。但实际上情况要比想象的复杂，由于使用了三支传声器的设置，在形成两个所需拾音系统的同时，我们发现左右传声器也存在形成一个立体声拾音系统的可能，也就是说，不能排除三支传声器彼此两两形成立体声拾音系统的可能性。在这种情况下，位于左拾音区域的声源在被L-C子拾音系统拾取的同时，其信号可能会串入C-R、L-R两个拾音系统；位于右拾音区域的声源在被C-R子拾音系统拾取的同时，其信号也可能会串入L-C、L-R两个拾音系统；位于中央位置的声源也不可能只被中央传声器拾取。正如图5-22所示的那样，当声源位于L-C-R传声器系统前方时，可能同时被L-C、C-R、L-R这三个立体声拾音系统所拾取，根据立体声拾音及重放原理，声源被三个拾音系统拾取后会在相对应的L-C、C-R、L-R重放扬声器中形成三个不同声像还原点，由于这三个立体声传声器系统相对于声源的几何位置是不同的，因而由此形成的三个幻象声像声源点的位置也是不同的，我们称之为"三重幻象声源"。因此，必须对原有三支传声器的设置进行调整，以尽量避免这种现象的存在。

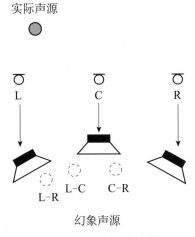

图 5-22　三重幻象声源

为了得到理想的前方三声道重放定位，首先必须排除 L、R 传声器形成的立体声拾音系统拾取的信号对重放声像定位的不良影响，从而只留下 L-C、C-R 两个子定位立体声传声器系统，这个调整称为声道隔离；同时还要保证 L-C、C-R 这两个所需的双子立体声传声器系统的有效拾音区域彼此不相互覆盖并形成良好的衔接，这个调整称为声道补偿。这是建立 L-C-R 传声器系统的两个先决条件，也是衡量该系统是否具有可靠性的两个标准。

（1）声道隔离

根据立体声拾音原理，在拾音系统中，传声器系统拾取到声源信号的差别，并建立信号之间的相关性，才能完成对声源立体声信号的定位，在这其中包括强度差、时间差等信号相关因素。"声道隔离"的目的就是将信号之间的这种相关性尽可能地缩小，以达到阻止其形成拾音系统的目的。根据建立立体声拾音两大要素强度差与时间差的特性，我们可以确立"声道隔离"的三大主要方式：强度差隔离方式、时间差隔离方式以及两者结合的混合隔离方式。

① 强度差隔离方式

强度差隔离是利用传声器指向特性形成的信号强度差来完成 L-C-R 传声器系统中左右声道隔离的。立体声拾音原理已经论证：对于强度差双声道立体声拾音制式而言，当两传声器拾取到的信号差达到 18dB 时，声源的声像在重放时直接定位于信号较强的扬声器，也就是说当两传声器信号差始终大于等于 18dB 时，两支传声器的信号无法有效地建立一个立体声拾音平面，其相对于彼此来说，只是各自独立的单声道传声器。

设两支指向性传声器的膜片半张角为 a，声源指向角为 b（如图 5-23），根据指向性传声器的输出公式，要取得良好的"声道隔离"，必须使两传声器强度差达到 18dB，即：

$$\Delta L = 20 \lg \frac{A + B\cos(a - b)}{A + B\cos(a + b)} \geq 18 \qquad (5-10)$$

由此得：

$$\frac{A + B\cos(a - b)}{A + B\cos(a + b)} \geq 7.94 \qquad (5-11)$$

其中，A、B 为传声器的指向性因数。

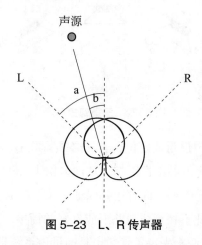

图 5-23　L、R 传声器

由此公式我们发现强度差隔离与三个参数有关，分别是传声器的指向性、膜片张角和声源的入射角，进一步通过计算发现：传声器指向性越尖锐，隔离程度越好；膜片张角越大，隔离程度越好；声源入射角越大，隔离程度越好。

②时间差隔离方式

时间差隔离是利用传声器拾取信号的时间差来对三声道系统中的左右声道进行信号隔离。已知的立体声原理告诉我们：当声源到达两传声器的时间大于等于 1.5ms 时，声音定位在未延时的声道上。与强度差隔离相类似，只要保证两个传声器信号产生的时间差始终大于等于 1.5ms，就可以避免有效立体声拾音系统的形成，从而减少左右传声器拾取的信号相关性，使其彼此形成相对独立的两支单声道传声器。

设声源的指向角为 a，两传声器的膜片距离为 D，根据双声道信号时间差计算公式，要达到理想的声道，可得：

$$\Delta t = \frac{D}{c} \cdot \sin a \geq 1.5ms \qquad (5-12)$$

其中 $c = 343m/s$

由此得：

$$Dsina \geq 0.5145 \qquad (5-13)$$

可见时间差隔离与两个参数有关，分别是两支传声器的间距和声源指向角。两传声器间距越大，隔离效果越好；声源指向角越大，隔离程度越好。

③ 强度差与时间差结合的混合声道隔离方式

单纯地依赖强度差或时间差隔离都很难做到 100% 的声道隔离，因此在实际使用中都采用强度差与时间差结合的混合声道隔离方式，也就是在左右声道传声器设置时，不仅使用指向传声器，并使两者膜片形成一定夹角，而且两传声器之间彼此拉开一段距离，同时使用强度差与时间差来进行有效的声道隔离，如图 5-24 所示。

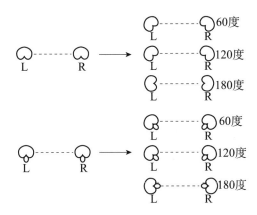

图 5-24　强度差与时间差结合的混合声道隔离方式

（2）声道补偿

声道补偿要解决的问题是保证 L-C 和 C-R 两个子拾音区域彼此不相互覆盖并形成良好的衔接。如果能够让子拾音区域的拾音范围发生旋转，L-C 区域向左旋转，C-R 区域向右旋转即可解决该问题。

① 强度差补偿方式

强度差补偿方式是利用在原有立体声传声器的信号之间加入附加的强度差方法来使传声器系统的拾音角发生偏转。具体方法是在原有的传声器摆放基础上增加两传声器膜片的夹角，而不改变两支传声器与声源的相对位置，从而改变信号到达两传声器的强度差关系，这样使得原来位于系统拾取声源的相对位置发生变化，其信号到达两支传声器的强度产生了差别，最终达到偏转原有拾音角的目的。

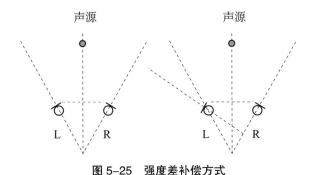

图 5-25　强度差补偿方式

如图 5-25 所示，在两传声器的时间差关系保持一致的前提下，改变左传声器的膜片半张角，使其与右传声器膜片的夹角增大，并形成左右两支传声器的不对称摆放。此时，由于加入了新的强度差补偿，中央声源到达左传声器的信号要小于原来的信号，则在重放时定位要向右偏移，原来左右传声器拾取信号的强度差关系被改变了。也就是说系统拾取到的声源定位都向右偏移，其有效拾音角向左旋转了，反之则向右旋转。

② 时间差补偿方式

时间差补偿方式是利用在原有立体声传声器的信号之间加入附加时间差的方法来使传声器系统的拾音范围发生偏转。具体方法是在原有的传声器摆放基础上增加两支传声器膜片的距离而不改变两支传声器的膜片夹角，从而改变信号到达两支传声器的时间差关系，这样使得原来位于系统拾取的声源相对位置发生变化，其信号到达两支传声器的时间产生了差别，最终达到偏转原有拾音角的目的。

如图 5-26 所示，在左右传声器的膜片主轴夹角保持不变的前提条件下（强度差关系一致），向前移动左传声器，那么以中央声源为例，原先信号到达两传声器的时间是相同的，由于此时加入了新的时间差进行补偿，使得中央声源更早地到达被提前的左传声器，其重放定位就比原来向左偏移，原先两声道之间的时间差关系被改变了。也就是说，对于传声器系统前的声源来说就如同其拾音角向右发生了偏转，反之则向左偏转。

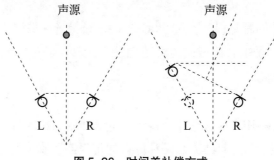

图 5-26　时间差补偿方式

综上所述，在声道补偿方面，如果采用强度差补偿方式，可以通过改变左右传声器与中央传声器的膜片主轴夹角来旋转子立体声系统的拾音角，以实现子立体声系统的拾音区域隔离，如图 5-27 所示。如果采用时间差补偿方式，可以通过提前中央传声器的位置来旋转子立体声系统的拾音角，以实现子立体声系统的拾音区域隔离，如图 5-28 所示。

图 5-27　左右传声器调整法　　　　图 5-28　中央传声器调整法

5.2.2.2　INA 3

INA 系统全称为 Ideal Cardioid Array（理想的心形传声器布局），由 Hermann（赫尔曼）和 Henkel（汉高）于 1998 年提出。INA-3 是指利用三支心形指向传声器组成的三声道拾音系统，如图 5-29 所示。中央传声器被提前放置，并与左右传声器的膜片形

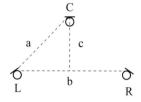

图 5-29　INA3 拾音系统

成一定的夹角。INA-3 对系统各传声器之间的间距以及主轴膜片夹角没有做具体规定，可以根据不同情况进行调节，但传声器的间距调整的范围并不大，一般在 1m 以内。

INA3 采用了强度差与时间差结合的声道隔离与补偿方式。Günther Theile（冈瑟·泰勒）对 a=69cm，b=126cm 的 INA3 进行了声像定位分析，如图 5-30 所示。图中的三条虚线分别代表可能形成的三个立体声拾音系统，L-C 与 C-R 的定位曲线在扬声器重放角度 ±30° 之间，形成了较为良好的线性链接。但由于 L、R 传声器可以形成一个立体声拾音系统，经计算发现 INA3 实现 100% 声道隔离的话，声源的指向角应大于 ±19°。因此在 ±19° 之内的声源会由于 L-R 产生的声源定位干扰了原有两个子拾音系统的重放定位，存在定位相互干扰的情况。

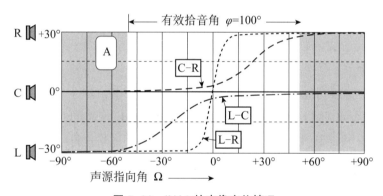

图 5-30　INA3 的声像定位情况

5.2.2.3　OCT

OCT 系统由著名的理论家 Günther Theile（冈瑟·泰勒）提出，全称为 Optimum Cardiod Triangle（优化的心形传声器三角设置）。从 OCT 系统的传声器设置，就可以看出它与其他小间距的 L-C-R 方式的独特区别，如图 5-31，左右传声器间距可由 40~100cm，主轴膜片夹角 180°，两者指向性均采用了超心形，中央传声器被提前 8cm，采用心形指向性。

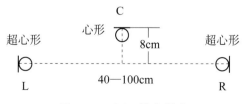

图 5-31　OCT 拾音制式

OCT 与 INA3 相类似，也采用强度差与时间差结合的声道隔离与补偿方式。L 和 R 间距为 70cm 的 OCT 系统声像定位情况如图 5-32 所示。由图中可以看出，L-C 和 C-R 的两个子拾音系统形成了较为良好的衔接。但是 L 与 R 并没有做到完全的声道隔离，经计算发现如果实现 100% 声道隔离，声源的指向角应大于 ±17º。

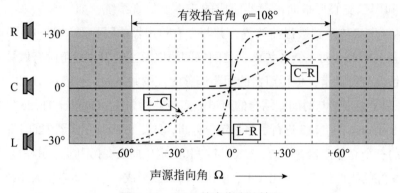

图 5-32　OCT 的声像定位情况

5.2.2.4　Decca Tree

Decca Tree 属于大间距的主拾音系统，采用三支全指向传声器，如图 5-33 所示。全指向传声器的应用能使该系统拾取的信号比那些使用指向性较尖锐的系统具有更好的低频响应。

Decca Tree 采用时间差声道隔离和声道补偿方式，L 与 R 间距为 2m 的 Decca Tree 制式声像定位情况如图 5-34 所示。首先看 L-R 立体声拾音系统，它也并没有做到完全隔离，能够完全隔离的声源指向角为 ±15º，但与 INA3 和 OCT 比较而言，是更加理

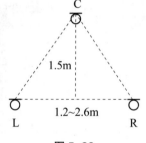

图 5-33
Decca Tree 拾音制式

想的。然而两个子拾音区域的补偿方面非常不理想。正如图中显示的那样，在 ±45º 入射的声源，其重放定位被集中于中央声道，真正能够形成立体声声像定位的声源指向角分

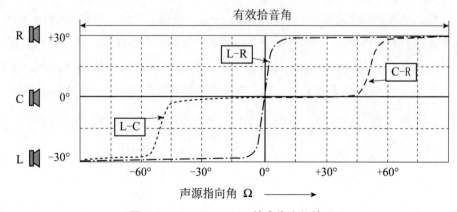

图 5-34　Decca　Tree 的声像定位情况

别是［-60°，-45°］（在 L 和 C 扬声器之间展开）和［45°，60°］（在 C 和 R 扬声器之间展开）。由此可以看出 Decca Tree 的声像定位畸变情况较为严重。

尽管 Decca Tree 制式的声像定位不够理想，但是由于其良好的空间感与低频响应，仍被很多录音师用来拾取古典音乐。而对于 INA3 和 OCT 而言，由于传声器间距较小、携带方便，且声像定位相对准确，较多地用于影视剧环境声或演唱会环境声的录制中。

5.2.3 环境声拾音制式与空间感

Günther Theile 在表述环境信息时曾经提过如下的观点：在 ITU-R BS.775 扬声器构建中的四声道布局构成四个重放区域（L-R、L-SL、R-SR、SL-SR），可以完整地重放来自听者各个方向传来的反射声信号，如图 5-35 所示。因此为了得到充分的环境声信息，环境声拾取系统也以四声道环境传声器拾音系统为佳。

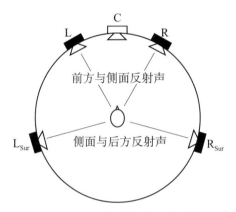

图 5-35　环境声信息重放系统

5.2.3.1　Hamasaki Square

Hamaski Square 是由日本 NHK 公司的录音师 Hamaski 提出的，该系统主要由彼此间距 2~3m 的四支 8 字形指向性传声器构成，如图 5-36 所示。四支传声器膜片都与舞台方向垂直，同时，传声器主轴正方向分别指向厅堂的侧墙。这样的传声器设置有两个目的，首先8 字形指向传声器可以有效地避免声源直达声的射入；另一个重要的目的是为了有效地拾取来自侧向的反射声。因为侧向的反射声对于空间感的建立是最为重要的。

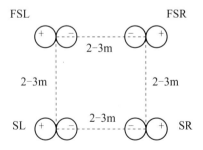

图 5-36　Hamasaki Square 拾音制式

5.2.3.2　IRT Cross

IRT Cross 由 Günther Theile 提出，该系统由四支传声器构成，可选用全指向和心形传声器两种形式，如图 5-37 所示，四支全指向传声器的间距一般设置在 40~45cm，选用心形指向传声器时，间距一般设置为 20~25cm，四支传声器膜片主轴夹角为 90 度。Schoeps公司为其设计了专用的传声器支架，以方便 IRT Cross 制式的使用。

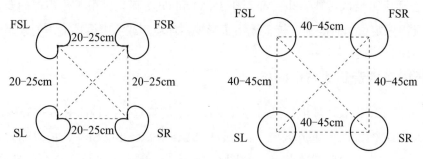

图 5-37　IRT　Cross 拾音制式

5.2.4　延时器

延时器是模拟室内声场声音信号特性的专用设备，它可以在模拟的声场中传递时间、空间、方位、距离等重要信息，并且可以制作某些特殊效果。延时器的种类有多种，包括磁带延时系统、数字延时线和数字延时器。由于数字延时器具有延时的时间范围宽、工作频带宽、动态范围大等特点，目前被广泛地应用到声频工程中。本文将以数字延时器为例介绍延时器的工作原理，数字延时器的工作原理如图 5-38 所示。音频信号从输入端先经低通滤波，经 A/ D 转换输入的模拟音频信号被转换成数字信号。由 CPU 控制数字信号存入动态存储器（DRAM）中，CPU 再经过设定的延迟时间后，逐一读出原存入的数字信号，并经过 D/ A 转换器，将数字信号转换成模拟信号。此信号再经低通滤波滤除高频噪声成分后，输出已延时的音频信号。

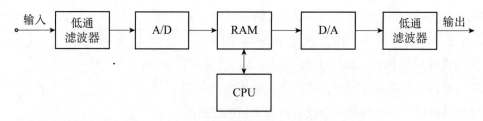

图 5-38　数字延时器的工作原理

数字延时器常见的工作参数包括延时时间、反馈、调制和其他参量。

◆延时时间：表征原始信号与延时信号的时间间隔。如果不设置其他参数，延时信号与原始信号完全相同，仅延时一段时间输出，如图 5-39 所示。

◆反馈：将已经延时的信号的一部分再送回到输入端进行再延时，产生重复延时的效果，或回声效果。根据反馈信号的多少，可以得到或长或短的回声效果。由于反馈的信号

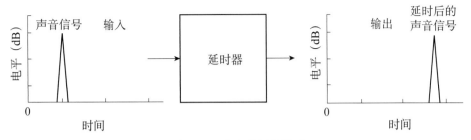

图 5-39　声音信号的延时

比原信号弱得多，所以回声被逐渐地衰减，一直到听不到为止。

◆调制：它是指用低频振荡信号去调制其他延时参量，主要是为了模拟真实的延时效果而设的。它有两个参量：调制宽度和调制频率。调制频率一般是低频振荡器产生的 0.5Hz~10Hz 的次声频信号，利用这一信号对延时器的时基进行调制。调制宽度是表示在选定的延时值附近，调制器控制的延时量变化的范围，即在指定的延时时间上下的变化，通常可选 5ms、10ms 或 100ms。

◆其他参量：这些参量会间接性地影响延时效果，主要包括声像配置，原始信号与延时信号的比例和均衡。声像配置是指延时信号相对于原始信号定位在什么位置上，尤其在对双声道立体声信号进行声像处理时，声像配置的改变会产生完全不同的效果。关于原始信号与延时信号的比例问题，通常情况下将延时信号设定得比原始信号小，但在某些情况下，例如要产生加倍或镶边的效果时，常常将两者的值设定得很接近，只有这样才能听到所产生的效果。在用延时器模拟厅堂反射声时，为了增加真实性，往往会对高频成分进行一定的衰减。因此，用数字延时器来获得自然的声音延时，设置好均衡是很重要的。

延时器在声频工程中的作用主要包含两大类：一类是属于模拟室内声场声学特性的应用，例如模拟室内早期反射声，修正传声器之间拾音时差、声像配置，改善扩声系统重放扬声器的时间差等；另一类属于录音制作中的特殊音响效果，例如回声效果，声部加倍，制作假立体声，镶边效果，合唱效果等。下面就几个重要的作用进行简要的说明。

◆模拟室内早期反射声

通过延时器可以模拟声源临近墙面或反射板反射回来的早期反射声，用来增强声源的响度和提供环境真实气氛及临场感，如图 5-40 所示。声源经过延时器提供了两路不同延时时间的延时信号，作为早期反射声与原始信号按照一定比例进行混合用来模拟早期声场效果。当然经过延时后的信号再经混响器处理，可以模拟混响声。当然，现在使用的混响器程序中设置的预延时或初始延时所起的作用与延时器是一样的。

在模拟室内早期反射声时，延时时间是重要的设置参数。该参数设置太短，体现不出厅堂声场的临场感，设置太长，则影响主观音质的亲切感。表 5-2 显示了部分节目类型设置延时时间的范围。当然表中给出的数值仅仅作为参考，在实际工作中，延时时间的设置

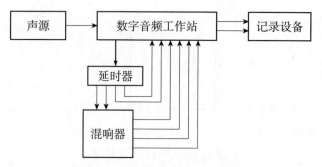

图 5-40　模拟早期反射声及混响声

通常需要录音师自己在实际操作情况下进行听辨，这是因为延时时间在很大程度上依靠所处理信号的自然性。

表 5-2　模拟早期反射声的延时时间范围

节目类型	延时时间设置范围（ms）
室内乐	15~23
小乐队伴奏的独唱	20~35
中型管弦乐演奏	25~50
大型交响乐演奏	45~70
唱诗班弥撒	80~120

◆消除回声，提高扩声系统清晰度

在声学环境较差或扩声系统设置不当的厅堂中，听众可能会感受到重放的声音混浊一片。其中一个重要的原因是多组扬声器进行重放，当扬声器组间的距离过大时，会导致某处的听众听到多重声音。这是由于不同扬声器发出的声音到达听众的时间存在差异，尤其当时间差大于 30ms 时，这种多重声音的现象会更加明显。因此可以在主扬声器外的扩声通路中引入延时器，其延时时间应等于扬声器间的距离差除以声音在空气中传播的速度，以减少多重声的出现，如图 5-41 所示。

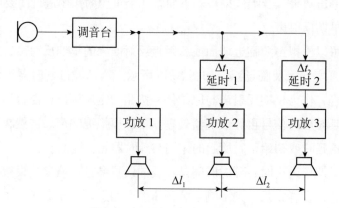

图 5-41　延时器在扩声系统的应用

◆声部加倍

人耳对于在同一时间内演奏的乐器组可以产生群感效果，是由于各乐器不可能完全精确同步，而是彼此之间存在时间差、音色差和音调差。根据该原理，在声音后期制作中，录音师可以利用延时器产生原始信号与延时信号的微量时差，再将原始信号与延时信号组合，通过这种组合技术可以得到声音加倍的效果。尤其是当延时信号的声像配置和直达声不在同一位置的时候，效果更加明显，并且可以使乐器群声像有更好的宽度表现。此外，还有一种加倍效果是用于独唱声像的宽度和厚度处理。录音师可以通过复制原始的独唱信号，通过对复制信号进行小于20ms到30ms的延时量，并且当该延时信号和原始直达信号在混音中的比例相同时，将起到加厚原始信号的效果。一般延时时间在5ms左右就可以达到该听觉效果，同时随着延时时间量的加大，直达信号的声像宽度也随之加大。

◆回声效果

将延时器的延时时间设置在100ms~130ms就可以产生拍音回声，如图5-42所示。这种技术在19世纪50年代的摇滚乐制作中经常使用，现在广播剧、电视剧中为了表现特定的声学空间或加强声音的感染力，也会使用该效果。

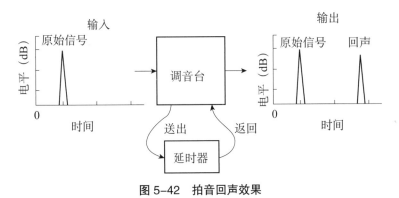

图5-42　拍音回声效果

通过把延时信号反馈到延时器输入端可以导致信号的多次延时，这可以产生重复回声现象，如图5-43所示。反馈电路可以控制回声信号的次数。

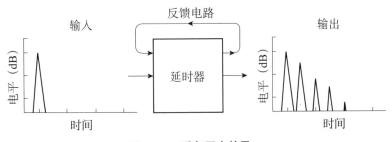

图5-43　重复回声效果

◆镶边效果

如果将原始信号与延时信号之间的时间差设置在0.05ms~20ms之间，人耳是无法将这两个信号单独听辨出来的，而是听到了具有特殊频率响应的一个声音。原始信号与延时信号进行等比例电平混合后，由于彼此之间存在相位差，会在某些频率上信号抵消，某些频率上信号叠加，频率响应呈现一连串的峰谷，产生梳状滤波。这种声音效果称为镶边效果。延时间隔越短，峰和谷的间隔越大。

镶边效果会随着延时时间设置的不同而发生改变，导致梳状滤波的峰谷上、下移动，产生类似空洞式的嗖嗖声，好像音乐是通过管道放出来的一样。

镶边效果有正向和反向之分。正向镶边是指延时信号和原始信号具有相同的相位，如图 5-44 所示。反向镶边是指延时信号和原始信号相位反向，此时低频被衰减，低频的衰减拐点随着延时时间的改变而改变，高频仍是梳状滤波，如图 5-45 所示。

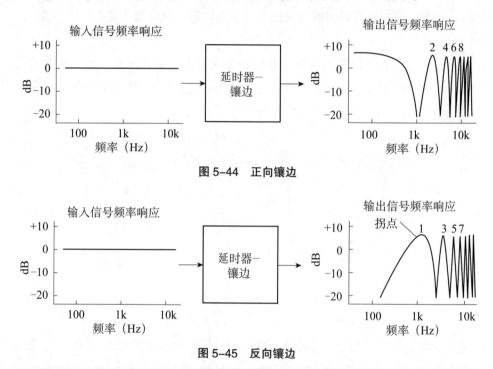

图 5-44　正向镶边

图 5-45　反向镶边

◆合唱效果

将延时器的延时时间设置在 15ms~35ms 之间，并对延时信号进行时间调制，就可以产生合唱效果。时间调制会使得延时信号在音调上发生变化，再与原始信号叠加到一起就可以产生合唱效果了。如果要在演播室里追求一种大合唱的效果，可将信号送到辅助的延时单元中，进行不同时间的延时，然后再混合起来，并且配置在不同的声像区域，这样就可以获得更大、更亲切的合唱效果。

5.2.5　混响器

混响器也是塑造声场空间的重要效果器设备。利用混响器，不但可以调节声像的距离，还可以模拟出其他空间环境混响感。混响器的具体作用如下：

◆改变厅堂的混响时间，对"干"信号进行再加工，以增强空间感和声音的丰满度。

◆通过调节直达声和混响声的比例，可以调节声音的远近感和深度感。

◆制造一些特殊效果，如"回声"。

声学混响室是最早用来模拟混响的装置，将扬声器放在一个强反射的空间中，使发出的信号被传声器拾取后与干信号混合。此外，机械式混响器（如弹簧混响器、板混响器、箔式混响器）将电能转换成物体振动的机械能，通过机械振动模拟混响效果，然后再将这种机械振动转换为电信号。模拟电子混响器则是用模拟电路构成延时器和衰减网络，从而将信号不断地延时衰减后模拟混响效果。如今，随着数字技术的发展，数字混响器应用越来越广泛，数字混响器具有频率范围宽、混响特性好、信噪比高、调节范围大、调整方便等优点。

数字混响器的工作原理是：把模拟音频信号由输入放大器及低通滤波器处理后，经过A/D 转换，变为数字音频信号存储在移位寄存器（MOS）和随机存储器（RAM）中，经编码后的数字信号送到数字信号处理器，完成所选混响效果的处理过程。其中只读存储器（ROM）和随机存储器（RAM）决定所选用的效果程序类型。另外随机存储器还能对算法进行修改或调整。最后在经过 D/A 转换，由低通滤波器和输出放大器输出。采用数字混响器对信号的电平、位置、延迟时间以及混响信息均可以自由控制，无频率畸变和染色失真现象，所以能够获得更自然的混响效果。

数字混响器可调节的参量有：

◆混响时间（Decay Time 或 T_{60}）

这一参量描述信号混响声场衰减的速度。这一参量的设定值受到房间的大小、形状、反射面的类型等因素的影响。

◆高频信号的混响比例（Damping）

由于实际房间中的混响时间随着信号频率的改变而变化，并且频率越高，被墙壁、家具和空气吸收的声能越大。所以，如果混响器中设定高频信号的混响比例的比值越大，说明房间的边界材料是弱吸声的，或者声源与听众较近。

◆扩散（Diffusion）

真实的声学空间的边界情况是很复杂的。扩散参量描述的就是不规则性或复杂性。如果该参量很小，那么产生的混响声很干净，并且比较"硬"，如果该参量增大，那么就增大了反射声的复杂性，使混响声比较丰满、厚实。

◆初始延时或预延时（Pre Delay）

该参量描述的是直达声与早期反射声之间的时间间隔。该参量的大小，影响人耳对声场的空间感的感觉。该参量值越大，说明声学空间越大。

◆混响延时（Latency）

它是指从早期反射声建立到起高密度的混响声所需的时间。如果这个参量值小，就说明房间是个活跃的声学空间，反之较为沉寂。

◆反射声密度（Density）

该参量控制的是效果中反射声的密度。一般来说，空间越大，反射声的密度就越小，而小房间中，反射声的密度很大，混响声也比较紧。

◆效果电平与直达声电平的比例（Wet/Dry）

输出效果电平与直达声电平的比例，也叫作干湿比。

5.3　声像定位与声像畸变的听辨

5.3.1　声像定位及宽度的听辨

5.3.1.1　短延时声像定位及宽度变化听辨

在心理声学中，相关学者做过延时时间变化与声音定位及音色感知的实验。在常规的双声道立体声重放系统中，两支扬声器被馈送无声压级差的完全相同的声音信号，对其中一支扬声器进行延时处理。结果发现，当延时时间为 0ms 时，声像定位在两扬声器的中间；当延时增大时，声像位置偏向未延时的扬声器；当延时增大到 1.5ms~3.5ms（与扬声器的张角，重放声压级等有关）时，声像定位于未延时的扬声器，此时如果继续增大延时，声像位置不会改变，即声像位置由先到的声源位置决定。当延时继续增大时，听到的声像将发生一些改变，例如声像变宽、声像偏离第一声源方向、音色发生改变等。当继续增大延时时间，声像将分离为两个，一个来自先到的扬声器，另一个来自有延时的扬声器，此时产生回声现象。针对上述的听音现象，形成了哈斯效应，也叫优先效应。哈斯效应指出，声音的定位由先导声决定，在先导声后 5ms~35ms 到达人耳的延时声不会影响声源的定位，但可以增强声音的音色；当延时声的延时时间在 35ms~50ms 之间时，延迟声的存在能够被识别出来，但是仍然感觉声源来自先导声方向；只有当延时超过 50ms 时，延时声才可能以回声的形式被听到。当然是否是在 50ms 以后听到回声现象还与声音类型有关。

本节听辨内容就是训练延时时间与声音定位及音色感知的关系。训练的素材包括板鼓、粉红噪声和女声独唱乐段，听辨的延时时间共有 36 个，范围从 0ms~170ms，分别是0ms，0.1ms，0.2ms，0.3ms，0.4ms，0.5ms，0.6ms，0.7ms，0.8ms，0.9ms，1ms，1.2ms，1.5ms，2ms，2.5ms，3ms，4ms，5ms，6ms，7ms，8ms，10ms，12ms，15ms，20ms，25ms，30ms，40ms，50ms，60ms，70ms，85ms，100ms，120ms，140ms，170ms。请在双声道立体声重放系统中播放，左声道为原始信号，右声道为延时信号，关注随着延时时

间的增长，声音定位的变化，及三种不同声音素材出现回声的时间点。此外，也可以进行单声道监听，听辨随着延时时间的变化，声音音色的变化。所有信号使用到的延时器插件为 Mod Delay Ⅲ。

训练 5-1（音频文件 5-1）：板鼓

训练 5-2（音频文件 5-2）：粉红噪声

训练 5-3（音频文件 5-3）：独唱女声

5.3.1.2　特殊延时效果的声像宽度变化

本节听辨由延时器制作的多种声音效果，主要包括合唱效果、镶边效果。合唱效果使用的效果插件是 Air Chrous，镶边效果使用的效果插件是 Air Flanger。

训练 5-4（音频文件 5-4）：镶边效果

训练 5-5（音频文件 5-5）：合唱效果

练习 5-1（音频文件 5 6 至文件 5 11）：声像配置对延时效果及合唱效果的影响听辨练习。 用单声道或立体声传声器录制女声独唱，然后对人声进行不同的延时处理，如下所示，仔细听辨六段声音素材分别进行哪种声音处理，并将相应的序号填写在下表中。

（1）单声道录制

（2）单声道分别录制人声的两个声部，然后进行叠加

（3）单声道的录制人声放置在左声道，合唱效果声放置在右声道

（4）立体声录制的人声

（5）立体声录制的人声叠加合唱效果声

（6）单声道录制的人声叠加合唱效果声

声音 A	声音 B	声音 C	声音 D	声音 E	声音 F

5.3.1.3　双声道与单声道的声像宽度

由于当前电视台的模拟标清节目播出仍以单声道为主，会经常存在将双声道立体声节目下变换成单声道的情况。如何区分单声道和双声道立体声信号，是进行声像定位首先要解决的问题。

单声道是只使用一个声道进行重放的声音形式，如图 5-46 所示。声音拾取时可以只用一支传声器，也可以将若干支传声器拾取的声音信号混合成为一个声道的记录信号。声音重放一般使用一支扬声器，或是使用若干支扬声器重放相同的信号。单声道系统可以给听众带来如下的声音信息：

（1）还原声源的声音特点

通常我们用响度、音调和音色来描述声音，这三部分也称为声音的三要素。在单声道系统中，听者是可以分辨出声音的三要素的。例如重放一段单声道的语音信号，我们可以判断出是男声、女声还是童声，声音明亮还是浑厚，及音量是高还是低等。

（2）再现声源的距离和声场信息

听者还可以通过单声道系统在一定程度上获知声源距离的远近及声场色彩。假设听者在听一段单声道的交响乐，基本上还是可以判断出拉弦乐组距离较近，铜管乐组距离较远，交响乐队所在的声场是活跃还是沉寂的。

但是单声道系统对于声源的空间定位、相对运动、相互距离及空间尺寸等重要特性是无法表现出来的，这与人类在实践活动中听到的各种声源的真实体验相去甚远，在声源的定位信息和声场空间感方面还需要改进。

双声道立体声系统使用两个声道，并且两个声道在录音和放音的过程中是相互独立的，但两个声道信号在声学上又相互关联，如图 5-47 所示。双声道立体声自问世以来，被广泛地应用在广播、电视、电影及唱片等多个领域。

双声道立体声系统除了能传递单声道所带来的声音信息，还给听者带来新的听觉体验，主要体现在以下几个方面：

◆再现声音的前方定位信息

双声道立体声系统通过在听者前方并排摆放两支扬声器构成一个完整的声像重放组合，将单声道系统重现的"点"声源，变成了"线"声源。该系统主要利用双耳时间差、强度差等"双耳效应"来产生"听觉幻象"，达到对前方声源横向、纵向的定位。如果用单声道系统聆听交响乐，听者只能感受到乐队集中于一点，而采用双声道立体声系统，听

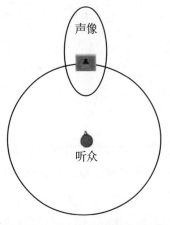

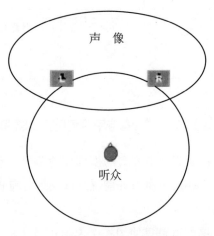

图 5-46　单声道系统重放示意图　　　　图 5-47 双声道立体声系统重放示意图

者可以充分感受到整个乐队的宽度感和展开感。每件乐器、每一组乐器都可以比较准确地分布到各自的位置，因而在两支扬声器之间呈现出整个乐队完整的声像群。

◆体现声音的空间信息

由于有两个独立的声道存在，以及它们之间虚拟声场的相互融合，双声道立体声系统可以表现声源所在空间丰富的反射声和混响声的分布，使得该系统在前方声场空间信息的再现上有良好的表现。该系统给听者的感受可以表述为，不同的声源来自前方的各个方向，如同面向大海时，一个巨大的海浪迎面袭来，这种体验已经较为接近人类聆听真实声源的感受。

本节听辨双声道立体声与单声道声音在声像定位及音色上的差异，听辨素材均为音乐素材。

训练 5-6（音频文件 5-12）：双声道立体声素材下变换成单声道。在聆听单声道信号时，感知可能由于梳状滤波效应带来的音色变化。

训练 5-7（音频文件 5-13）：单声道素材上变换成假的双声道立体声，采用的效果插件是 Waves PS22 Split。

5.3.2　声像距离的听辨

5.3.2.1　声源距传声器位置的不同产生声像距离的听辨

训练 5-8：短混响空间中单个乐器声像前后位置的听辨

在短混响空间录音时，声源距传声器位置的不同使录制声音的响度有所不同，从而可以感知出声像距离的差异。

请听辨音频文件 5-14，在短混响录音棚录制的小号声音，第一段声音传声器距乐器约 20cm，第二段声音传声器距声源约为 1m，请感知两段声像的距离。

5.3.2.2 延时器产生声像位置的变化

延时器可将声音到达话筒的时间滞后，因此会产生声像的位置后移。

训练 5-9（音频文件 5-15）：请听辨以下两段声音，感知加入延时后与未加延时时声像距离的不同。

5.3.2.3 混响器产生声像位置的变化

混响器增加了声音的混响声能，因此也可将声音会产生声像的位置后移。

训练 5-10（音频文件 5-16）：请听辨以下两段声音，感知加入混响后与未加混响时声像距离的不同。

练习 5-2（音频文件 5-17） 声像距离的听辨

以下 4 组声音有两段音乐，请选出声像较近的那段音乐。

	A	B
1		
2		
3		
4		

5.3.3 双声道立体声的反相畸变

在进行双声道立体声声像听辨的过程中，可能会出现反相的问题。反相问题会对声音信号的质量产生较大的影响。因此能识别出反相的声音效果并搞清楚反相的原因及处理方法十分必要。对双声道立体声节目而言，反相通常包括两种类型，一种是声像反向，另一种是相位反相。单声道节目只存在相位反相问题。

5.3.3.1 声像反向

声像这个概念，正如上文中所提及的，是人耳对扬声器重放声源方位的一种感知和定位，声源的定位可以随着左、右扬声器重放信号的时间差和强度差改变而改变。在声音后期制作时，可以根据预想的声像，用声像移动电位器把各个声源的方位安排在立体声阵列中的任何一个幻象位置上。

声像反向是指听觉上感知到声场中的声源左右位置颠倒，如图 5-48 所示。在这个录制弦乐四重奏的例子中，声源在声场中位置从左至右依次是第一小提琴，第二小提琴，中提琴和大提琴，如果发生声像反向，重放出来的弦乐四重奏从左至右的顺序将变为大提琴、中提琴、第二小提琴和第一小提琴。

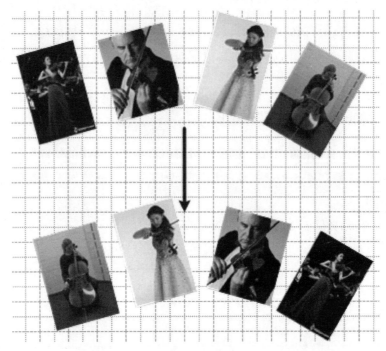

图 5-48　声像反向

在实际工作中，产生声像反向的原因主要有以下几种情况：

◆在录制节目时左右声像移动电位器设置反了，即把左边的声源定位到右边，右边的定位到左边。

◆在立体声节目录制时，输入到记录设备的左右声道连接线接反。

◆在监听立体声节目时，连接左右扬声器的连接线接反。

5.3.3.2　相位反相

在物理学中，交流信号的大小和方向是随时间变化的。相位是反映交流信号任一时刻状态的物理量。双声道立体声音频信号的左右声道之间存在的相位差别，称为相位差。当两者的相位差正好等于 180° 时，称为相位反相。以播放正弦信号为例，如果左右声道播放的正弦信号完全同相，叠加后则信号加倍；如果左右声道播放的正弦信号完全反相，叠加后信号将抵消，如图 5-49 所示。对于语音或乐音的双声道立体声节目而言，出现相位反相的问题后，虽然不会像正弦波那样导致信号完全抵消掉，但是也会导致部分声音成分相互抵消掉，声源的位置飘忽不定，声像定位模糊且混乱，立体声像会跑到两支扬声器的外侧。因此在混音中，为了让信号中低频部分产生包围的感觉，可以通过对左右声道中的其中一个声道信号进行相位反转来实现，这称为界外立体声。在当前某些音频设备所提供的 3D 音效也采用界外立体声的方法来获得环绕感。

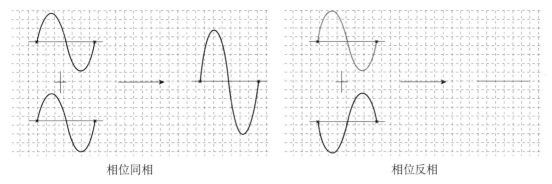

相位同相　　　　　　　　　　　　　相位反相

图 5-49　相位同相与反相

在声音制作过程中，造成相位反相的原因主要有以下几种：

◆在前期录制过程中，传声器设置不当，导致多支传声器拾取到的声音信号存在相位差而导致反相。

◆进行设备连接线焊接时，正负线接反。以卡侬接口为例，我们知道卡侬接口的三个管脚依次是："1"为接地端，"2"为信号正端，"3"为信号负端，若 2、3 接反就会造成相位反相，如图 5-50 所示。

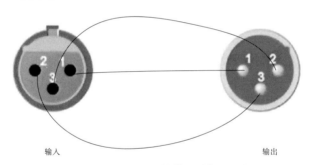

输入　　　　　　　　　　　　　　　输出

图 5-50　连接端口接错导致相位反相

◆在调音台或音频工作站中误操作倒相设置

当出现相位反相问题的时候，如果一时不能判断，可以将监听系统切换成单声道模式，仔细听辨信号是否发生较为明显的衰减。在实际工作中，我们也可以借助相关表帮助监看是否出现相位反相的问题。相关表显示双声道立体声信号的相关性，即左声道和右声道信号之间的瞬间相位差。通过观察相关表，不仅可以检查节目是单声道还是双声道立体声，而且还可以观察相位是否正常。图 5-51 显示了单频信号的李萨育图形与相关表显示。图 5-52 显示了双声道立体声节目的相位正反时相关表显示情况。

训练 5-11（音频文件 5-18）：双声道立体声信号的声像反向

训练 5-12（音频文件 5-19）：双声道立体声信号的相位反相，右声道信号 180º 反相

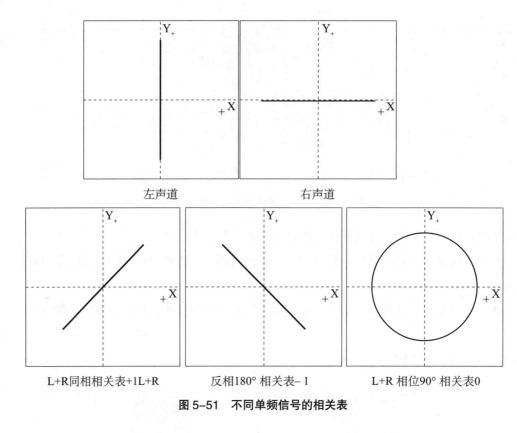

左声道　　　　　　　　　右声道

L+R同相相关表+1L+R　　　反相180° 相关表– 1　　　L+R 相位90° 相关表0

图 5–51　不同单频信号的相关表

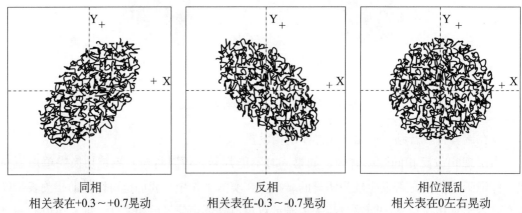

同相　　　　　　　　　反相　　　　　　　　　相位混乱
相关表在+0.3～+0.7晃动　　相关表在-0.3～-0.7晃动　　相关表在0左右晃动

图 5–52　双声道立体声节目信号的相关表演示图

5.3.4　拾音制式的声像定位与畸变

5.3.4.1　双声道立体声拾音系统的声像定位与畸变

在使用双声道立体声拾音系统进行前期录制时，我们通常要反复调整传声器系统与声源的距离，谨慎选择传声器的指向性等技术细节，以便保证拾音系统的拾音范围与乐队声源的宽度相一致，保证准确的声像定位。声像定位准确不仅表现在立体声重放的水平方向，也表现在纵深方向上。然而，听者对水平方向的感知要比纵深方向的感知明显很多，因此本书主要讨论水平方向的声像定位问题。

对于没有工作经验的录音师而言，在从事录音工作时，很难一次性就把传声器拾音系统设置得很理想，容易出现拾音范围与声源宽度不一致的情况，会导致声像定位畸变。如果拾音范围比声源宽度大，则会出现中空效应；如果拾音范围比声源宽度小，会出现声像集中。图 5-53 以弦乐队为例，显示了拾音范围不同所造成的声像定位的变化情况。

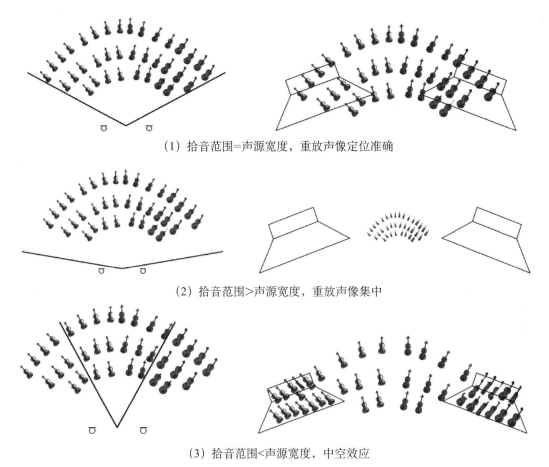

（1）拾音范围=声源宽度，重放声像定位准确

（2）拾音范围>声源宽度，重放声像集中

（3）拾音范围<声源宽度，中空效应

图 5-53　拾音范围不同所造成的声像定位变化情况

当拾音范围大于声源宽度时，声源仅仅占据拾音范围的中间一部分，重放时使得乐队的声像主要集中在中间，形成声像集中的现象。而当拾音范围小于声源宽度时，会发现仅有弦乐队的第二小提琴组和中提琴组能够在重放时将声像展开，而第一小提琴组的声音全部堆积到左扬声器，大提琴组的声音全部堆积到右扬声器。从听感上感觉乐队的声像拥挤在两侧，中间声音听起来较为稀疏，形成中间空，两侧重的中空效应。因此在前期设置传声器系统时，录音师应该能准确听辨出由于拾音范围设置不当造成的声像定位畸变情况。

训练 5-13：AB 立体声拾音制式的声像定位与畸变

图 5-54　AB 制式拾取室内乐

三种不同间距的 AB 制式拾取室内乐，传声器摆位如图 5-54 所示，间距分别是 17.5cm、35cm 和 70cm。由于传声器间距与拾音范围成反比，因此间距过小时会导致拾音范围过大，从而产生声像集中，间距过大时会导致拾音范围过小，从而产生中空效应。仔细对比这三种不同间距的传声器系统拾取的信号差别，区分声像集中、声像准确和中空效应的区别。

间距 17.5cm（音频文件 5-20）：声像集中

间距 35cm（音频文件 5-21）：声像定位相对准确

间距 70cm（音频文件 5-22）：中空效应

训练 5-14：XY 立体声拾音制式的声像定位与畸变

四种不同膜片夹角的 XY 制式拾取流行乐队，如图 5-55 所示。根据之前的分析，我们知道膜片夹角与拾音范围成反比，夹角越大，拾音范围越小。与 AB 制式的听辨相类似，感知拾音范围变化所引起的声像集中或中空效应等现象。特别注意的是夹角为 120º 的 XY 制式是反相设置的，因此这个素材会造成声音定位模糊，声场扩展的听音感受。

夹角 30º 同相设置（音频文件 5-23）：声像集中

夹角 90º 同相设置（音频文件 5-24）：声像定位相对准确

夹角 120º 反相设置（音频文件 5-25）：声像定位模糊

夹角 180º 同相设置（音频文件 5-26）：中空效应

图 5-55 XY 制式拾取流行乐队

5.3.4.2 多声道环绕声拾音的声像定位与畸变听辨

训练 5-15：多声道拾音制式中的主传声器听辨

听辨 INA3、OCT 和 Decca Tree 的差别，环境传声器系统全部采用 Hamasaki Square。仔细聆听对比后发现，Decca Tree 声像深度较好，但定位略差；INA3 和 OCT 定位较好，但声像深度和低音效应略有不足。

INA3+Hamasaki Square（音频文件 5-27）

OCT+Hamasaki Square（音频文件 5-28）

Decca Tree+Hamasaki Square（音频文件 5-29）

5.3.4.3 拾音制式声像定位与畸变的练习

◆练习 5-3（音频文件 5-30 至文件 5-33） MS 拾音制式的声像定位

使用四种不同设置的 MS 立体声拾音制式拾取室内乐，传声器的位置如图 5-56 所示。四种 MS 拾音制式的不同之处在于 M 传声器的指向性不同，分别是全指向，宽心形，心形和 8 字形。仔细聆听以下四段旋律，将 M 传声器的指向性填写在不同旋律对应的空白处。

图 5-56　不同设置的 MS 拾音制式录制室内乐

声音 A	声音 B	声音 C	声音 D

◆练习 5-4（音频文件 5-34 至文件 5-37）　听辨不同立体声拾音制式录制钢琴音色的差异

采用四种不同的拾音方法录制钢琴音色，使用的传声器型号为 Neumman 的 TLM 170 R，四种拾音方法摆位如图 5-57 所示，具体的设置分别是：

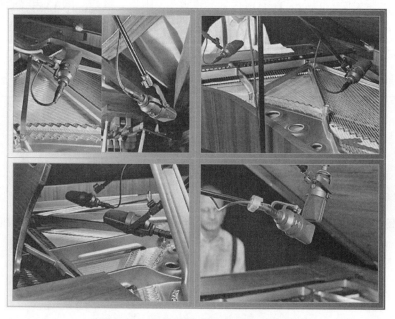

图 5-57　不同拾音方法录制钢琴音色

（1）上下拾音：传声器采用心形指向 L=60%L+40%R　R=40%L+60%R

（2）低音区／高音区拾音：传声器采用心形指向 L=100%L　R=100%R

（3）左右拾音：传声器采用心形指向 L=100%L　R=100%R

（4）MS 拾音：M 采用心形指向 S/M=1

仔细聆听以下四段旋律，将不同的拾音方法的标号填写在相应的空白处。

声音 A	声音 B	声音 C	声音 D

◆练习 5-5（音频文件 5-38 至文件 5-41）　不同立体声拾音制式录制钢琴音色

采用四种不同立体声拾音制式录制钢琴音色，如图 5-58 所示。四种不同的立体声拾音制式分别是：

（1）AB 制式：全指向传声器，左传声器放置在钢琴的高频区，右传声器放置在钢琴的低频区

（2）Dummy Haed（仿真头）：放置在演奏者的后面

（3）上下摆放的界面传声器：左声道信号为设置在地面上界面传声器信号，右声道信号为设置在钢琴上盖板的界面传声器信号

（4）OSS 制式：设置上在面向钢琴上盖板的位置处

仔细聆听以下四段旋律，将不同的拾音方法的标号填写在相应的空白处。

图 5-58　不同立体声拾音制式录制钢琴

声音 A	声音 B	声音 C	声音 D

5.4　空间感的听辨

5.4.1　环境声拾音制式空间感的听辨

训练 5-16：多声道拾音制式中的环境传声器空间感的听辨

选取 Hamasaki Square 和 IRT Cross 两种典型的环境声拾音制式，对比两者空间感的差异。相对而言，IRT Cross 的定位信息更加明晰，Hamasaki Square 的包围感和融合感更好。

Hamasaki Square（音频文件 5-42）

IRT Cross（音频文件 5-43）

5.4.2　混响时间的听辨

混响时间是判断空间感的重要依据，它不但可以体现房间的大小还可以体现房间的吸声情况。

5.4.2.1　脉冲声的混响时间

在测量房间的混响时间时，简易的方法是在房间内发出一个脉冲信号（如气球爆破、发令枪、击掌等），脉冲声在房间中传播后将携带房间响应，通过这个房间脉冲响应就可以计算房间的混响时间。在没有测量设备时，有经验的专业人员可以通过聆听这个脉冲声来判断房间的混响时间。

训练 5-17（音频文件 5-44）：脉冲声的混响时间

以下脉冲声的混响时间依次为：0.5s，1s，1.5s，2s，3s，4s，请感知脉冲声的差异，并记住每种混响时间的感觉。

练习 5-6（音频文件 5-45）　判断听到的脉冲声的混响时间，并将序号填在相应的空格内。

混响	0.5s	1s	1.5s	2s	3s	4s
序号						

5.4.2.2　独奏乐器混响时间的听辨

训练 5-18（音频文件 5-46）：独奏乐器的混响时间

将在短混响棚录制的独奏乐器与房间脉冲响应卷积，即可得到不同混响时间的乐器声。以下乐器声的混响时间依次为：0.5s，1s，1.5s，2s，3s，4s，请感知乐器声的差异，并记住每种混响时间的感觉。

练习 5-7（音频文件 5-47）判断听到的独奏乐器的混响时间，并将序号填在相应的空格内。

混响时间	0.5s	1s	1.5s	2s	3s	4s
序号						

5.4.3　混响器参量的听辨

5.4.3.1　预延时的听辨

训练 5-19（音频文件 5-48）：独奏乐器的不同预延时

在短混响棚录制的干声，通过 Nuendo 自带的混响器 Roomworks 处理，固定混响时间为 1.5s，干湿比为 100%，预延时如下：

声音序号	1	2	3	4	5
预延时	0ms	50ms	100ms	150ms	200ms

5.4.3.2　干湿比的听辨

训练 5-20（音频文件 5-49）：独奏乐器的不同干湿比

将在短混响棚录制的干声，通过 Nuendo 自带的混响器 Roomworks 处理，固定混响时间为 1.5s，预延时为 50ms，干湿比如下：

声音序号	1	2	3	4	5
干湿比	0%	20%	50%	80%	100%

干湿比 0% 全为干声，干湿比 100% 全为湿声，请比较声音的差异。

练习答案

练习 5-1

声音 A	声音 B	声音 C	声音 D	声音 E	声音 F
4	5	2	3	6	1

练习 5-3

声音 A	声音 B	声音 C	声音 D
全指向	心形	宽心形	8字形

练习 5-4

声音 A	声音 B	声音 C	声音 D
1	2	3	4

练习 5-5

声音 A	声音 B	声音 C	声音 D
3	1	2	4

练习 5-7

混响时间	0.5s	1s	1.5s	2s	3s	4s
序号	6	2	1	3	5	4

思考与研讨题

1. 人耳对单声源如何定位？

2. 双声道立体声如何形成声像左右定位？

3. 人耳对距离的感知受哪些因素影响？

4. 什么是中空效应及声像集中？是由什么原因引起的？

5. 阐述产生双声道立体声相位反相的原因。

6. 如何消除环绕声主拾音制式的三重幻象声源？

延伸阅读：

［1］李伟.立体声拾音技术［M］.北京：中国广播电视出版社，2004.

［2］王鑫，唐舒岩.数字声频多声道环绕声技术［M］.北京：人民邮电出版社，2008.

［3］COREY J.听音训练手册［M］.朱伟，译.北京：人民邮电出版社，2011.

［4］谢菠荪.头相关传输函数与虚拟听觉［M］.北京：国防工业出版社，2008.

［5］管善群.立体声纵论［J］.应用声学，1995，14（6）：6-11.

［6］朱伟.数字声频与广播播控技术［M］.北京：中国广播电视出版社，2005.

［7］陈小平.声音与人耳听觉［M］.北京：中国广播电视出版社，2006.

本章所用音乐版权：

1. 极致立体声五号·绝对人声－美女与野兽，ABC 唱片，K2-098，2004.

2. EBU－SQAM：Recordings for subjective tests－Castanets，1988.

3. Miranda Lambert：The House That Built Me，Columbia Nashville，2009.

4. 宋飞：清明上河图－抬轿图，广东音像出版社，SLCD-0013，2006.

5. 粉墨是梦－粤剧·蝴蝶夫人，瑞鸣唱片，RMCD-1010，2006.

6. 小曲儿－天津时调：翻江倒海，瑞鸣唱片，RMCD-1028.

7. Sound Engineer Contest A-1，C-1，C-6，C-8，C-13，Neumman Company，2003.

主观评价篇

6　音质主观评价与实验心理学

本章要点

1. 了解心理实验的基本要素

2. 掌握音质主观评价的流程

3. 了解常用的音质主观评价术语

关键术语

主试、被试、自变量、因变量、控制变量、评价方法、统计分析音质主观评价是指通过人对声音的感知，即建立在对声音响度、音调、音色、时长等感觉之上对声音综合属性的感知，然后通过知觉、记忆、思维等心理活动对声音质量进行分析和评价。因此，音质主观评价实际上是将人对声音的心理感知活动进行定性或定量表达。要想将人的心理活动进行定量的表达，采用实验的方法是一个很好的选择。因此实验心理学与音质主观评价密切相关。

6.1　实验心理学概述

实验心理学是在实验控制条件下研究心理和行为规律的科学，即"实验的"心理学。实验法是现代心理学研究中普遍应用的研究方法，而且应用范围正日益扩大。

与自然观察法相比，实验法具有以下特点：

（1）目的性强。实验者总是带着特定的目的进行实验，具有明确的目的性。

（2）可以经济、迅速有效地获得数据。实验者设置的实验条件为其观察创造了最好的条件，实验者可以在做好测量和记录的充分准备后再开始实验，从而充分地进行精密观察。

（3）可重复性。实验者设定了明确的实验条件，别人就可以重复实验，对其结果做独立的检验。这一点是非常重要的，只有能够按照相同的程序被重复验证的事实，才能构成科学的知识。

（4）实验者可以控制一切条件使之恒定，通过改变某一条件，同时控制无关变量，检验实验结果是否是该条件引起的，从而进行因果关系的判断。

实验心理学的目的是要说明和解释人在完成某种任务时的心理活动是如何进行的，即通过刺激和反应之间的关系来推断心理活动的方式。在音质主观评价过程中，刺激即各种声音物理表现，如声压级、频率、音色、时长等，反应除了包括对响度、音调、音色、时长单一属性感知之外，也包括声音质量综合喜好选择、评定等。

6.2　心理实验的基本要素

所谓心理实验是指在严密控制的条件下，有组织地逐次变化条件，根据观察、记录、测定与此相伴的心理现象的变化，确定条件与心理现象之间的关系。完成一项心理实验要包含以下几个要素。

6.2.1　心理实验的两个主体

主试和被试是实验心理学中常用的两个名词。主试是实验的设计者，他发出刺激给被试，通过实验收集心理学的资料。针对音质主观评价实验而言，主试需要掌握实验心理学、心理声学、信号处理、音乐声学等方面的基础知识，主要应具备以下的能力：

（1）实验设计能力：主试需要根据实验的目的，明确实验中的自变量、因变量和控制变量，选择合适的实验方法、缜密的设计实验步骤以保证实验的效度。

（2）实验实施能力：在实验实施过程中，主试需要对听音室的监听环境及重放系统进行校准，并且能够对被试明确地交代实验任务，保证实验顺利的完成。

（3）数据处理和分析能力：实验数据收集后，主试能够熟练地运用数理统计方法，进行被试信度，实验效度检验，完成数据的处理和分析，得到有效的实验结果。

被试是实验对象，接受主试发出的刺激并做出反应。在音质主观评价中，实验的刺激是声音信号，往往以音乐声为主。这需要被试不仅具有听辨音高、响度等声音基本要素的能力，更需要具有一定的音乐鉴赏和分析能力。听音的准确程度，与被试对声音和音乐的理解能力、耳朵的听力好坏、听觉心理和对声音的认知程度等有重要关系。学会全面、真实、准确地判断声音，需要科学地进行审听训练。

在实验中，处理好主试和被试的关系是实验取得成功的　个重要因素。主试对被试的干预及被试对主试的实验态度都会对实验结果产生影响。由于心理实验都是通过被试完成任务的方式进行的，所以主试对被试最直接的干预是向被试交代任务。主试在交代任务时对被试所讲的话，在心理实验中称为指导语。以人为被试时，指导语在实验中不仅是向被试说明实验，更重要的是给被试设定题目。这也是控制被试这一有机体变量的一种手段。心理实验需要指导语来控制被试的态度和反应的定向。指导语对实验结果影响很大，不同的指导语会产生不同的实验结果。因此，主试在给出指导语时应注意以下几点：

（1）按照实验的目的要求，确定指导语的内容。指导语的内容既要说明实验内容，又要向被试提出要求，不同的实验会有不同的要求，有的要求被试尽量做得准确，有的要求尽量做得快。此外，是让被试按特殊的方式完成某任务，还是让他随便用什么方式去完成任务，都需交代清楚。简单而言，被试听完指导语后，应该明白要做什么。指导语中不应该出现对结果有不良影响的话语。主试事先要严格确定内容，并写到指导语中。

（2）在指导语中，要把被试应当知道的事交代完全。主试要求被试所做的事，可能是他从未做过的，要说明将给他呈现什么，要他怎么做等内容。

（3）指导语要标准化，应在实验前全文写成，不能临时拟定，信口开河。在实验过程中，同一指导语要前后一致，不要中途更改语句或词语。提前录制指导语是使指导语标准化的一种好方法。

（4）指导语要简单明了，用语确切，通俗易懂，不用专业术语，更不要模棱两可。要保证被试确实能听懂指导语。

在指导语不能充分控制反应时，就要很好地考虑刺激条件和实验装置，使刺激条件、实验装置与指导语配合起来，让被试只能做出主试所要求的反应。

6.2.2　心理实验的三个变量

变量是指数量上或质量上可变的事物的属性。一项心理实验包含三种变量：自变量、因变量和额外变量。

6.2.2.1　自变量

自变量即刺激变量，它是由主试选择、控制的变量，决定着被试行为或心理的变化。自变量又包含以下四种类型：

（1）刺激特点自变量。刺激的不同特性会引起被试的不同反应。如声音的电平大小，厅堂的混响时间等。

（2）环境特点自变量。进行实验时环境的各种特点。如，实验时的天气、噪音、温度、时间等。

（3）被试特点自变量。一个人的各种特点，如年龄、性别、职业等。主试只能选择，不能任意调节这些自变量。

（4）暂时造成的被试差别。通常是由于主试给予不同的指示语造成的差别。

对于音质主观评价的自变量可以是录音方式、厅堂环境、声频设备或节目源等。

6.2.2.2　因变量

因变量即被试的反应变量，它是自变量造成的结果，因变量的种类也有很多，一般有以下几种类型：

（1）准确性、正确率或错误率。

（2）速度或敏捷度。反应时间也可作为速度的指标。

（3）概率或频率。例如阈限的测定，根据"正"反应的概率来计算。

（4）反应的强度或力量。

（5）各种心理测验的量表分数及被试的评定分数。音质主观评价的因变量主要是这一方面。

（6）高次反应变量，即用一个图或表表示反应的多种情况，如学习曲线，既可以表示学习的正确率，又能表示整个学习的进程情况。

对于音质主观评价的因变量往往是人对声音的主观感受，如清晰度，混响感，包围感等。

6.2.2.3　额外变量

额外变量也叫控制变量，无关变量，是在刺激作用到被试的过程中，除了自变量以外作用到被试身上，对其产生影响的变量。在实验中应该保持额外变量恒定不变，保证被试的反应结果即因变量只单纯由自变量造成。

　　暂时的被试变量不作为自变量时，会影响被试的反应，应作为额外变量加以控制。暂时的被试变量是指非持续性的被试机能状态，例如疲劳、兴奋水平、诱因、抑制等。对被试变量的控制方法有指导语控制、主试对待被试的规范化、控制被试个体差异等。

　　不作为自变量的环境变量也可以用一些方法消除，如心理实验在暗室、隔音室进行，可以消除一些无关的视觉刺激和听觉刺激。

6.2.3　心理实验的结果表示

　　如前所述，心理实验的本质是根据某一法则将心理量数量化，即在一个有参照点和单位的连续体上把心理属性表现出来，这个连续体称为心理量表。物理刺激可以有物理量表（测量工具）来测量，例如，一个家具的长、宽、高我们用米来度量。这些物理量表经过人类长期的努力，已日臻完善，有些已经有了国际化的标准测量单位。心理量大小的变化也可以用心理量表来表示。

　　如要测量听觉心理属性，只要将听觉心理属性放在这个连续体的适当位置上，看它们距参照点的远近，便会得到一个测量值，这个测量值就是对这一听觉属性数量化的说明。

　　根据不同测量水平产生了三种类型的量表：等级量表、等距量表、等比量表。

　　（1）等级量表

　　等级量表也叫顺序量表或顺序尺度，它将对象的某一属性分成等级，用数字表示并排出顺序。等级量表反映事物类别的差不必相同，不具有等距性。这种量表没有相等单位，也没有绝对零点，只是得到排序，因此是比较粗糙的测量表。等级量表满足以下条件：

　　设 n 个对象可以按顺序排列成 $c_1 > c_2 > \cdots\cdots > c_n$。对任意的 i、j，如果 $c_i > c_j$，则 $f(c_i) > f(c_j)$；反之，如果 $f(c_i) > f(c_j)$，则 $c_i > c_j$，则 f 称为顺序尺度。

　　例如在听辨 3 个纯音信号（分别用 A、B、C 来表示）的音高时，发现 A 信号的音高最高，其次是 B 信号，最后是 C 信号。这样就可以按照音的高低排出一个顺序，制作音高量表。但是因为它没有相等单位，所以即使知道 A 与 B 信号之间相差 500 美，也不能以此推断出 B 与 C 信号之间相差多少；又因为它没有绝对零点，所以也不能推断 B 信号的音高是 C 信号的多少倍。

　　（2）等距量表

　　等距量表又叫间隔尺度，对事物属性的划分是等距的，有相等单位，可测量对象间差别，但没有绝对零点。它的参照点是人为指定的，只具有相对性质。间隔尺度可以进行加减运算和线性变换。间隔尺度的差值反映的是两个对象的距离。等距量表满足以下条件：

　　设 n 个对象可以按顺序排列成 $c_1 > c_2 > \cdots\cdots > c_n$，而且 c_i、c_j 间的距离 $d(c_i, c_j)$ 满足以下关系：

如果 d（c_i，c_j）=0，则 c_i = c_j 且 d（c_i，c_j）= d（c_j，c_i）；

当 c_i > c_j > c_k 时，则：

$$d（c_i，c_j）+ d（c_j，c_k）= d（c_i，c_k）$$

这时，对 i = 1，2，3……，n 和任意给定的数值 k 则：

$f（c_i）= d（c_i，c_n）+ k$ 称为间隔（或距离）尺度。

（3）比例量表（比率量表）

比例量表也称比例尺度。它是一种理想的量表，也是最高水平的测量。它除具有等距量表的一切特性之外，可具有绝对零点，可确定对象之间的比例。比率尺度可以进行加减乘除四则运算。在以上所述三种尺度中，比例量表进行运算的自由度是最大的，但是比例量表在实际中却难以构成。

6.2.4　心理实验的两个评价指标

信度和效度是评价心理实验结果的两个指标。信度是指听觉心理实验结果的可靠程度。只有测量结果接近或等于实际真值，或多次测量结果十分接近，才能认为测量结果是可靠的。科学的东西必须能够重复。两次测量的结果绝对相同是不可能的，但相对而言，它们应当具有基本的一致性，差异应该极小。信度的高低可用相关系数来表示，即用相关系数来估计两个随机变量一致性变化的程度。

效度即有效性，表示一个实验实际测量出所测特性或功能的真实性程度，或者说是指一个实验真实地测量到它所测量的东西的程度。当确定是自变量而不是其他各种因素造成了因变量的变化时，这种因变量是有效的。

有关信度和效度的具体解释详见第 8 章。

6.3　心理实验的道德准则和社会问题

音质主观评价是将人作为被试而开展的心理学实验，因此应受到道德准则的限制，这种道德准则就是被试心理上和身体上的安全要受到严格保护。美国心理学会为心理学研究者提供了道德准则指南，列出了以人为被试时研究中的十条原则，这也成为心理学研究者开展实验研究时普遍接受的准则：

（1）研究者在计划一项研究时，有责任评估适用该研究的道德原则。这种评估从科学和人类的价值出发，充分考虑各项原则的不足。因此，为了寻求道德标准以及为了保护人类被试的权益而采取种种措施，理所当然成了研究者应当履行的义务和职责。

（2）研究者考虑的首要道德准则是，根据公认的标准，考察"被试是否处于危险"或"被试是否处于最低限度的危险"。

（3）研究者在研究工作中有责任自始至终地遵守并贯彻道德准则。研究者也有责任使项目合作者、助手、学生和被雇佣者接受道德教育。

（4）除了最低限度的危险之外，研究者应当在被试参与研究之前，与被试达成清楚和公平的协议，以说明每个人的义务和责任。

（5）由于方法学的要求，研究者可能有必要在研究工作中使用隐瞒或者欺骗技术。研究者在进行此类研究之前特别应该做到：①根据研究的科学、教育或应用价值确定是否使用这些技术；②是否有替代方法，而不必采取隐瞒或欺骗；③应尽可能给参与者提供充分的解释。

（6）研究者应尊重被试在任何时候拥有的终止或退出的权利。

（7）研究者要保护被试免遭因研究过程引起的肉体和精神上的不适、伤害和危险。

（8）研究完成并获得数据后，实验者应向被试提供所有易于理解的研究真相，尽量消除被试可能产生的任何误解。当科学和人文方面的价值需要推迟或隐瞒时，研究者有监督研究的特殊职责，以确保被试不会受到伤害。

（9）当研究过程给被试造成未曾预料的后果时，研究者有责任查明、排除或纠正这些后果，包括其长期影响。

（10）研究过程中获悉的有关被试的信息是秘密的，除非事先得到被试的同意。当其他人可能接触这些信息时，研究者应向被试解释这种可能性与计划的保密性是研究程序的一部分，以得到被试的同意。

6.4　音质主观评价的流程

音质主观评价是将声音的一个或多个主观心理属性作为研究对象，通过开展科学的心理实验，从而得到听觉心理量表的过程。整个主观评价可分为三个过程：实验设计、实验开展和数据统计分析，如图 6-1 所示。

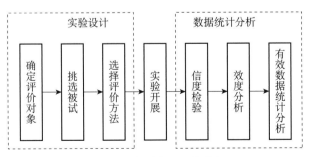

图 6-1　音质主观评价流程

实验设计是决定音质主观评价实验成功与否的关键步骤，包括确定评价对象，挑选被试和选择评价方法三个方面。实验开展部分则是影响音质主观评价效度的重要环节，而数据统计分析是决定音质主观评价结论正确与否的最后环节，包括信度检验、效度分析和有效数据统计三个部分。

6.4.1　确定评价对象

评价对象即心理实验的因变量，在音质主观评价实验中，评价对象可以是各种音质属性，如响度、清晰度、空间感、协和感等。一次实验可以评价一个对象，也可以评价多个，但要考虑被试的注意能力。

6.4.2　挑选被试

对于音质主观评价的被试是否全部采用专家这一点存在争论，一些人认为声音制品的最终听众是消费者，他们并不是接受过训练的专家，所以被试应选择普通人。但是如果全部采用非专业人士，又会出现他们对参量理解和声音鉴别困难的问题，造成实验的可靠数据太少。为了顺利开展音质主观评价实验，同时根据国家标准《广播质量声音主观评价方法和技术指标要求（GBT16463-1996）》的规定，参加音质主观评价的人员应该至少具备以下条件：

◆具有正常的听力条件，并且两耳听力应基本保持一致。

◆任何一耳在 125Hz~8kHz 的频率范围内，听力级不应高于 20dBHL。

◆具有高保真和临场听音的经验。

◆被试应对音乐基础知识有一定的了解，具有一定的音乐理解能力。

如果想提高评价结果的权威性，最好邀请音响师、录音师、音乐工作者、音乐编辑、声频工程师、声学工作者等专业人士作为被试。

被试的人数不能太少，否则会影响实验数据的可靠性。根据 GBT 28047-2011——厅堂、体育场馆扩声系统听音评价方法，对由受过训练的有相同经验的被试组成的个体间可靠性非常高的听音小组，被试的人数以 7 人为宜，具体人数和年龄构成如表 6-1 所示。而 TTU-R BS.1116 标准中提到，在技术和行为上严格控制测听测试条件的情况下，20 名被试的有效数据通常已经足够从测试中获得适当结论。当然如果被试之间的训练水平差距很大，并因此导致个体间的可靠性较低，这种情况下组成听音小组的被试人数应该更多。

6-1　国家标准中听音小组推荐的人数和年龄分布

		最少人数（5人）	推荐人数（7人）	最多人数（15人）
性　别	男	3	3 或 4	8 或 7
	女	2	4 或 3	7 或 8
年　龄	18~40 岁	2	3	5
	40~60 岁	2	2	5
	60 岁以上	1	2	5

6.4.3 选择评价方法

音质评价的方法选择要根据评价对象的不同来选取，同时也要根据音质评价的要求和实际情况权衡。常用的评价方法有恒定刺激法、对偶比较法、系列范畴法、等级打分法等。恒定刺激法用来测量等距量表，例如用来测量响度的绝对阈值或差别阈限。对偶比较法、系列范畴法、等级打分法用来测量顺序量表。其中系列范畴法和等级打分法是直接法，操作起来比较简单，快捷，但是受实验条件及被试的影响比较大，实验结果的一致性不太好。而对偶比较法为间接法，实验工作量较大，实验步骤相对复杂，但是它的一致性较好。因此对偶比较法是最常用的、客观属性最好的实验方法。

6.4.4 实验的开展

实验的开展包括实验前的准备工作，如实验信号的制作、实验环境的搭建、实验表格的制作、实验时间安排以及实验流程的确定等。实验实施过程中有可能需要开展一些预备实验以找出实验问题，然后再进行正式的实验。实验必须严格按照实验流程进行，并保证被试不能产生听觉疲劳，一般被试连续听音不得超过 30 分钟。听音间隙要保证被试有足够的休息时间，但不能产生过度的心理波动。以上每一步骤的完成都关系到实验结果的有效性，因此必须努力控制额外变量的进入。

6.4.5 数据统计分析

在进行数据统计分析之前，要对数据进行信度检验和效度分析，以避免无效数据影响实验结果。信度检验和效度分析的具体方法见第 8 章。经过二者检验后的数据为有效数据，可以进行统计分析，用到的统计分析方法有：相关分析、聚类分析、因子分析和回归分析。通过以上方法就可以得出主观评价实验结果与客观参量之间的关系。

6.5 音质主观评价的术语

针对不同的实验对象，音质主观评价的术语会有所不同。音质主观评价术语包括语言音质主观评价术语、音乐音质主观评价术语、室内音质主观评价术语以及扬声器音质主观评价术语。各种对象的评价术语目前还没有统一的标准，存在多种不同的提法。在开展音质主观评价实验时，可以根据评价要求有目的地选择其中的几个作为评价术语。虽然主观属性与某些客观参数有所对应，但客观参数并不能完全表示主观属性所带来的感知特性。以下总结了面向不同对象的常用音质主观评价术语。

6.5.1　语言音质主观评价术语

语言音质的主观属性见表 6-2。其中最重要的是语言清晰度和可懂度。语言清晰度是对语言能够听清的程度，通常以"音节清晰度"来表示。音节清晰度是语言音质主观属性中清晰度的客观标准，也是评价厅堂语言音质的主要参量。其实验结果在一定程度上综合了厅堂的响度、混响时间、声场分布、反射分布和方向性扩散等客观因素在听觉上的反映。

由于语言存在语境，往往不必听清每个字也可听懂意思，一般用"语言可懂度"表示对语言的听懂程度。汉语音节清晰度与语言可懂度之间存在一定的关系。

表 6-2　语言音质的主观属性和客观评价参数

主观属性	主观评价	客观参数或属性
响度	合适、不够、太轻	声压级
清晰度、可懂度	听得清，听不清	声压级、混响、STIPA
丰满度	丰满、干涩	低频
讲话者自我感受	不费劲、费劲	反应及时性
回声	无回声、有回声	回声干扰
噪声	安静、太吵	噪声干扰

6.5.2　音乐音质主观评价术语

评价音乐的音质效果，要比语言复杂得多，这是因为对音乐的音质评价涉及人们的主观因素，例如习惯、爱好、文化修养和欣赏能力等。虽然评价术语比较多，如明亮度、浑厚度、丰满度、柔和度、亲切感、层次感、融合度、自然度、圆润感、力度感、温暖感等，但是有些评价术语只是反映某些主观感受，还没有确切的定义和明确的指标，许多术语还有争论。部分较重要的术语所对应的客观参数见表 6-3。

表 6-3　音乐音质的评价术语和客观参数

属性	主观描述	客观属性或参数
响度（力度）	声音的听感坚实有力	声压级、动态范围
丰满度	声音融会贯通，响度适宜、听感温暖、厚实有弹性，反之"单薄""干瘪"	在 100Hz 至 300Hz 附近有足够的电平，混响时间合适
清晰度	声音层次分明，有清澈见底之感，有细节、透明、清澈、不浑浊，反之模糊、浑浊	宽而平直的频响，良好的瞬态响应，非常低的失真和噪声
融合度	各声部融合	
平衡感	各声部比例协调，高、中、低音搭配得当	响度平衡；频率平衡

属性	主观描述	客观属性或参数
空间感	体现声源所处的厅堂, 有包围感	混响时间、房间大小
立体感	声像分布连续、定位精确、有宽度感、方位感和纵深感	拾音方式、声像处理
圆润度	优美动听、饱满润泽而不尖噪, 反之粗糙	频带宽, 有一定的响度和亮度, 低音不浑, 中音不硬, 高音不刺耳
柔和度	声音温和, 不尖不破, 听感舒服、悦耳, 反之为"尖利""生硬"	高频和中高频没有被夸大或衰减
明亮度	声音明亮、活跃, 反之灰暗	高频成分丰富, 而且衰减较慢, 有丰富的高次谐音
临场感	使人感到声源就在你面前发出的那种感觉, 也就是"身临其境"的感觉	中高频的提升有助于加强现场感
真实感	保持声音原有的音色和音质	
噪声	没有受到电噪声的干扰	信噪比

6.5.3　音乐厅音质主观评价术语

音乐厅音质主观评价术语主要包括以下内容:

（1）活跃度（活度）

当中高频的混响不足时, 将感到缺乏共鸣或活跃度差。

（2）丰满度

一般泛指听到的音乐是否丰满动听, 主要与混响时间及其频率特性有关。50ms 以内的混响声对听感是有利的, 如果能量集中在这段时间内, 音乐丰满度好, 语音清晰度也高。声音起振和衰减过程的长短, 对丰满度也有影响。

（3）亲切感

小容积的厅堂有视觉和听觉的亲切感, 台上、台下易于交流, 听众能感受到节目中细腻的感情。对一个厅堂, 如果在里面演奏音乐时听起来如同在一个小厅堂中演奏时的感觉, 可以说该厅堂有亲切感。听众对大厅堂容积大小的感觉来源于初始时延间隙。当此间隙大时, 会感到厅堂大而空阔, 缺乏亲切感。有亲切感的大厅, 初始时延间隙均不超过 20ms, 同时直达声也不太弱。亲切感的获得并不是强调厅堂的容积, 而是强调厅堂内各种反射面, 特别是早期反射面的处理, 以此来缩短初始时延间隙。

（4）温暖感

温暖感又称低音感, 它定义为低音相对于中频的活跃度或者丰满感。足够的低频混响给人温暖的感觉, 实质为低音的丰满度（活度）。它和音乐厅的低频特性有关, 凡是音质有温暖感的大厅, 其低频混响时间总是以一定的比例稍长于中高频的混响时间。如低频不够，则感到缺乏低音和声音不温暖。

（5）明亮度

明亮度是指中高音的听音感觉。当中高频不足时，则感受到厅堂的明亮度较差。

（6）响度

包括直达声和混响声的响度。响度是丰满度、亲切感、温暖感和清晰度等几个量的基础。

（7）清晰度

清晰度主要有两方面的含义：一方面是指可以清楚地区别每种乐器音色，另一方面是指可以听清每个音符，尤其当音乐的节奏较快时，也能感到旋律分明。如果厅堂容积较小，混响时间比较短，并有一定数量的边棱反射声，就可保证在欣赏音乐时有较高的清晰度。

（8）平衡感

任何一个乐队的组成，各声部都是平衡的，因此要求舞台音乐罩能将平衡的音乐输送给听众，使听众不是仅能听到某一声部的声音，而是乐队整体的声音效果。

（9）扩散度

扩散度是指听到的声音有一种"柔和"的感觉，取决于音乐在室内扩散处理后达到的声场扩散程度。当感到来自各个方向的混响声幅度相类似时，扩散度是最好的。

（10）协同性

协同性是指乐队中每位演奏者能否以统一、协调的方式演奏。为了有好的协同性，演奏台上的音乐家们必须要及时地相互听到对方的演奏声，这就关系到演奏台或舞台音罩的设计是否得当。

（11）空间感

空间感是指在听交响乐时，听众感到被乐队充满空间的声音所包围。它与来自侧向的不同延时的反射声能和接收点的总声能比值有关。

（12）音质缺陷

指厅堂内有回声、颤动回声、声聚集等现象，这在音乐厅的设计中是必须避免的。

6.5.4　扬声器音质主观评价术语

通常扬声器的主观评价术语主要包含：

（1）清晰度

重放的声音清楚、干净，可以从中分辨出各种乐器，反之声音脏、模糊不清。

（2）明亮度

重放声音的明亮程度，反之声音昏暗、黑暗。

（3）丰满度

重放声音有较宽的带宽，中、低音充分，高音适度，反之声音单薄、干瘪。

（4）圆润度

重放声音饱满而润泽，反之声音尖、硬、锋利。

（5）力度

重放声音坚实有力，能反映声源的动态，反之声音软弱无力。

（6）临场感

重放声音与真实声源所发出声音的近似程度。

思考与研讨题

1. 心理实验的两个主体是什么？音质主观评价实验中对他们有什么要求？

2. 心理实验的三个变量是什么？举例说明音质主观评价中可能对应的变量。

3. 心理实验的结果如何表示？有几种类型，分别是什么？

4. 音质主观评价的流程分为几个步骤？

5. 请举出不少于 10 个音质主观评价的术语。

延伸阅读：

［1］孟子厚.音质主观评价的实验心理学方法［M］.北京：国防工业出版社，2008.

7　音质主观评价方法

本章要点

1. 绝对阈限和差别阈限

2. 恒定刺激法

3. 对偶比较法

4. 系列范畴法

5. 等级打分法

6. 双盲三刺激法

7. MUSHURA

关键术语

绝对阈限、差别阈限、恒定刺激法、对偶比较法、系列范畴法、等级打分法在进行音质主观评价实验时，最难的环节之一是根据实验对象及实验目的确定合适的音质主观评价方法。本章主要介绍四种评价方法，分别是恒定刺激法、对偶比较法、系列范畴法和等级打分法。

7.1　恒定刺激法

恒定刺激法主要用于对感觉阈限的测定。感觉阈限简称阈限，包括绝对阈限和差别阈限。在具体介绍该评价方法之前，先对感觉阈限的概念进行介绍。

7.1.1　感觉阈限

在讨论感觉阈限之前，首先应当区分感觉和其刺激。例如，白天你去电影院看电影，由于迟到，你进去的时候影厅的灯光已经关掉。刚进影厅的时候你会觉得什么都看不清，但是几分钟后，你会看到座椅上的号码。在这里，影厅残留的灯光（出口的灯光等）亮度是一回事，你主观感受到的亮度是另一回事。因此，我们必须把物理刺激及其引起的感觉区分开。感觉是物理刺激作用于感官的结果，一定的刺激作用于感官会引起一定的反应。物理刺激可以用仪器测量，如光线的强度用光度计测量，声音的强度用声级计测量，物体的温度用温度计测量等。而对由上述物理刺激分别引起的主观感觉即明度、响度，以及温度又该怎样测量呢？这其实是心理物理学探讨的问题。心理物理学家费希纳（Fechner）通过对感觉强度与刺激强度之间数量关系的长期研究，发展出测量感觉的基本方法。1860年，他发表了《心理物理学纲要》一书，为心理物理学研究方法的发展奠定了基础。费希纳的研究方法后经很多心理学家的修改与补充，成为今天常用的方法。但是这些方法的基本点仍然是费希纳所提出的，故称之为传统的心理物理学方法。传统的心理物理学方法，主要用于对感觉阈限的测定，这些方法对心理学的发展起到很好的作用。

7.1.1.1　绝对阈限

阈限是把引起一种反应的刺激，与引起另一种反应的刺激区分开的界限。例如，一个很微弱的声音作用于人耳，如果这个声音的强度在一定的数值以下，就报告"没有听到"（也是一种反应，称作副反应）。如果这个声音的强度继续增大，到一定数值时，就报告"听到了"。这个声音强度跨过了下阈，称为绝对阈限，缩写为 RL。绝对阈限在普通心理学上被定义为：刚刚能引起感觉的最小刺激强度。按照这种说法，低于绝对阈限的刺激强度我们是感觉不到的，而高于绝对阈限的刺激强度我们总是能感觉到，如图 7-1 所示。

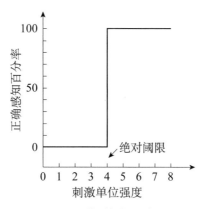

图 7-1　绝对阈限示意图

　　由图 7-1 可以看出，单位为 4 的某种刺激或 4 以上的刺激我们能 100% 觉察。而低于 4 的刺激我们则永远也不能觉察。表 7-1 列出了某些感觉的近似绝对阈限值。但是，这些感觉阈限值是否真的具有图 7-1 所示的性质呢？安静条件下，20 英尺①处的表声总是能 100% 听到吗？不一定。实际情况是，由于测试环境的微小变化以及被试情绪等心理状态的微小变化，20 英尺以外的表声有时仍能听到，而 20 英尺以内的表声，有时却听不到，正好 20 英尺处的表声有时能听到，有时不能听到。也就是说，绝对阈限并不是如图 7-1 所假设的那样，高于该阈限值能 100% 引起感觉，低于它，则完全感觉不到。实际上，从听不到到听到的感觉变化，对应于一系列强度由小到大的声音刺激。对强度小的声音刺激，我们听到的概率小些，对强度大的声音刺激，我们听到的概率大些。换句话来说，绝对阈限不是一个单一强度的刺激，而是一系列强度不同的刺激。因此，人们就把绝对阈限定义为：有 50% 的次数能引起感觉；50% 的次数不能引起感觉的那一种刺激强度，如图 7-2 所示。这个绝对阈限的定义要比普通心理学的定义更加具体，也能够操作，因此称为操作定义。有了操作定义，绝对阈限才能够用实验方法加以测定。

表 7-1　各种感觉的近似绝对阈限值

感觉种类	绝对阈限值
视觉	清晰无雾的夜晚 30 英里② 处看到的一支烛光
听觉	安静条件下 20 英尺处表的滴答声
味觉	一茶匙糖溶于 8 升水中
嗅觉	一滴香水扩散到三室一套的整个空间
触觉	一只蜜蜂的翅膀从 1cm 高处落到你的背部

① 1 英尺 =30.48cm

② 1 英里 =1.609km

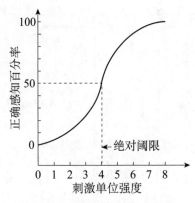

图 7-2   实际绝对阈限示意图

7.1.1.2   差别阈限

人对刺激从无到有的感觉采用绝对阈限测定，而人对刺激变化量感觉则需要用差别阈限进行衡量。差别阈限是指刚刚能引起差别感觉的刺激之间的最小差别，又被称作最小可觉差（Jnd）。以重量感知为例来说明差别阈限的含义。50g 重量放在手掌上我们得到某种重量感觉，当 50g 重量增加 0.5g 时，经过多次测量，被试每次都感觉不到重量有所增加；而当 50g 重量增加 1g 时，经过多次测量，被试每次都感觉到重量增加了，那么 51g 就是感到差别的刺激强度，而它与 50g 的差 1g 即 50g 重量的差别阈限，如图 7-3 所示。换句话说，1g 是在 50g 重量基础上所能感觉到的最小的重量刺激增量。

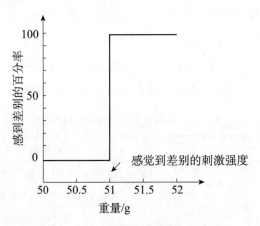

图 7-3   50g 重量的差别阈限示意图

然而，在实际感知差别阈限时，也同绝对阈限类似，由于测试环境的微小变化及被试情绪等心理状态的变化，在多次测量过程中，重量小于 51g 时被试有时也会感觉到重，而重量大于 51g 时被试有时也会感觉不到重。因此，差别阈限并不是如图 7-3 所假设的那样，而是对强度与标准刺激接近的刺激，感觉到变化的概率小些，对强度与标准刺激相差较大的刺激，感觉到的概率大些，如图 7-4 所示。所以，差别阈限的操作定义是：有 50% 的次数能觉察出差别，50% 的次数不能觉察出差别的刺激强度的差别。

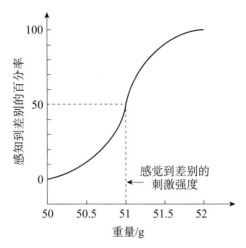

图 7-4 50g 重量的实际差别阈限示意图

从上述的例子中我们看出，50g 重量的差别阈限是 1g，而当标准刺激改为 100g 重量时，最小的刺激量增量必须是 2g，我们才能觉察出 100g 重量与 102g 重量引起的两个重量感觉是不同的。因此，最小可觉差依赖原来不同的重量刺激值，但它总是原先重量的2%，这个比例关系是由 Weber 指出的，因此被称为韦伯定律。韦伯定律可以表示为：

$$\frac{\Delta I}{I} = K$$

其中 I 是标准刺激，ΔI 是刚能够引起"较强"感觉的刺激强度增量，K 为常数，不同感觉的 K 值是不同的，如表 7-2 所示。根据韦伯定律，当刺激强度不断增大时，最小可觉差的增加量变得越来越大，但是这种增加也不是无限地进行，每一种感觉有它的限度，超出了这个限度，刺激强度再大，也不会引起再大的感觉，这就是上阈，而且在靠近上阈附近，韦伯比例就不再是常数了。同样，在下阈附近，韦伯比例也不是常数。因此韦伯定律只适用于中等强度的刺激。此外，韦伯比例随不同的实验条件、不同感觉而不同，又因人而异，只有当它与各个具体领域的研究及有关知识相联系时才有意义。因此表 7-2 提供的数据只供了解韦伯定律时参考。

表 7-2 不同感觉的韦伯比例

感觉	韦伯比例
音高 /2kHz	0.003=1/333
重压觉 /400g	0.013=1/77
视明度 /100 光子	0.016=1/62
举重 /300g	0.019=1/53
响度 /100dB，1kHz	0.088=1/11

感觉	韦伯比例
橡胶气味感 /200 嗅单位	0.100=1/10
皮肤压觉 /5gmm^{-2}	0.136=1/7
咸味感 /3molL^{-1}	0.200=1/5

7.1.2 恒定刺激法测定阈限

测量绝对阈限和差别阈限的实验方法有很多，例如最小变换法、恒定刺激法和平均误差法。由于最小变换法会带来习惯误差和期望误差，而平均误差法对一些不能轻易连续调整的刺激无法应用，相对而言恒定刺激法测定的阈限更为准确，应用也最为广泛。因此本文将着重介绍恒定刺激法，其他两种方法可以参考其他的实验心理学教材进行学习。

恒定刺激法又称为次数法、常定刺激差别法等。恒定刺激法中，刺激通常由 5~7 个刺激组成，而且这几个刺激在整个测定阈限的过程中是固定不变的，恒定刺激法也因此得名。在实验开始前，主试需要选定刺激，并随机确定各个刺激的呈现顺序。实验中，主试安排好随机顺序，反复呈现这些刺激，要求被试报告是否感觉到了刺激，主试将每次报告的结果记录在表格上。

7.1.2.1 绝对阈限的测定

1. 自变量的确定

用恒定刺激法测定绝对阈限，对于自变量也就是刺激强度的选定，通常选取感觉不到至感觉到这一过渡地带的 5~7 个等距的恒定刺激强度。所选刺激最大的强度，应为每次呈现几乎都能为被试感觉到的强度，它被感觉到的可能性不低于 95%。所选刺激的最小强度，应为每次呈现几乎都不能为被试所感觉，即它被感觉到的可能性不高于 5%。选定好刺激范围以后，再在这个范围内选出 5~7 个距离相等的刺激。每种刺激强度呈现的次数不能少于 20 次，各个刺激呈现的次数要相等，呈现的顺序要随机排列，防止任何系统性顺序出现，因而对实验要精心安排。

2. 反应变量

主试每呈现一次刺激后，要求被试如果感觉到，就报告"有"，如感觉不到，就报告"无"。主试分别将被试的上述反应记为"+"或"−"，然后根据所记录的被试反应，计算绝对阈限。

3. 阈限计算

根据绝对阈限的操作定义，有 50% 的次数被感觉到的那个刺激强度就是阈限，然而这个强度经常不是所选定的刺激强度之一。那么这个强度如何计算出来呢？下面以测定人耳感知声音低频的绝对阈限为例，说明如何用恒定刺激法测定绝对阈限及其具体的计算方法。

实验是在监听声压级为 75dBA 的情况下进行的。根据已有经验，人耳可听频率范围是 20Hz~20kHz，因此在 20Hz 附近设定刺激范围。实验选定了 5 个刺激点，声音频率分别是 19Hz、20Hz、21Hz、22Hz 和 23Hz，每个刺激呈现 60 次，共做实验 300 次，按随机顺序呈现。每一次刺激呈现后，要求被试回答"有"还是"无"，实验结果如表 7-3 所示。

表 7-3 恒定刺激法测量人耳感知声音低频绝对阈限的实验记录

刺激 /Hz	19	20	21	22	23
听不到的次数	59	50	36	19	1
听到的次数	1	10	24	41	59
听到的概率百分数（%）	1.7	16.7	40.0	68.3	98.3

从上表可见，没有一个刺激强度可被感知到的概率是 50%。21Hz 时，报告听到的次数为 40%，这个百分数是在 21Hz 刺激下，被试报告听到（即感觉到）的次数与这个刺激强度呈现的次数（60 次）相除得到的。这里只计算正判断的百分数就可以了，负判断的百分数没有多大意义，因为正判断和负判断的百分数相加为 100。在得到上述的实验结果后，我们如何计算绝对阈限呢？下面分别介绍常用的计算方法。

◆直线内插法（S-P 作图法）

按笛卡尔几何作图原理，以刺激 S 为横坐标，以正判断的百分数 P 为纵坐标画图，在纵坐标为 50% 做水平线交于 S-P 曲线，所对应的横坐标值，即绝对阈限值，如图 7-5 所示。如果用足够大的坐标纸画上各个数据点，可以得到足够精确的结果，从图 7-5 可以看出，所求阈限值约为 21.4Hz。

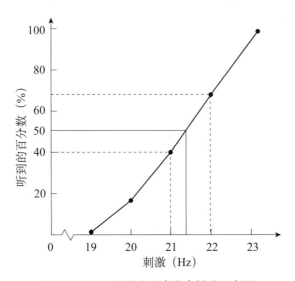

图 7-5 S-P 作图法和直线内插法示意图

如果不用画图法求解，也可以采用直线内插法，即直接利用左、右与绝对阈限值临近的坐标点计算阈值。如图 7-5 所示，与阈值接近的两个坐标点是（21，40）和（22，68.3），假设所求绝对阈值为 X，可以利用比例算式求得绝对阈限，即

$$\frac{22-22}{68.3-40}=\frac{X-21}{50-40}$$

$$X=21.35\text{Hz}$$

直线内插法的优点是简单易算，但它不够精确，因为参与计算绝对阈限的只是临近 0.5 比例的两个比例（在本例子中只有 0.4 和 0.683）。其余比例虽然也是实验结果，但都被废弃不用。另外，采用 S-P 作图法求解的精确度也不够，因为曲线是用眼睛配合手画出来的，会因人而异。

◆平均 Z 分数法

平均 Z 分数法可以避免直线内插法的缺点，因而提高了结果的精确度。按照随机事件的统计规律，随着刺激强度的增加，被试感知到的刺激的概率越来越大，是一个逐渐累加的过程。如果这一累加过程是按照正态分布的累加曲线变化的，就可以把各个刺激强度所得到的反应百分数 P 值转换成标准 Z 分数，可以通过查 P-Z 转换表完成，如表 7-4 所示。Z 分数是以标准差为单位所表示的原始分数与平均数的偏离。绝对阈限为报告"有"的概率为 50% 的位置，而概率为 50% 的位置正好就是 $Z=0$ 的位置。

表 7-4 P-Z 转换表

P	0.01	0.02	0.03	0.04	0.05	0.06	0.07	0.08	0.09	0.1
Z	−2.33	−2.05	−1.88	−1.75	−1.64	−1.55	−1.48	−1.41	−1.34	−1.28
P	0.11	0.12	0.13	0.14	0.15	0.16	0.17	0.18	0.19	0.2
Z	−1.23	−1.18	−1.13	−1.08	−1.04	−0.99	−0.95	−0.92	−0.88	−0.84
P	0.21	0.22	0.23	0.24	0.25	0.26	0.27	0.28	0.29	0.3
Z	−0.81	−0.77	−0.74	−0.71	−0.67	−0.64	−0.61	−0.58	−0.55	−0.52
P	0.31	0.32	0.33	0.34	0.35	0.36	0.37	0.38	0.39	0.4
Z	−0.5	−0.47	−0.44	−0.41	−0.39	−0.36	−0.33	−0.31	−0.28	−0.25
P	0.41	0.42	0.43	0.44	0.45	0.46	0.47	0.48	0.49	0.5
Z	−0.23	−0.2	−0.18	−0.15	−0.13	−0.1	−0.08	−0.05	−0.03	0
P	0.51	0.52	0.53	0.54	0.55	0.56	0.57	0.58	0.59	0.6
Z	0.03	0.05	0.08	0.1	0.13	0.15	0.18	0.2	0.23	0.25
P	0.61	0.62	0.63	0.64	0.65	0.66	0.67	0.68	0.69	0.7
Z	0.28	0.31	0.33	0.36	0.39	0.41	0.44	0.47	0.5	0.52
P	0.71	0.72	0.73	0.74	0.75	0.76	0.77	0.78	0.79	0.8
Z	0.55	0.58	0.61	0.64	0.67	0.71	0.74	0.77	0.81	0.84
P	0.81	0.82	0.83	0.84	0.85	0.86	0.87	0.88	0.89	0.9
Z	0.88	0.92	0.95	0.99	1.04	1.08	1.13	1.18	1.23	1.28
P	0.91	0.92	0.93	0.94	0.95	0.96	0.97	0.98	0.99	0.995
Z	1.34	1.41	1.48	1.55	1.64	1.75	1.88	2.05	2.33	2.58

根据 Z 分数的计算方法，刺激强度变化与 Z 分数具有线性关系，即

$$S = S_0 + Z \times SD \qquad (7\text{-}1)$$

其中，S 为刺激强度；S_0 为刺激平均值，对应于 $Z = 0$ 的刺激强度，即绝对阈限；Z 为标准概率分布的 Z 分数；SD 为标准刺激差。取最低一半 S 值的平均数为横坐标值，取与之相应的 P 所转换的 Z 值的平均值为纵标坐标值，得到 a 点。同样，取另外一半最高的 S 值的平均数为横坐标值，与之相应的 P 所转换的 Z 值的平均数为纵坐标值，得到 b 点，将 a、b 两点连成直线，再从纵坐标 0 处引出横坐标的平行线交 ab 连线于 c 点，从 c 点引横坐标的垂线，对应的数值即绝对阈限。如果刺激为偶数个，就把这些数值分成上下两半，求出每一半的平均 S 及平均 Z；如果刺激为奇数个，方法相同，只是中间的一个 S 和它的 Z 被使用两次，即上下两半各用一次。在上述例子中，5 个刺激强度所得的概率对应的 Z 分数值与刺激强度之间的关系是：

$$\begin{cases} 19 = S_0 + (-2.05) \times SD \\ 20 = S_0 + (-0.95) \times SD \\ 21 = S_0 + (-0.25) \times SD \\ 22 = S_0 + 0.47 \times SD \\ 23 = S_0 + 2.05 \times SD \end{cases}$$

按照上述的计算方法可得到如表 7-5 的求解过程，需要求解的绝对阈限如图 7-6 所示。

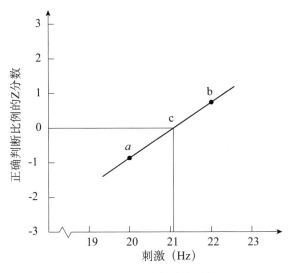

图 7-6　平均 Z 分数法绝对阈限

表 7-5　平均 Z 分数法求解过程

S	$\bar{S}$	P	Z	
$\left.\begin{matrix}19\\20\\21\end{matrix}\right\} \rightarrow$	$20\ (\bar{S})$	0.017	$\left.\begin{matrix}-2.05\\-0.95\\-0.25\end{matrix}\right\} \rightarrow$	$-1.08\ (\bar{Z})$
		0.167		
		0.400		

续表

21 22 → 23	22（$\bar{S}$）	0.400 0.683 0.983	−0.25 0.47 → 2.05	0.76（$\bar{Z}$）

即：
$$\begin{cases} 20 = S_0 + (-1.08) \times SD \\ 22 = S_0 + 0.76 \times SD \end{cases}$$

计算出 $S_0 = 21.17Hz$。

平均 Z 分数的图示 7-6 被称为 S-Z 作图，S-Z 作图得到的是一条直线，由于它是根据实验数据确定的两点连接而成，所以它比 S-P 眼手配合作图所得到的曲线更能获得精确的结果。

◆最小二乘法

根据上述的分析，刺激 S 与平均 Z 分数之间是线性关系，最小二乘法是配合一系列数据点求解该线性关系的最好方法。用这种标准的统计方法所确定的直线，是各个数据点距这条直线在 Y 轴方向上距离的平方和为最小。这条直线就是一条回归线，是以刺激 S 为横坐标，正确判断概率的 Z 分数为纵坐标作出的直线。绝对阈限值是 Z 分数为 0 时直线所对应的横坐标值。

用最小二乘法作直线时，要先确定直线方程：$Y=a+bX$ 中的 a 和 b，计算公式如下：

$$a = \frac{(\sum X^2)(\sum Y) - (\sum X)(\sum XY)}{N(\sum X^2) - (\sum X)^2} \tag{7-2}$$

$$b = \frac{N(\sum XY) - (\sum X)(\sum Y)}{N(\sum X^2) - (\sum X)^2} \tag{7-3}$$

其中，X 和 Y 是自变量和因变量的原始分数，N 代表 X 或 Y 的个数。公式中 a 是直线的截距，b 是直线的斜率。在心理学中应用这两个公式时要做一些变化，即需将纵坐标的 Y 值（即恒定刺激求得的 P 值）转换成对应的 Z 分数，使 X 与 Y 的关系转化为直线关系，因为最小二乘法只适用于两个变量有线性关系的情况。这样如果把直线方程中的 X 和 Y 代以 S 和 Z，则：

$$Z = a + bS$$

当 Z=0 时，

$$S = -\frac{a}{b} \tag{7-4}$$

此时的 S 即为所求的绝对阈限值。

根据实验统计出的数据，可以得到表 7-6。其中 X 代表刺激，Y 代表听到概率对应的 Z 分数，N = 5。

表 7-6　直线方程中 a 和 b 的计算

刺激（X）	X^2	Z 分数（Y）	XY
19	361	−2.05	−38.95
20	400	−0.95	−19
21	441	−0.25	−5.25
22	484	0.47	+10.34
23	529	2.05	+47.15
求和（105）	2215	−0.73	−5.71

将数据带入式 7-2 和式 7-3，得

$$a = \frac{2215 \times (-0.73) - 105 \times (-5.71)}{5 \times 2215 - 105^2} = 20.348$$

$$b = \frac{5 \times (-5.71) - 105 \times (-0.73)}{5 \times 2215 - 105^2} = -0.962$$

$$S = -\frac{a}{b} = -\frac{20.348}{-0.962} = 21.15$$

7.1.2.2　差别阈限的测定

1. 自变量的确定

用恒定刺激法测定差别阈限，对于刺激变量（自变量）的确定，通常情况下，是从完全没感觉到差别到完全感觉到差别这一差别感觉的过渡地带，选择 5~7 个等距变化的强度作为刺激的变量，这几个刺激又被称作比较刺激。实验中这些刺激强度要与事先确定的标准刺激进行比较，从而测定某标准刺激强度的差别阈限。标准刺激可以随意确定，当标准刺激确定为零刺激强度时（完全没有被感觉的刺激），与零刺激的差别感觉就是绝对阈限，这不难看出，绝对阈限和差别阈限可以用同样的文字来定义。一般情况下，确定一个能被感觉的某一刺激强度作为标准刺激。比较刺激，可以都大于（或小于）标准刺激，也可以扩展在标准刺激上下一段间距，即一部分比较刺激强度小于标准刺激，而另一部分大于标准刺激，这里也允许确定一个比较刺激强度恰好等于标准刺激。究竟比较刺激系列如何确定，要视所研究的具体问题和所确定的反应变量指标来定。但有一点要求是相同的，都必须用比较刺激与标准刺激相比较，且比较刺激要随机呈现。

2. 差别阈限及反应变量的确定

根据刺激变量的情况，有下面所述的几种情形，根据反应变量的指标不同，其差别阈限的计算方法也不同。

◆两类反应

反应变量的指标定为两类，而这两类反应因比较刺激系列的不同，具体内容存在差异。

①"大于"（或小于）和"相等"反应

这种两类反应的实验，分成"大于"和"相等"反应与"小于"和"相等"反应两种情况。由于这两种情况在实验设计和数据处理方面较为近似，因此仅以"大于"和"相等"反应为例来说明实验的设置。事先挑选 5~7 个刺激，在实验过程中强度维持不变。首先粗略测试刺激的阈限值，然后挑选出比较刺激的最大强度（要大到它被感觉到大于标准刺激的概率达到 95% 左右）和刺激的最小强度（要小到它被感觉到等于标准刺激的概率达到 95% 左右），并且各个刺激之间的距离相等。在实验过程中，标准刺激和每一个比较刺激组成一对刺激，随机呈现给被试，且每对刺激呈现的次数相等。被试在对比标准刺激和比较刺激后报告：比较刺激是"大于"或"相等"于标准刺激，主试分别以"+"和"="的符号记录反应。在这种情形下如果被试进行比较后报告"小于"的话，这类反应要作为"相等"处理，因为比较刺激系列本身并不存在比标准刺激小的情况。这种反应变量的确定方法，其差别阈限值是介乎相等和感觉到差别这两类之间的刺激增量值，因此这个增量值的平均数就是差别阈限。而这个增量值的平均数应当是 50% 正反应的比较刺激值与标准刺激值之差。利用前一节介绍测量绝对阈限的方法，计算出 50% 正反应的比较刺激值后，再减去标准刺激值，这个差数就是差别阈限。

以测定音乐速度差别阈限为例来说明如何用恒定刺激法进行"大于"和"相等"两类反应的差别阈限测定。实验信号选用琵琶曲《春雨》的音乐片段，标准刺激的音乐速度为 80bpm（拍 / 分钟），比较刺激系列是 80bpm、82bpm、84bpm、86bpm 和 88bpm。每个比较刺激与标准刺激比较 50 次，共比较 250 次。实验中被试的反映只有"大于"和"相等"两种。记录每次实验中被试的反应，然后统计出各种刺激下被试报告"大于"和"相等"的次数及其百分数，如表 7-7 所示。

表 7–7　比较刺激都大于标准刺激的实验结果

比较刺激 /bpm	80	82	84	86	88
"大于"反应的百分数（%）	2	34	61	77	96
"等于"反应的百分数（%）	98	66	39	23	4

根据前面的阐述，"大于"反应的概率为 50% 的刺激点就是感觉到差别的转折点，这一点的刺激值与标准刺激的差异量是要测定的差别阈限。这一结果的计算过程与用恒定刺激法测定绝对阈限的方法相类似。本文采用平均 Z 分数法进行求解。

五个比较刺激大于标准刺激所得的概率对应的 Z 分数值与刺激强度之间的关系是：

$$\begin{cases} 80 = S_0 + （-2.05） \times SD \\ 82 = S_0 + （-0.41） \times SD \\ 84 = S_0 + 0.28 \times SD \\ 86 = S_0 + 0.74 \times SD \\ 88 = S_0 + 1.75 \times SD \end{cases}$$

将前三个等式相加，后三个等式相加，得

$$\begin{cases} 82 = S_0 + (-0.727) \times SD \\ 86 = S_0 + 0.732 \times SD \end{cases}$$

计算出大于标准刺激概率为 50% 的刺激值为 $S_0 = 83$

因此绝对差别阈限：$\Delta I = S_0 -$ 标准刺激 $I = 83 - 80 = 3$

$$相对差别阈限 = \frac{\Delta I}{I} = \frac{3}{80} = 0.038$$

这种方法虽然相对简单，但是通过将标准刺激当作主观相等点来计算差别阈限的，这存在一定的偏差，而下面的方法可以避免这个问题。

②"大于"和"小于"反应

这种两类反应的实验，比较刺激系列扩展在标准刺激的两侧。通常选定 5~7 个比较刺激，在实验过程中强度维持不变，比较刺激的最大强度要大到被试判断它大于标准刺激的概率达到 95% 左右，最小强度要小到被试判断它小于标准刺激的概率达到 95% 左右，各个刺激之间的距离相等。在实验过程中，标准刺激和每一个比较刺激组成一对刺激，随机呈现给被试，每对刺激呈现的次数相等。在被试比较标准刺激和比较刺激后，让其报告：比较刺激比标准刺激是"大于"还是"小于"，主试分别以"＋"和"－"的符号记录。比较刺激系列中允许有一个刺激强度恰与标准刺激相同，这时，大部分被试愿意放弃相等的判断，而只报告正和负，但也有一部分被试表示有"相等"的感觉，遇到这种情况，就让被试自己去决定（或猜测）是大于还是小于，总之报告只能是两类的，因此该方法也称为迫选法。

下面仍以音乐速度差别阈限的例子来说明这种实验的设置和方法。实验信号是琵琶曲《金蛇狂舞》的片段，测量标准刺激为 160bpm 的差别阈限，比较刺激分别是 148bpm、152bpm、156bpm、160bpm、164bpm、168bpm 和 172bpm。每个比较刺激与标准刺激比较 50 次，共比较 350 次。实验中被试的反映只有"高于"和"低于"两种。记录每次实验中被试的反应，然后统计出各种刺激下被试报告"高于"和"低于"的次数及其百分数，如表 7-8 所示。

表 7-8　《金蛇狂舞》音乐速度差别阈限实验结果

比较刺激 /bpm	148	152	156	160	164	168	172
"高于"标准刺激的次数	2	10	19	24	30	39	45
"高于"标准刺激的百分数（%）	4	20	38	48	60	78	90

如果还是按照回答"大于"或"相等"反应的阈限确定方法，采用直线内插法求解高于标准刺激概率为 50% 的刺激值，假设所求刺激值为 X，则

$$\frac{164 - 160}{0.6 - 0.48} = \frac{X - 160}{0.5 - 0.48}$$

$$X = 160.7$$

那么 160.7-160 = 0.7，这个 0.7bpm 是否是差别阈限呢？这个大于标准刺激概率为 50% 的刺激值，是基于被试作出"高于"或"低于"的判断所得到的实验结果。这个 50% 的实际含义是：被试有 50% 的概率感觉到比较速度高于标准速度，又有 50% 的概率感觉不到比较速度高于标准速度，这说明被试对比较速度完全没有判断能力，即完全没感觉到比较速度与标准速度的差别，因此这个刺激值是主观相等点。该点的刺激强度被试感觉到与标准刺激相同，它与标准刺激之差就是常误。那么，如何来计算差别阈限呢？因为 100% 的比较刺激是完全能区分出比较刺激高于标准刺激的，取 75% 的点表示有一半的实验次数能被感觉到高于标准刺激，将其作为求解差别阈限的上限；同样的道理，0% 的比较刺激是完全能区分出比较刺激低于标准刺激的，取 25% 的点表示有一半的实验次数能被感觉到低于标准刺激，将其作为求解差别阈限的下限。上限和下限之间叫作不肯定间距或者相等地带，差别阈限等于 1/2 的不肯定间距，这类求解方法也称为 75% 差别阈限。

根据表 7-9 的实验结果，采用直线内插法求出：

$$\frac{168-164}{0.78-0.6} = \frac{X_{上限}-164}{0.75-0.6}，X_{上限} = 167$$

$$\frac{156-152}{0.38-0.2} = \frac{156-X_{下限}}{0.38-0.25}，X_{下限}=153$$

$$不肯定间距 = X_{上限}-X_{下限} = 167-153=14$$

$$差别阈限 = \frac{1}{2} \times 不肯定间距 = \frac{1}{2} \times 14=7$$

$$主观相等点 =50\% 次高于标准刺激的比较刺激 =160.7$$

◆三类反应

当刺激系列扩展在标准刺激上、下并且比较刺激中有与标准刺激相同的强度时，被试的反应可以有三类，即被试在对比标准刺激和比较刺激后报告："大于"，"等于"和"小于"，主试分别用"+""="和"-"三个符号来记录。这种方法比上述的迫选法更加符合客观实际。三类反应的差别阈限如何进行测量呢？由于反应变量定为三类，因此可以测定出两个介乎类与类之间的阈限：一个是区分大于和相等的阈限，即 50% 次大于标准刺激的比较刺激，设定为不肯定间距的上限；另一个是区分小于和相等的阈限，即 50% 次小于标准刺激的比较刺激，设定为不肯定间距的下限。不肯定间距的之半即差别阈限。

在三类反应实验中，不肯定间距的大小，依赖于被试判断相等次数的多少。被试相等判断的多，不肯定间距就大，相等判断的少，不肯定间距就小。这样的话，计算出来的差别阈限会与被试的性格因素有关。假如被试非常自信，他把相等判断作为犹豫不决或过分谨慎的标志，那么他可能只作出正和负的判断，而很少用相等判断，结果他的不肯定间距很小，差别阈限也随之很小。据此评定，就会说他的感受能力很强，辨别力很敏锐，尽管他的正和负的判断很差。如果一个非常谨慎小心的被试，尽管他的辨别力很好，但他除非能完全辨别时，否则不轻易作出正或负的判断，这样相等的判断必然增多，结果是不肯定间距变大，差别阈限也随之增大。这两种被试，由于态度不同，影响了判断的标准不同，也影响了感受性的测量。因此，在用恒定刺激法测定差别阈限时，两类反应的方法比较常用。

7.2　对偶比较法

7.2.1　对偶比较法的原理

对偶比较法（Pair comparison method）又称为比较判断法，是通过对评价对象的两两比较关系来间接地估计所有评价对象的相对心理尺度。这个方法由费希纳（Fechner）的实验美学选择法发展而来，由寇恩（Cohen）在其颜色喜好的研究报告中介绍出来，后来又经过瑟斯顿（Thurston）进一步发展完善。

对偶比较法是把所有要比较的刺激两两配对，然后一对一对呈现，让被试对于刺激的某一特征进行比较并做出判断：两个刺激中哪一个刺激的某种属性更加明显，这与恒定刺激法中的两类反应实验相类似。如果把这两类反应称作"优于"和"差于"，那么每个刺激的选择分数，就是报告"优于"的次数，而其百分数 P，就是报告"优于"的百分数。假设存在 n 个刺激，分别是 a_1，a_2，…，a_n，在其中选定一个基准，例如 a_1，对偶比较法的目的就是对每一个刺激找出一个反映它优越性的相对心理尺度。

$$f(a_i) = F[P_n(a_i > a_1)] \quad (7-5)$$

这个心理量是某一刺激相对选定对象的优越概率的函数。函数 F 满足关系：

$$F[P_n(a_i > a_j)] = F[P_n(a_i > a_1)] - F[P_n(a_j > a_1)] = f(a_i) - f(a_j)$$

求解出每一个刺激的相对优势心理尺度就可以对所有刺激进行等级判断和心理排序了。

按照瑟斯顿算法，来简单说明如何求解每个刺激的相对优势心理尺度。假设呈现给被试一个刺激 a_i，则 a_i 引起被试心理上的主观优势判断为 S_i，同一刺激让多个被试听辨或给一个被试听辨多次，所引起的感觉是服从正态分布的随机变量 X_i，其均值为 $\bar{S_i}$，方差为 σ_i^2。而刺激 a_i 的优势心理尺度 $f(a_i) = \bar{S_i}$。如果还有刺激 a_j，则也形成正态分布，其优势心理尺度 $f(a_j) = \bar{S_j}$，方差为 σ_j^2。同样，a_i 和 a_j 两个刺激的差别感觉（即 a_i 和 a_j 哪个更优的感觉）也是一个正态分布。如果 $a_i = a_j$，即 $\bar{S_i} = \bar{S_j}$，其差别感觉 $S_{i-j} = 0$，其方差为 $\sigma_{i-j}^2 = \sigma_i^2 + \sigma_j^2 - 2r\sigma_i\sigma_j$。

如果 $a_j > a_j$，则 $\bar{S_i} > \bar{S_j}$。为了求出差别感觉（$\bar{S_i} - \bar{S_j}$）与无差别感觉（$\bar{S_i} = \bar{S_j}$）之间的距离，根据统计学原理，其间的距离可用 Z 分数表示如下：

$$Z_{ij} = \frac{(\bar{S_i} - \bar{S_j}) - 0}{\sqrt{(\sigma_i^2 + \sigma_j^2 - 2r\sigma_i\sigma_j)}} \quad (7-6)$$

这个公式是瑟斯顿建立对偶比较法的基础。为了进一步简化计算，假设对偶比较法中所有刺激引起感觉分布的方差都相等：$\sigma_1{}^2 = \sigma_2{}^2 = \cdots = \sigma_n{}^2$ 且各个刺激是相互独立的，即相关系数为零。这样式 7-6 可以简化为：

$$Z_{ij} = \frac{\overline{S}_i - \overline{S}_j}{\sqrt{2}\,\sigma} \qquad (7-7)$$

若将感觉分布的方差转换为标准正态分布，令其方差为 1，即 $2\sigma^2 = 1$，则两感觉的距离：

$$\overline{S}_i - \overline{S}_j = Z_{ij} \qquad (7-8)$$

$$即：f(a_i) - f(a_j) = Z_{ij} \qquad (7-9)$$

7.2.2　对偶比较法的数据处理及应用实例

对偶比较法要求每一个刺激都要分别与其他刺激比较一次。如果用 n 代表比较刺激的数目，那么比较的总次数就是：n（n-1）/2，如果考虑到前后顺序的不同，则组合的数目为 n（n-1）。以 6 个刺激为例，来说明对偶比较法的数据处理过程。6 个刺激两两比较后，得到表 7-9 的比较概率。

表 7-9　概率 $P_n(a_i > a_j)$

j ＼ i	a_1	a_2	a_3	a_4	a_5	a_6
a_1	$P_n(a_1 > a_1)$	$P_n(a_2 > a_1)$	$P_n(a_3 > a_1)$	$P_n(a_4 > a_1)$	$P_n(a_5 > a_1)$	$P_n(a_6 > a_1)$
a_2	$P_n(a_1 > a_2)$	$P_n(a_2 > a_2)$	$P_n(a_3 > a_2)$	$P_n(a_4 > a_2)$	$P_n(a_5 > a_2)$	$P_n(a_6 > a_2)$
a_3	$P_n(a_1 > a_3)$	$P_n(a_2 > a_3)$	$P_n(a_3 > a_3)$	$P_n(a_4 > a_3)$	$P_n(a_5 > a_3)$	$P_n(a_6 > a_3)$
a_4	$P_n(a_1 > a_4)$	$P_n(a_2 > a_4)$	$P_n(a_3 > a_4)$	$P_n(a_4 > a_4)$	$P_n(a_5 > a_4)$	$P_n(a_6 > a_4)$
a_5	$P_n(a_1 > a_5)$	$P_n(a_2 > a_5)$	$P_n(a_3 > a_5)$	$P_n(a_4 > a_5)$	$P_n(a_5 > a_5)$	$P_n(a_6 > a_5)$
a_6	$P_n(a_1 > a_6)$	$P_n(a_2 > a_6)$	$P_n(a_3 > a_6)$	$P_n(a_4 > a_6)$	$P_n(a_5 > a_6)$	$P_n(a_6 > a_6)$
一般项	$P_n(a_1 > a_j)$	$P_n(a_2 > a_j)$	$P_n(a_3 > a_j)$	$P_n(a_4 > a_j)$	$P_n(a_5 > a_j)$	$P_n(a_6 > a_j)$

表 7-9 根据正态分布 P-Z 转换为表 7-10。

表 7-10　推 $P_n(a_i > a_j)$ 导出的 Z_{ij}

j ＼ i	a_1	a_2	a_3	a_4	a_5	a_6
a_1	Z_{11}	Z_{21}	Z_{31}	Z_{41}	Z_{51}	Z_{61}
a_2	Z_{12}	Z_{22}	Z_{32}	Z_{42}	Z_{52}	Z_{62}
a_3	Z_{13}	Z_{23}	Z_{33}	Z_{43}	Z_{53}	Z_{63}
a_4	Z_{14}	Z_{24}	Z_{34}	Z_{44}	Z_{54}	Z_{64}

续表

i j	a_1	a_2	a_3	a_4	a_5	a_6
a_5	Z_{15}	Z_{25}	Z_{35}	Z_{45}	Z_{55}	Z_{65}
a_6	Z_{16}	Z_{26}	Z_{36}	Z_{46}	Z_{56}	Z_{66}
合计	$\sum Z_{1j}$	$\sum Z_{2j}$	$\sum Z_{3j}$	$\sum Z_{4j}$	$\sum Z_{5j}$	$\sum Z_{6j}$
平均	$\overline{Z}_1$	$\overline{Z}_2$	$\overline{Z}_3$	$\overline{Z}_4$	$\overline{Z}_5$	$\overline{Z}_6$
$f(a_i)$	$\overline{Z}_1-\overline{Z}_1$	$\overline{Z}_2-\overline{Z}_1$	$\overline{Z}_3-\overline{Z}_1$	$\overline{Z}_4-\overline{Z}_1$	$\overline{Z}_5-\overline{Z}_1$	$\overline{Z}_6-\overline{Z}_1$

表 7-10 也可以用更直接的形式表示出来，如表 7-11 所示。

表 7-11　表 7-10 的等价表示

i j	a_1	a_2	a_3	a_4	a_5	a_6
a_1	$f(a_1)-f(a_1)$	$f(a_2)-f(a_1)$	$f(a_3)-f(a_1)$	$f(a_4)-f(a_1)$	$f(a_5)-f(a_1)$	$f(a_6)-f(a_1)$
a_2	$f(a_1)-f(a_2)$	$f(a_2)-f(a_2)$	$f(a_3)-f(a_2)$	$f(a_4)-f(a_2)$	$f(a_5)-f(a_2)$	$f(a_6)-f(a_2)$
a_3	$f(a_1)-f(a_3)$	$f(a_2)-f(a_3)$	$f(a_3)-f(a_3)$	$f(a_4)-f(a_3)$	$f(a_5)-f(a_3)$	$f(a_6)-f(a_3)$
a_4	$f(a_1)-f(a_4)$	$f(a_2)-f(a_4)$	$f(a_3)-f(a_4)$	$f(a_4)-f(a_4)$	$f(a_5)-f(a_4)$	$f(a_6)-f(a_4)$
a_5	$f(a_1)-f(a_5)$	$f(a_2)-f(a_5)$	$f(a_3)-f(a_5)$	$f(a_4)-f(a_5)$	$f(a_5)-f(a_5)$	$f(a_6)-f(a_5)$
a_6	$f(a_1)-f(a_6)$	$f(a_2)-f(a_6)$	$f(a_3)-f(a_6)$	$f(a_4)-f(a_6)$	$f(a_5)-f(a_6)$	$f(a_6)-f(a_6)$
合计	$5f(a_1)-\sum f(a_i)$	$5f(a_2)-\sum f(a_i)$	$5f(a_3)-\sum f(a_i)$	$5f(a_4)-\sum f(a_i)$	$5f(a_5)-\sum f(a_i)$	$5f(a_6)-\sum f(a_i)$
平均	$f(a_1)-\frac{1}{5}\sum f(a_i)$	$f(a_2)-\frac{1}{5}\sum f(a_i)$	$f(a_3)-\frac{1}{5}\sum f(a_i)$	$f(a_4)-\frac{1}{5}\sum f(a_i)$	$f(a_5)-\frac{1}{5}\sum f(a_i)$	$f(a_6)-\frac{1}{5}\sum f(a_i)$

　　下面以不同版本对音乐偏爱度影响的实验来说明对偶比较法的实验过程及数据处理方法。本实验考察 10 名被试对 5 个不同版本的《帕格尼尼 24 首随想曲 No. 24 主题与变奏曲》的偏爱度。五个版本的小提琴演奏者分别是：A- 帕格尼尼，B- 帕尔曼，C- 陈美，D- 乌托乌季，E- 朱丽亚·费舍尔。实验信号在进行比较时不考虑两两配对后的先后顺序，共有 10 个配对。所有被试的选择结果如表 7-12 所示。

表 7-12　实验结果和每一对的优选概率

配对	被试选择结果										优选概率	
	一	二	三	四	五	六	七	八	九	十		
A — B	A	B	A	B	A	B	B	B	B	B	P_A= 3/10	P_B= 7/10
C — D	D	D	D	C	D	C	D	D	C	C	P_C= 4/10	P_D= 6/10
A — E	E	E	A	E	A	E	E	A	E	E	P_A= 3/10	P_E= 7/10
B — C	B	B	B	B	B	B	B	C	B	B	P_B= 9/10	P_C= 1/10

续表

配对	被试选择结果										优选概率	
	一	二	三	四	五	六	七	八	九	十		
D－E	E	E	E	E	E	D	E	D	E	E	P_D= 2/10	P_E= 8/10
A－C	A	A	C	A	A	C	A	A	A	C	P_A= 7/10	P_C= 3/10
B－D	B	D	B	B	D	B	B	B	B	B	P_B= 8/10	P_D= 2/10
C－E	E	E	E	C	E	E	E	E	C	E	P_C= 2/10	P_E= 8/10
A－D	D	A	A	A	D	A	A	A	D	D	P_A= 6/10	P_D= 4/10
B－E	E	B	B	E	E	B	B	B	B	B	P_B= 7/10	P_E= 3/10

根据表 7-9，归纳出对偶比较法实验中偏爱选择的概率 $P_n(a_i > a_j)$，如表 7-13 所示。

表 7-13　偏爱选择概率

j ＼ i	A	B	C	D	E
A	0.50	0.70	0.30	0.40	0.70
B	0.30	0.50	0.10	0.20	0.30
C	0.70	0.90	0.50	0.60	0.80
D	0.60	0.80	0.40	0.50	0.80
E	0.30	0.70	0.20	0.20	0.00

由正态分布 P-Z 转换得到表 7-14。

表 7-14　由 P-Z 转换得到的分数

j ＼ i	A	B	C	D	E
A	0.00	0.52	-0.52	-0.25	0.52
B	-0.52	0.00	-1.28	-0.84	-0.52
C	0.52	1.28	0.00	0.25	0.84
D	0.25	0.84	-0.25	0.00	0.84
E	-0.52	0.52	-0.84	-0.84	0.00
合计	-0.27	3.17	-2.90	-1.68	1.68
平均	-0.05	0.63	-0.58	-0.34	0.34
$f(a_i)$	0.00	0.68	-0.53	-0.29	0.39

设在 5 个不同的比较版本中，最偏爱的心理尺度是 100，最不偏爱的心理尺度是 0，则有：

$$f(C) = 0,\ f(B) = 100$$

运用线性变换，$f(a) = \alpha x + \beta$，$\alpha = 82.64$，$\beta = 43.8$，则

$$f(A) = 43, \quad f(D) = 20, \quad f(E) = 76$$

五个不同版本的《帕格尼尼 24 首随想曲 No. 24 主题与变奏曲》的主观偏爱度的相对心理尺度如表 7-15 所示，结果如图 7-7 所示。

表 7-15　五个不同版本《帕格尼尼 24 首随想曲 No.24 主题与变奏曲》的主观偏爱度

版本	陈美版	乌托乌季版	帕格尼尼版	朱丽亚·费舍尔版	帕尔曼版
偏爱度	0	20	43	76	100

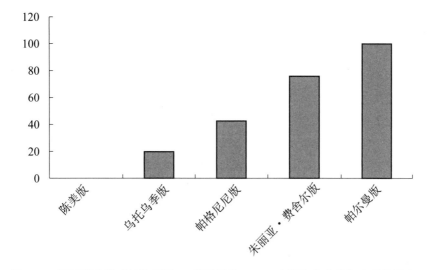

图 7-7　不同版本的《帕格尼尼 24 首随想曲 No.24 主题与变奏曲》主观偏爱度

7.3　系列范畴法

对偶比较法虽然精确度较高，但是当评价对象数量较多时，会导致实验工作量的剧增。因此对于这种情况，可以采用系列范畴法以减少工作量。系列范畴法，也称为评定尺度法，是直接让被试对每一个评价刺激在给定的一组范畴上进行评价，适合于评价样本比较多的情况。由于系列范畴法让被试直接对评价刺激进行评价，属于直接法，对被试的判断能力和心理稳定有较高要求，因此在实验前应让被试充分了解实验的过程及范畴的定义。

7.3.1　系列范畴法的原理及数据处理

设有 n 个对象 a_1，a_2，$\cdots$，a_n 以及按（好坏、轻重、大小、宽窄等）顺序排列的 m 个范畴（类别）C_1，C_2，$\cdots$，C_m，一组被试将被评价的对象在 m 个范畴上进行分类排序，

以这些分类数据为基础进行尺度化的方法称为系列范畴法。系列范畴法的范畴数目，在两极尺度的情况下，多采用 5、7、9 等奇数个范畴，其中中间的范畴类别多设计为中立项目，如非常轻、轻、有些轻、合适、有些响、响和非常响。

系列范畴法的理论基础也是假设心理量是服从正态分布的随机变量，而且系列范畴法中范畴的边界并不是事先给定的确切值，也是需要通过实验来确定的随机变量。因此系列范畴法通常先通过实验来确定范畴边界，然后再比较每个评价对象的心理尺度值与范畴边界的关系，从而确定每个评价对象所处的范畴。下面通过一个简单的例子来说明系列范畴法的基本原理。

50 个人对 6 个对象在 5 个范畴上发表意见。意见分类统计如表 7-16 所示，表 7-17 是根据表 7-16 所得出的左侧范畴的累积人数；由表 7-17 得出的累积百分数如表 7-18 所示，表 7-18 是系列范畴法尺度构成的基础。表 7-18 的符号化如表 7-19 所示。

表 7-16　意见分类统计

意见	反对 C_1	有条件反对 C_2	中立 C_3	有条件赞成 C_4	赞成 C_5	合计 / 人
a_1	35	9	4	1	1	50
a_2	29	12	5	2	2	50
a_3	25	13	6	3	3	50
a_4	19	14	8	3	6	50
a_5	12	13	10	5	10	50
a_6	4	8	9	6	23	50

表 7-17　表 7-16 中左侧范畴的累计人数

意见	反对 C_1	有条件反对 C_2	中立 C_3	有条件赞成 C_4	赞成 C_5
a_1	35	44	48	49	50
a_2	29	41	46	48	50
a_3	25	38	44	47	50
a_4	19	33	41	44	50
a_5	12	25	35	40	50
a_6	4	12	21	27	50

表 7-18　累积百分数

意见	反对 C_1	有条件反对 C_2	中立 C_3	有条件赞成 C_4	赞成 C_5
a_1	0.70	0.88	0.96	0.98	1.00
a_2	0.58	0.82	0.92	0.96	1.00
a_3	0.50	0.76	0.88	0.94	1.00

意见	反对 C_1	有条件反对 C_2	中立 C_3	有条件赞成 C_4	赞成 C_5
a_4	0.38	0.66	0.82	0.88	1.00
a_5	0.24	0.50	0.70	0.80	1.00
a_6	0.08	0.24	0.42	0.54	1.00

表 7-19　表 7-18 的符号化

意见	反对 C_1	有条件反对 C_2	中立 C_3	有条件赞成 C_4	赞成 C_5
a_1	P_{11}	P_{21}	P_{31}	P_{41}	P_{51}
a_2	P_{12}	P_{22}	P_{32}	P_{42}	P_{52}
a_3	P_{13}	P_{23}	P_{33}	P_{43}	P_{53}
a_4	P_{14}	P_{24}	P_{34}	P_{44}	P_{54}
a_5	P_{15}	P_{25}	P_{35}	P_{45}	P_{55}
a_6	P_{16}	P_{26}	P_{36}	P_{46}	P_{56}

首先进行范畴边界的计算。根据瑟斯顿算法，对象 a_i 的偏爱度是偏爱度尺度上的概率变量 X_i，它服从正态分布，其偏爱度心理尺度 $f(a_i) = \overline{S_i}$。

设定第 g 号范畴和第 $g+1$ 号范畴的分界线是主观偏爱度尺度上的随机变量 T_g，它也服从正态分布，均值和方差为 (t_g, σ_g^2)（$g = 1，2，3，\cdots，m-1$；不考虑第 1 个范畴的下限和最后一个范畴的上限）。

由此，对被评价对象 a_j，如果 $T_g-X_j \geqslant 0$，则将其归类为第 g 号以下的范畴；如果 $T_g-X_j<0$，则将其归类为第 $g+1$ 号以上的范畴。根据与前面推导对偶比较法相类似的思路，可以得到类似的关系式：

$$t_g-f(a_j) = Z_{gj} \tag{7-10}$$

将式 7-10 用表 7-20 表示。

表 7-20　范畴判断模型

a_i ＼ C_i	C_1	C_2	$\cdots$	C_{m-1}
a_1	$t_1-f(a_1) = Z_{11}$	$t_2-f(a_1) = Z_{21}$	$\cdots$	$t_{m-1}-f(a_1) = Z_{m-11}$
a_2	$t_1-f(a_2) = Z_{12}$	$t_2-f(a_2) = Z_{22}$	$\cdots$	$t_{m-1}-f(a_2) = Z_{m-12}$
$\vdots$	$\vdots$	$\vdots$	$\vdots$	$\vdots$
a_n	$t_1-f(a_n) = Z_{1n}$	$t_2-f(a_n) = Z_{2n}$	$\cdots$	$t_{m-1}-f(a_n) = Z_{m-1n}$
合计	$nt_1-\sum f(a_j)$	$nt_2-\sum f(a_j)$	$\cdots$	$nt_{m-1}-\sum f(a_j)$
平均	$t_1-\dfrac{1}{n}\sum f(a_j)$	$t_2-\dfrac{1}{n}\sum f(a_j)$	$\cdots$	$t_{m-1}-\dfrac{1}{n}\sum f(a_j)$

对第 g 列求和，得：

$$nt_g - \sum_j f(a_j) = \sum_j Z_{gj} \qquad (7\text{-}11)$$

两边求平均，得：

$$t_g - \frac{1}{n} \sum_j f(a_j) = \overline{Z_g} \qquad (7\text{-}12)$$

由此得：

$$t_g - t_{g-1} = \overline{Z_g} - \overline{Z_{g-1}} \qquad (7\text{-}13)$$

特别当范畴是奇数（$m = 2k+1$）时，第 $k+1$ 号范畴在中央，将 t_k 和 t_{k+1} 的中央定为 0，

$$c = \frac{\overline{Z_k} + \overline{Z_{k+1}}}{2} = \frac{t_k + t_{k+1}}{2} - \frac{1}{n} \sum_j f(a_j) \qquad (7\text{-}14)$$

从而范畴的边界为：

$$t_g^* = \overline{Z_g} - c \qquad (7\text{-}15)$$

由式 7-15 可以看出，范畴边界和宽度并不是一个固定的值，也是一个统计变量，与被评价的对象和全体被试的整体统计特性有关，当然也受到实验程序和实验中其他因素的影响。

对前面所举的意见分类的例子，表 7-21 是由表 7-18 做成的 Z_{gj} 表。

表 7-21　表 7-18 的 Z_{gj} 表

a_j \ t_j	t_1	t_2	t_3	t_4	合计	平均	$f^*(a_j)$
a_1	0.524	1.175	1.751	2.054	5.504	1.376	-1.472
a_2	0.202	0.915	1.405	1.751	4.273	1.068	-1.164
a_3	0.000	0.706	1.175	1.555	3.436	0.859	-0.955
a_4	-0.305	0.412	0.915	1.175	2.197	0.549	-0.645
a_5	-0.706	0.000	0.524	0.842	0.660	0.165	-0.261
a_6	-1.405	-0.706	-0.202	0.100	-2.213	-0.553	0.457
合计	-1.691	2.503	5.569	7.476	13.857		
平均	-0.282	0.417	0.928	1.246		0.577	
t_g^*	-0.955	-0.256	0.256	0.573		-0.096	

在此场合，C_3 是中央范畴，因此

$$c = \frac{0.417 + 0.928}{2} = 0.673$$

从而

$$t_g^* = \overline{Z_g} - 0.673$$

各个范畴的界限为：

$$C1: \qquad \sim -0.955$$
$$C2: \ -0.955 \sim -0.256$$
$$C3: \ -0.256 \sim \ 0.256$$
$$C4: \quad 0.256 \sim \ 0.573$$
$$C5: \quad 0.573 \sim$$

各个对象的尺度值可以从表 7-21 的横向求和得到。对表 7-21 中第 j 行的合计有

$$\sum_g t_g - (m-1) f(a_j) = \sum_g Z_{gj} \qquad (7\text{-}16)$$

记

$$\bar{t} = \left(\sum_g t_g \right) / (m-1)$$
$$\overline{Z_j} = \left(\sum_g Z_{gj} \right) / (m-1)$$

则

$$f(a_j) = \bar{t} - \overline{Z_j} \qquad (7\text{-}17)$$

当使用 t_g^* 时，$\bar{t}^* = -0.096$，则

$$f^*(a_j) = -0.096 - \overline{Z_j}$$

各个对象的具体尺度为

$$f^*(a_1) = -1.472, \ f^*(a_2) = -1.164$$

$$f^*(a_3) = -0.955, \ f^*(a_4) = -0.645$$

$$f^*(a_5) = -0.261, \ f^*(a_6) = 0.457$$

综合各个对象的评价结果和范畴边界线得到评价结果，如图 7-8 所示。

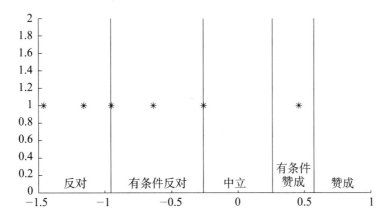

图 7-8 意见分类例子的评价结果

由上述的例子可以看出，系列范畴法不但可以给出各个评价对象的相对评价尺度和排序，同时也给出了各个范畴边界的统计值。除了两端的范畴外，其他范畴的宽度并不都是相等的。由于系列范畴法中范畴的边界并不是事先给定的确切值，也是要通过实验来确定的随机变量，所以系列范畴法评价结果的统计离散性可能要比对偶比较法大。要使得实验结果具有统计意义，被试的人数要达到一定的数量，一般需要 50 人以上。在某些场合被试人数难以达到期望的人数时，需要对被试进行事先必要的训练，降低实验的统计离散性。对受过训练的有经验的被试，20 个被试也可以达到可信的结果。

范畴数目的选取不宜过多也不宜过少，过多会增加被试判断的难度，降低实验结果的一致性。过少不利于实验结果的分析和解释。一般对两极尺度，选择奇数个范畴或等级。根据米勒（Miller）的研究，在处理心理判断问题时，7±2 是最佳的范畴数值，因此合适的范畴数目是 5~9 个。在系列范畴法中，对范畴需要给出描述性的形容词或副词，如非常、极端、不可忍受、有些、一点、微小等。许多形容词和副词的含义是比较模糊的，被试对这些描述性词汇的理解往往各不相同，这样会造成实验数据的离散或无效。因此在设计系列范畴法实验时，必须充分检讨描述范畴的形容词和副词的含义，尽可能在主试和全体被试之间就这些描述性词汇的理解达成一致。

7.3.2　系列范畴法的应用实例

本实例是民族独奏乐谐和性影响因素调查实验，本实验采用问卷调查的形式考察 17 个因素对民族独奏乐谐和性的影响。调查问卷是按照系列范畴法的思路设计的，把因素影响的程度分为 5 个级别：很大、较大、有一些、较小、没有，问卷调查表格如表 7-22 所示。

表 7-22　民族独奏乐谐和性影响因素问卷调查表格

性别：□男　　　□女		专业：			
有何音乐特长		声乐：□美声　　　□民族　　　□通俗 器乐：□西洋乐器：＿＿＿＿＿　□民族乐器：＿＿＿＿			
音乐偏爱		□西乐　　□民乐　　□现代音乐　　□无偏爱			
是否参加过交响乐团		□是　　　　　　　　□否			
编号	可能影响民乐独奏声品质的因素	对声品质影响的程度			
		很大	较大	有一些	较小	没有
1	音量				
2	音色的悦耳度				
3	乐器的偏爱程度				

4	音色的明亮度					
5	演奏作品的熟悉程度					
6	音乐作品的旋律性					
7	音乐的速度和节奏					
8	音色的浑厚度					
9	听者的生理心理状态					
10	音乐作品的感情色彩					
11	音色的丰满度					
12	音色的空间感					
13	音色的清晰度					
14	采用不熟悉的作品阐释（民乐演奏西乐作品）					
15	听者的文化历史知识					
16	音律					
17	演奏或录音的环境					

本次问卷调查共计发放 160 份，收回 148 份，其中有效问卷 140 份，有效率为 94.6%。被试专业以音乐为主，其他专业包括工科、医学、建筑、文学等。关于被试性别及专业的样本情况见表 7-23 和表 7-24。

表 7-23 被试性别构成

性别	人数	百分比（%）
男	66	47.1
女	74	52.9

表 7-24 被试专业构成

专业	人数	百分比（%）
音乐类	90	64.3
非音乐类	50	35.7

表 7-25~ 表 7-28 是按照系列范畴法对民乐独奏谐和性影响因素调查问卷进行的数据处理步骤。

表 7-25　民乐独奏谐和性影响因素调查结果

编号	影响民族器乐独奏谐和性的因素	范畴及各范畴的选择人数				
		很大	较大	一般	较小	很小
1	音量	22	39	53	23	3
2	音色的悦耳度	59	54	15	9	3
3	乐器的偏爱程度	33	39	42	16	10
4	音色的明亮度	23	54	43	18	2
5	演奏作品的熟悉程度	46	38	35	18	3
6	音乐作品的旋律性	46	51	29	11	3
7	音乐的速度和节奏	29	40	35	31	5
8	音色的浑厚度	19	42	48	22	9
9	听者的生理心理状态	45	39	40	8	8
10	音乐作品的感情色彩	50	36	23	16	15
11	音色的丰满度	28	62	32	15	3
12	音色的空间感	31	40	47	20	2
13	音色的清晰度	46	49	36	8	1
14	采用不熟悉的作品阐释	10	34	48	32	16
15	听者的文化历史知识	33	35	36	17	19
16	音律	24	50	48	11	7
17	演奏或录音的环境	51	42	26	8	13

表 7-26　表 7-25 中左侧范畴的累积人数

编号	影响民族器乐独奏谐和性的因素	影响程度心理尺度的分组结果				
		很大	较大	一般	较小	很小
1	音量	22	61	114	137	140
2	音色的悦耳度	59	113	128	137	140
3	乐器的偏爱程度	33	72	114	130	140
4	音色的明亮度	23	77	120	138	140
5	演奏作品的熟悉程度	46	84	119	137	140
6	音乐作品的旋律性	46	97	126	137	140
7	音乐的速度和节奏	29	69	104	135	140
8	音色的浑厚度	19	61	109	131	140
9	听者的生理心理状态	45	84	124	132	140
10	音乐作品的感情色彩	50	86	109	125	140

编号	影响民族器乐独奏谐和性的因素	影响程度心理尺度的分组结果				
		很大	较大	一般	较小	很小
11	音色的丰满度	28	90	122	137	140
12	音色的空间感	31	71	118	138	140
13	音色的清晰度	46	95	131	139	140
14	采用不熟悉的作品阐释	10	44	92	124	140
15	听者的文化历史知识	33	68	104	121	140
16	音律	24	74	122	133	140
17	演奏或录音的环境	51	93	119	127	140

表 7-27 范畴选择的累积百分数

编号	影响民族器乐独奏谐和性的因素	影响程度心理尺度的分组结果				
		很大	较大	一般	较小	很小
1	音量	0.16	0.44	0.81	0.98	1.00
2	音色的悦耳度	0.42	0.81	0.91	0.98	1.00
3	乐器的偏爱程度	0.24	0.51	0.81	0.93	1.00
4	音色的明亮度	0.16	0.55	0.86	0.99	1.00
5	演奏作品的熟悉程度	0.33	0.60	0.85	0.98	1.00
6	音乐作品的旋律性	0.33	0.69	0.90	0.98	1.00
7	音乐的速度和节奏	0.21	0.49	0.74	0.96	1.00
8	音色的浑厚度	0.14	0.44	0.78	0.94	1.00
9	听者的生理心理状态	0.32	0.60	0.89	0.94	1.00
10	音乐作品的感情色彩	0.36	0.61	0.78	0.89	1.00
11	音色的丰满度	0.20	0.64	0.87	0.98	1.00
12	音色的空间感	0.22	0.51	0.84	0.99	1.00
13	音色的清晰度	0.33	0.68	0.94	0.99	1.00
14	采用不熟悉的作品阐释	0.07	0.31	0.66	0.89	1.00
15	听者的文化历史知识	0.24	0.49	0.74	0.86	1.00
16	音律	0.17	0.53	0.87	0.95	1.00
17	演奏或录音的环境	0.36	0.66	0.85	0.91	1.00

表 7-28　由表 7-27 转化的 Z 分数及每个因素的影响结果

影响民族器乐独奏谐和性的因素	Z 值				合计	平均	尺度值 $f^*(a_j)$
	t_1	t_2	t_3	t_4			
音量	−0.99	−0.15	0.88	2.05	1.79	0.45	−0.443
音色的悦耳度	−0.20	0.88	0.88	2.05	3.61	0.90	−0.898
乐器的偏爱程度	−0.71	0.03	0.01	1.48	0.81	0.20	−0.196
音色的明亮度	−0.99	0.13	1.08	2.33	2.55	0.64	−0.633
演奏作品的熟悉程度	−0.44	0.25	1.04	2.05	2.90	0.73	−0.720
音乐作品的旋律性	−0.44	0.50	1.04	2.05	3.15	0.79	−0.783
音乐的速度和节奏	−0.81	−0.03	0.64	1.75	1.55	0.39	−0.383
音色的浑厚度	−1.08	−0.15	0.77	1.55	1.09	0.27	−0.268
听者的生理心理状态	−0.47	0.25	1.23	1.55	2.56	0.64	−0.635
音乐作品的感情色彩	−0.36	0.28	0.77	1.23	1.92	0.48	−0.475
音色的丰满度	−0.84	0.36	1.13	2.05	2.70	0.68	−0.670
音色的空间感	−0.77	0.03	0.99	2.58	2.83	0.71	−0.703
音色的清晰度	−0.44	0.47	1.55	2.58	4.16	1.04	−1.035
采用不熟悉的作品阐释	−1.48	−0.50	0.41	1.23	−0.34	−0.09	0.090
听者的文化历史知识	−0.71	−0.03	0.64	1.08	0.98	0.25	−0.240
音律	−0.95	0.08	1.13	1.64	1.90	0.48	−0.470
演奏或录音的环境	−0.36	0.41	1.04	1.34	2.43	0.61	−0.603
合计	−12.04	2.81	15.23	30.59			
平均	−0.71	0.17	0.90	1.80		0.535	
范畴值	−1.245	−0.365	0.365	1.265		0.005	

中央范畴的中间值为：

$$c = \frac{0.17 + 0.9}{2} = 0.535$$

将中央范畴的中间值设为 0，从而各范畴的边界值为

$$t_g^* = \overline{Z_g} - 0.535$$

各个范畴的界限是：

C1：　　　~−1.245

C2：−1.245~−0.365

C3：−0.365~ 0.365

C4： 0.365~ 1.265

C5： 1.265~

17 个影响因素对民族独奏乐的谐和性影响结果如图 7-9 所示。

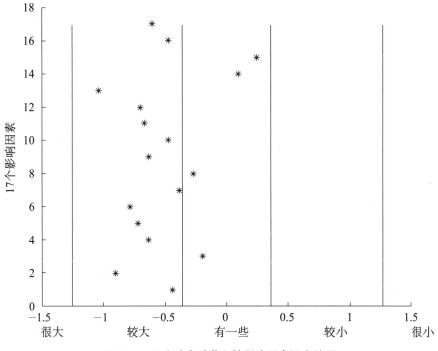

图 7-9　民族独奏乐谐和性影响因素调查结果

表 7-29 将表 7-28 的实验结果按影响程度从大到小排列，给出了影响因素的排序。表格中两个"+"号表示落在"较大"的范畴，一个"+"表示落在"有一些"的范畴内。

表 7-29　影响因素排序结果

不同影响因素从高到低排序结果
音色的清晰度 ++
音色的悦耳度 ++
音乐作品的旋律性 ++
演奏作品的熟悉程度 ++
音色的空间感 ++
音色的丰满度 ++
听者的生理心理状态 ++
音色的明亮度 ++
演奏或录音的环境 ++
音乐作品的感情色彩 ++
音律 ++
音量 ++

不同影响因素从高到低排序结果
音乐的速度和节奏 ++
音色的浑厚度 +
听者的文化历史知识 +
乐器的偏爱程度 +
采用不熟悉的作品阐释 +

从排序结果可以看出，问卷中所有因素都会影响民族器乐独奏的谐和性，只是每个因素影响程度略有不同。排序在前几位的因素可大致分成三类：音色的清晰度、悦耳度、丰满度这一类都反映听者对独奏旋律的直观感受，与乐器的声学特性有关；音乐作品的旋律性和感情色彩这一类反映了听众的审美体验，与音乐的审美特征有关；演奏作品的熟悉程度及听众的生理心理状态这一类反映被试的音乐背景。

7.4　等级打分法

等级打分法在国内及国际的主观评价标准中都有涉及，例如国家标准《GB-T16463-1996- 广播节目声音主观评价方法和技术要求》，《EBU Tech 3286-Assessment methods for the subjective evaluation of the quality of sound programme material – Music》，《ITU R BS.1116- Methods for the subjective assessment of small impairments in audio systems》 和《ITU R BS.1534-3-Method for the subjective assessment of intermediate quality level of audio systems》。该方法因应用目的不同，具体的设置存在一定差异，主要可用于声音节目录制技术质量评奖或者声音音质损伤的评判。

7.4.1　等级打分法的实验过程

7.4.1.1　GB-T16463 的实验方法

GB-T16463 标准提出的等级打分法属于直接法，要求被试对评价术语直接进行评判，该方法的优点是操作相对简单，可以在短时间内获得大量数据。但是该方法测量精度不够高，而且必须假定被试对评价术语和定级标准的理解变化是统计独立的。然而实际上对评价术语和标准的理解因人而异，即使是同一名被试，对音质评判的记忆也很难持久。但是由于该方法简单易行，仍然在国内声音节目质量评定中广泛使用。为了避免被试差异对实验结果产生干扰，该方法对被试的要求相对较高，通常选择具有一定音乐素养和音乐理解力、有高保真及临场听音经验的被试。在声音节目质量评定中，被试常常由录音师、录音声学工作者、乐队指挥等人构成。此外在正式实验之前，应对被试进行听音培训，统一被试对评价术语的理解和定级标准，保证每一位被试熟悉评定程序，以免中途出错而影响评价结果。

实验过程中，让被试就每一个评价术语在五个连续等级尺度上进行打分，等级划分如表 7-30 所示。

表 7-30　GB-T16463 实验方法的等级划分

等级	描述
5 分（优）	质量极好　十分满意
4 分（良）	质量好　　比较满意
3 分（中）	质量一般　尚可接受
2 分（差）	质量差　　勉强能听
1 分（劣）	质量低劣　无法忍受

对声音节目质量进行主观评价时，GB-T16463-1996 标准中推荐了 8 个音质主观评价术语和一项总体音质效果的综合评价。不同评价术语的描述及五个等级的打分尺度如表 7-31 所示。在实验过程中，允许被试对每一个评价术语打分时，保留一位小数。此外，如果声音节目中存在较大的失真、噪声或左右声道不平衡的现象则应扣分。

表 7-31　GB-T16463 中不同评价术语的评价描述

评价术语	含义	打分尺度（分）				
		$\geqslant 4.5$	< 4.5 $\geqslant 4.0$	< 4.0 $\geqslant 3.0$	< 3.0 $\geqslant 2.0$	< 2.0
明亮度	高、中音充分，听感明朗、活跃	质量极佳	质量好	质量一般	质量差	质量劣
丰满度	声音融会贯通，响度适宜，听感温暖、厚实、具有弹性					
柔和度	声音温和，不尖、不破，听感舒服、悦耳					
圆润度	优美动听、饱满而润泽不尖噪					
清晰度	声音层次分明，有清澈见底之感，语言可懂度高					
平衡度	节目各声部比例协调，高、中、低频搭配得当					
真实度	保持原有声源的音色特点					
立体声效果	声像分布连续，结构合理，声像定位明确、不漂移、宽度感、纵深感适度，空间感真实、活跃、得体					
总体音质	被评节目总体音质效果的综合评价					

7.4.1.2　EBU Tech 3286 的实验方法

在被试的选择上，该方法与 GB-T16463 有着类似的要求。在正式实验前，也需对被试进行听音训练，保证被试对评价术语有正确的认识和理解。在实验过程中，被试针对不同的评价术语在六个离散等级尺度上进行评判，被试可以对声品质或者声损伤进行评判，等级划分如表 7-32 所示。

表 7-32　EBU Tech 3286 实验方法中的等级划分

等级	声音质量	损伤程度
1	很差 存在明显的技术缺陷 不适合传输的声音	非常令人不悦的损伤
2	差 仅在特殊情况下才用于传输的声音 仅适用于较差音质的声音存储	很多令人不悦的损伤
3	一般	令人不悦的损伤
4	好	稍令人不悦的损伤
5	较好	可察觉，但不令人不悦的损伤
6	很好	察觉不到的损伤

EBU Tech 3286 中将评价术语分成六个评价维度，每个维度又包含不同数量的子评价维度，如表 7-33 所示。被试对不同评价维度进行等级打分，同时需要书写评论，以便主试进一步分析被试的评价结果。

表 7-33　EBU Tech 3286 实验方法中的评价术语

主评价术语	子评价术语
1. 空间声场 乐队在合适的空间环境中演出	空间声场的一致性 恰当的混响时间 声学平衡度（直达声与非直达声的关系） 声场纵深感 混响声的声品质
2. 立体声场 声像定位准确，声源分布恰当	各个声源的直达声比例合适 声像稳定度 乐队声像宽度 定位精确度
3. 通透度 清晰感知到演出的所有细节	声源清晰可辨 瞬态辨识度 声音可懂度
4. 平衡度 各个声源在乐队中比例合适	响度平衡 动态范围
5. 音质 可以精准地反映各个声源的特性	音色 声音的起振

续表

主评价术语	子评价术语
6. 不存在噪声和失真 　不存在各种噪声或失真现象，例如电噪声、声学噪声、公共噪声、误码、失真等	
7. 总体评价 　前面六个评价术语的加权平均结果，需考虑整个声场的完整性以及各个评价术语之间的相互作用	

7.4.1.3 ITU-R BS.1116 的实验方法

ITU-R BS.1116 标准中提出的"带隐藏参考的双盲三测试"主观评价方法，是对小损伤声频系统的声音质量评价方法，适用于评测较高比特率或较高声音质量的编解码系统等。"双盲"是指实验的主试和被试之间不存在受控制的交互可能性，其目的是避免实验对象或实验人员的主观偏向影响实验结果。在评价时，对一个被测声频系统，同一个序列展现给被试的是三个测试信号，第 1 个测试信号 A 为参考信号，作为对比的基准信号，第 2 个测试信号 B 和第 3 个测试信号 C 为经过被测系统处理的测试信号和未经处理的参考信号（隐藏参考），但是顺序随机。测试信号时长通常为 10s~25s。被试在进行主观评价时，将 B 和 C 信号与 A 信号进行反复对比，判断出 B 和 C 哪一个是隐藏参考信号，评定为满分，再对另一个信号按照五级损伤标度给予评分。五级损伤标度如表 7-34 所示，是连续等级尺度，允许被试打分时保留一位小数。被试评价界面如图 7-10 所示。

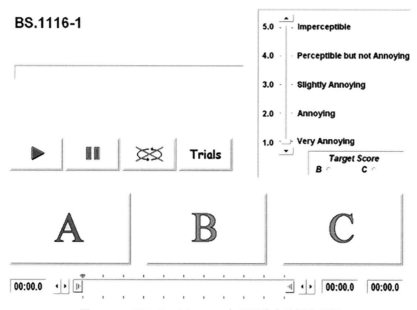

图 7-10　ITU-R　BS.1116 主观评价方法操作界面

表 7-34　ITU R BS. 1116 实验方法的等级划分

等级	损伤程度
5.0 分	察觉不到损伤
4.0 分	损伤可察觉，但不令人不悦
3.0 分	损伤稍令人不悦
2.0 分	损伤令人不悦
1.0 分	损伤令人非常不悦

为了让被试熟悉测试设备、测试环境、等级评分过程、等级评分刻度以及对应的使用方法，在正式实验前，需要有熟悉或训练阶段。在熟悉或训练阶段，可以让三位被试组成一个训练小组，便于他们对其检测内容自由地进行相互交流和讨论。该主观评价方法针对不同的声频系统给出不同的评价术语，表 7-35 给出对应的评价术语。

表 7-35　ITU-R BS. 1116 实验方法中的评价术语

声音系统	评价术语
单声道系统	✓ 基本声音质量
双声道立体声系统	✓ 基本声音质量 特别关注立体声声像质量
多声道立体声系统	✓ 基本声音质量 ✓ 前方声像质量 ✓ 环绕声质量
先进声音系统	✓ 基本声音质量 ✓ 音色质量 ·音色的色彩 ·音色一致性 ✓ 定位质量 ·水平定位 ·垂直定位 ·远距离定位 ✓ 环境声质量 ·水平环境声 ·垂直环境声 ·远距离环境声

7.4.1.4　ITU-R BS. 1534 的实验方法

ITU-R BS. 1534 标准中提出的主观评价方法，全称为"带隐藏参考和隐藏锚点的双盲多激励测试方法"（MUlti Stimulus test with Hidden Reference and Anchor，简称 MUSHRA）。该方法是对中等和大损伤声频系统的声音质量评价方法，适用于由于带宽等所限，工作在较低比特率而带来明显损伤的编解码系统。为了保证评价数据的有效性，通常也选取有临场听音经验的专业被试。

在该测试评价方法中，相同节目源的一组实验信号共包含 4+X 个（1 个参考信号，1 个隐藏参考信号，1 个隐藏低等级锚点信号，1 个隐藏中等级锚点信号，X 个被测系统所处理的测试信号）。被试需要为除参考信号之外的 3+X 个实验信号按照图 7-11 中的连续等级尺度打分。在实验过程中，被试以参考信号为标准，直接比较其他信号，可以更容易地检测损伤信号之间的差别，并给出相应的评定等级，如图 7-12 所示。建议在任何实验中实验信号的数量不超过 12 个（例如 9 个测试信号，1 个隐藏低等级锚点信号，1 个隐藏中等级锚点信号，1 个隐藏参考信号）。锚点信号又可称为基准信号，用于进行被试信度检验。低等级锚点信号通常为参考信号经过 3.5kHz 低通滤波后的信号，中等级锚点信号为参考信号经过 7kHz 低通滤波后的信号。每一条实验信号最大时长应该大约为 10s，最好不超过 12s。

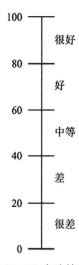

图 7-11　MUSHRA 方法的连续等级尺度

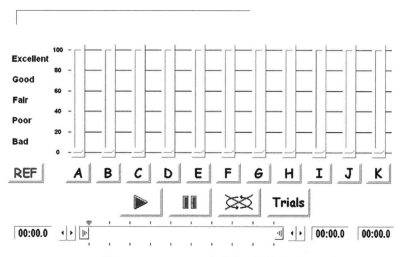

图 7-12　MUSHRA 方法主观评价界面

MUSHRA 方法中评价术语通常是基本音频质量，当然也会根据被测系统的不同而有所差别。在 ITU-R BS.1534 标准中也同样给出如表 7-35 所示的用于不同声音系统的评测维度和术语。与 ITU-R BS.1116 标准相比，MUSHRA 方法具有同时显示很多测试信号的优点，这样被试能够在它们之间直接进行两两比较。相比于采用 ITU-R BS.1116 标准的评测方法，采用 MUSHRA 方法进行主观评测所需的时间可以大大缩短。

7.4.2　等级打分法的数据处理及应用实例

7.4.2.1　GB-T16463 的实验数据处理及应用实例

数据处理采用经典的统计方法，对所有被试对每个声音节目的评价结果，都按评价项各自统计出单项总分，然后再分别计算单项平均分、总项平均分和标准差。

音质评价项单项平均分的计算如式 7-18 所示。

$$P_j = \frac{\sum_{i=1}^{n} P_i}{n} \qquad (7-18)$$

标准差的计算如式 7-19 所示。

$$S_j = \sqrt{\frac{\sum_{i=1}^{n} (P_i - P_j)^2}{n-1}} \qquad (7-19)$$

其中，P_i 为每个被试所评的个人分数，n 为被试人数。音质评语项总项平均分 P_N 的计算如式 7-20 所示。

$$P_N = \frac{\sum_{j=1}^{m} P_j}{m} \qquad (7-20)$$

立体声效果平均分 P_S 的计算如式 7-21 所示。

$$P_S = \frac{\sum_{i=1}^{n} P_{si}}{n} \qquad (7-21)$$

总体音质平均分 P_T 的计算如式 7-22 所示。

$$P_T = \frac{\sum_{i=1}^{n} P_{ti}}{n} \qquad (7-22)$$

其中，m 为音质评定的项目数，P_{si} 为每位被试对立体声效果的评分，P_{ti} 为每位被试对总体音质的评分。

声音节目评价总分的计算采用计权的方法，通常音质评语项、立体声效果项和总体音质的计权百分率分别为50%、20%和30%。声音节目评价计权总分P的计算如式7-23所示。

$$P = P_N \times 50\% + P_S \times 20\% + P_T \times 30\% \tag{7-23}$$

$$节目实得分数 = P - 应扣分数 \tag{7-24}$$

应扣分数的计算如式7-25所示。

$$应扣分数 = P \times \frac{扣分人数 - 2}{被试人数} \times 30\% \tag{7-25}$$

如果被试人数为6人或6人以下时，式7-25应改为：

$$应扣分数 = P \times \frac{扣分人数 - 1}{被试人数} \times 30\% \tag{7-26}$$

最终得到的评价结果统计表如表7-36所示。

表7-36 等级打分法评价结果统计表

评价项目	评语单项总分	评语单项平均分	标准偏差	总项平均	计权百分率	计权分数
明亮						
丰满						
柔和						
圆润	P_j	S_j	P_N	50%		
清晰						
平衡						
真实						
立体声效果	P_S			20%		
总体音质	P_T			30%		
计权总分	应扣分数		实得分数			

以评价民族乐队合奏曲目《草原上》为例，说明等级打分法的实验过程及数据处理过程。参加主观评价实验的被试共10名，其中录音师7名，音频工程师3名，都有较为丰富的临场听音经验。在听音前，分别对评价的术语进行解释，并通过播放练习曲目，尽量让被试对评价术语有较为统一的认识。曲目全长约4分钟，让被试在聆听后针对八个评价术语和总体音质进行打分，分数可保留一位小数。10名被试的打分结果如表7-37所示。

表7-37 被试的打分结果

评价项目	被试1	被试2	被试3	被试4	被试5	被试6	被试7	被试8	被试9	被试10
明亮	3.8	4.1	3.7	4.2	4.3	3.9	4.0	3.9	4.0	3.9
丰满	4.1	4.4	3.9	4.5	4.7	4.1	4.2	4.1	4.3	4.0

评价项目	被试 1	被试 2	被试 3	被试 4	被试 5	被试 6	被试 7	被试 8	被试 9	被试 10
柔和	4.3	4.5	4.1	4.4	4.5	4.2	4.3	4.1	4.2	4.0
圆润	4.2	4.4	4.0	4.5	4.4	4.2	4.5	4.0	3.9	4.2
清晰	4.3	4.3	4.1	4.4	4.6	4.0	4.1	4.3	4.2	4.1
平衡	4.0	4.2	3.8	4.4	4.4	3.9	4.0	4.1	4.3	3.8
真实	4.2	4.3	4.2	4.5	4.6	4.2	4.0	4.2	4.7	4.0
立体声效果	4.0	4.1	3.6	4.2	4.1	4.0	3.9	4.0	4.2	3.8
总体音质	4.0	4.1	4.0	4.3	4.3	4.1	4.0	4.0	4.1	4.0
扣分情况	无	无	无	无	无	无	无	无	无	无

对被试的打分结果进行统计分析，统计分析结果如表 7-38 所示。

表 7-38　《草原上》的音质评价结果

评价项目	评语单项总分	评语单项平均分	标准偏差	总项平均	计权百分率	计权分数
明亮	39.80	3.98	0.18			
丰满	42.30	4.23	0.25			
柔和	42.60	4.26	0.17			
圆润	42.30	4.23	0.22	4.19	50%	2.09
清晰	42.40	4.24	0.18			
平衡	40.90	4.09	0.23			
真实	42.90	4.29	0.24			
立体声效果	39.90	3.99	0.19	3.99	20%	0.80
总体音质	40.90	4.09	0.12	4.09	30%	1.23
计权总分	4.12	应扣分数	0	实得分数	4.12	

7.4.2.2　三种国际标准等级打分法的实验数据处理

在 7.4.1 中介绍的三种国际标准主观评价方法，由于后期数据处理较为相似，因此合并进行介绍。在进行统计分析之前，如果没有中间锚点信号做参考，需要对每一个被试的结果基于平均值和标准差进行归一化处理，归一化的公式如 7-27 所示。

$$Z_i = \frac{(x_i - x_{si})}{s_{si}} \cdot s_s + x_s \qquad (7\text{-}27)$$

其中：

Z_i 表示归一化结果；

x_i 表示被试的评分；

x_{si} 表示被试在 s 组完整测试中的平均分；

x_s 表示所有被试在 s 组完整测试中的平均分；

s_s 表示所有被试在 s 组完整测试中的标准方差；

s_{si} 表示被试在 s 组完整测试中的标准方差。

对于连续尺度评分，实验结果通常采用均值和标准差来表示数据的集中趋势和离散程度，如 7.4.2.1 节中所示。而对于离散尺度评分（EBU Tech 3286 标准的评价方法）往往采用中位数（Median）和四分位距（Interquartile range，简称 IQR）来表示集中趋势和离散程度。中位数又称中值，是按顺序排列在一起的一组数据中居于中间位置的数，即在这组数据中，有一半的数据比它大，有一半的数据比它小。中位数的计算公式如式 7-28 所示。

$$\text{Median}(x) = \begin{cases} x_{jk\frac{n+1}{2}}, & n \text{ 为奇数} \\ \dfrac{\left(x_{jk\frac{n}{2}} + x_{jk\left(\frac{n}{2}+1\right)}\right)}{2}, & n \text{ 为偶数} \end{cases} \qquad (7\text{-}28)$$

其中 x 表示按大小增序排列的实验结果，n 表示实验结果的数量，j 表示被测系统，k 表示评价节目源。

四分位距又称为四分差，该值的计算基于两个百分位数，即 P_{25} 和 P_{75}。这两个点值与中位数一起把整个数据的次数等分为四部分，因此称为四分位数。由于 P_{25} 之下占总次数的四分之一，故又称为第一四分位（Q_1），将 P_{75} 称为第三四分位（Q_3）。四分位距的计算公式如 7-29 所示。

$$Q_1(x) = \begin{cases} median\left(x_{jk1}, \dots x_{jk\frac{n+1}{2}}\right), & n \text{为奇数} \\ median\left(x_{jk1}, \dots x_{jk\frac{n}{2}}\right), & n \text{为偶数} \end{cases}$$

$$Q_3(x) = \begin{cases} median\left(x_{jk\frac{n+1}{2}}, \dots x_{jkn}\right), & n \text{为奇数} \\ median\left(x_{jk\left(\frac{n}{2}+1\right)}, \dots x_{jkn}\right), & n \text{为偶数} \end{cases} \qquad (7\text{-}29)$$

$$IQR(x) = Q_3(x) - Q_1(x)$$

通常对于实验结果的集中趋势和离散程度采用箱形图来表示，该图可以显示一组实验数据的最大值、最小值、中位数、上下四分位数以及异常值，如图 7-13 所示。

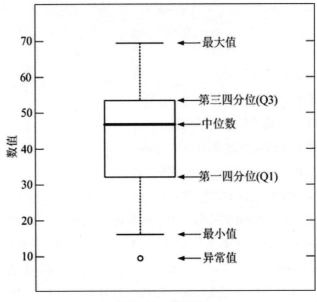

图 7-13　箱形图

思考与研讨题

1. 什么是绝对阈限和差别阈限？
2. 阐述恒定刺激法进行绝对阈限测量的过程。
3. 阐述对偶比较法的数据处理过程。
4. 阐述系列范畴法的适用研究对象。
5. 阐述几种不同标准的等级打分法的差异性。

延伸阅读：

［1］孟子厚 . 音质主观评价的实验心理学方法［M］. 北京：国防工业出版社，2008.

［2］朱滢 . 实验心理学［M］. 北京：北京大学出版社，2006.

［3］孟庆茂，常建华 . 实验心理学［M］. 北京：北京师范大学出版社，2013.

［4］杨治良 . 基础实验心理学［M］. 兰州：甘肃人民出版社，1988.

［5］中国标准委员会 . 广播节目声音质量主观评价方法和技术指标要求：GB/T 16463-1996［S］. 北京：中国质检出版社，1996.

［6］中国标准委员会 . 厅堂、体育场馆扩声系统听音评价方法：GB/T 28047-2011［S］. 北京：中国标准出版社，2012.

［7］彭聃龄 . 普通心理学［M］. 4 版 . 北京：北京师范大学出版社，2012.

［8］陈小平. 声音与人耳听觉［M］. 北京：中国广播电视出版社，2006.

［9］张厚粲，徐建平. 现代心理与教育统计学［M］. 3 版. 北京：北京师范大学出版社，2013.

［10］EBU Tech. 3286-E. Assessment methods for the subjective evaluation of the quality of sound programme material – Music，1997.

［11］ITU-R BS.1116-3-Methods for the subjective assessment of small impairments in audio systems，2015.

［12］ITU-R BS.1534-3-Method for the subjective assessment of intermediate quality level of audio systems，2015.

8　实验的信度与效度检验

本章要点

1. 理解信度和效度的含义

2. 掌握重测信度的计算方法

3. 了解音质主观评价实验过程中提高信度和效度的方法

关键术语

信度、效度、信度系数

如何评价音质主观评价实验的合理性呢？对这个问题的回答总是涉及两方面的内容。其一，实验是否明确、有效和可操作；其二，实验是否可重复和验证。这其实就是实验研究的效度和信度问题。效度就是实验结果的准确性和有效性程度，信度就是实验结果的可靠性和前后一致性程度。效度与信度是音质主观评价实验研究成败的关键，也是对任何心理学实验进行评价的指标。

实验研究的效度和信度从来都不是相互割裂的：一个具有良好效度的实验，将得益于其对变量关系的明确把握，因而其结论往往也具备高度的可重复性；反过来，一个信度高的实验，则需要在保持其可重复验证优点的同时，设法提高其结论的推广价值。良好的效度和信度是评价实验设计成功与否的关键，而坚实的理论基础、周密的思考和设计、谨慎科学的态度则是达到实验效度和信度的必备素质。

8.1　实验的信度检验

8.1.1　信度的操作定义

实验信度是指实验结论的可靠性和前后一致性程度。实验结果接近或等于实际真值或多次测量结果，才认为是可靠的。前后一致性程度可以简单归结为：如果再重复实验，其结果会与第一次相同吗？这在心理学研究中是一个关系重大的问题，它涉及实验研究的可验证性。如果无法证明所得出的实验结果是可信的，那么音质主观评价实验结果将毫无价值。

8.1.2　影响音质主观评价实验信度的因素

◆被试与评价内容

被试方面个体差异，情绪波动、动机变化，评价时偶然因素干扰，评价的形式等方面引起的测量误差，都会使实验的信度降低。

◆ 评价分数分布范围的影响

评价分数分布范围越宽，信度系数越高。评价样组各被试的能力或特性越是接近，及其范围越狭窄，评价团体的同质性越高，评价分数越接近，分数分布范围就越狭窄，这样，分数的方差会降低，信度系数就会减小。故评价样组各被试的个体差异越大，评价团体异质性越高，评价分数分布范围就会越宽，信度系数越高。

◆评价难度的影响

如果评价内容对某个团体而言太难，被试就会对题目过多的进行随机反应，这时测验分数的差别主要取决于随机分布的测量误差，信度系数就很低；如果评价太容易，被试多数能回答正确，测验分数就会相当接近，分数分布范围变窄，也会使信度降低。所以，要使信度达到最高，应该有一个适当的难度水平，以产生最佳的分数分布。

8.1.3　实验信度的计算

实验信度就是实验的可验证性问题。要保证实验信度，就应鼓励研究者进行验证性实验，这样即使推断统计显示仍存在犯错误的可能，但实验结果也是可信的。测量信度主要有三种方法，研究的侧重点各不相同，用于测试信度的不同方面。

◆重测信度：估计实验中跨时间的一致性

◆复本信度：估计实验跨形式的一致性

◆内在一致性系数：估计实验跨项目或两个分半实验之间的一致性

这些方法具有不同的意义，每一种信度系数不能代替其他信度系数。所以编制实验或使用实验时，应该尽可能收集到各种信度证据。

8.1.3.1　重测信度

重测信度也称稳定系数，是一组被试在不同时间用同一测验测量两次（两次测验间隔一段时距），两次测验分数的相关系数。计算可采用如下公式：

$$r_{tt} = r_{x_1 x_2} = \frac{\sum x_1 x_2 - \dfrac{\sum x_1 \sum x_2}{n}}{\sqrt{\sum x_1^2 - \dfrac{(\sum x_1)^2}{n}} \sqrt{\sum x_2^2 - \dfrac{(\sum x_2)^2}{n}}} \tag{8-1}$$

其中 r_{tt} 为信度，也称作信度系数；x_1、x_2 分别表示首测和再测分数。

重测信度可能产生的误差来源于测验本身所测特性不稳定，比如情绪；被试方面个体差异；偶然因素干扰等。因此应保证所测特性稳定，被试记忆、练习效果相同、两次测试期间，被试的学习效果没有差别。在音质主观评价实验中，常采用此方法计算信度。

8.1.3.2　复本信度

复本信度也称等值系数，估计两个假定相等的复份实验之间的一致性，是两个平行实验分数的相关。先实施该实验的复份 A 再在最短时间内实施复份 B，再求两次实验分数的相关系数。

$$r_{tt} = r_{x_A x_B} = \frac{\sum x_A x_B - \dfrac{\sum x_A \sum x_B}{n}}{\sqrt{\sum x_A^2 - \dfrac{(\sum x_A)^2}{n}} \sqrt{\sum x_B^2 - \dfrac{(\sum x_B)^2}{n}}} \tag{8-2}$$

其中 x_A 和 x_B 分别表示两次复份实验结果。复本信度的误差来源主要是两种实验形式是否等值；测题取样是否匹配；格式是否相同，内容、题数、难度、平均数、标准差是否一致；被试方面情绪波动、动机变化；实验环境变化及偶然因素的干扰。

8.1.3.3　内在一致性信度

内在一致性信度也称内在一致性系数，反映的是实验内部的一致性，即跨项目的同质性。实验里各测试得分为正相关时，即同质，反之测试间相关为零则为异质。最常采用的是分半法，即把一份实验按题目的奇偶顺序或其他方法分成两个尽可能平行的半份实验，计算两半之间的相关，即得到分半信度系数。再用公式对分半信度系数进行修正，得到修正后的分半信度，即原长测验的信度估计值，如式 8-4 所示。

$$r_{hh} = r_{x_1 x_2} = \frac{\sum x_1 x_2 - \frac{\sum x_1 \sum x_2}{n}}{\sqrt{\sum x_1^2 - \frac{(\sum x_1)^2}{n}} \sqrt{\sum x_2^2 - \frac{(\sum x_2)^2}{n}}} \tag{8-3}$$

再代入修正公式：

$$r_{tt} = \frac{2r_{hh}}{1 + r_{hh}} \tag{8-4}$$

r_{hh} 是分半信度系数，r_{tt} 是测验在原长度时信度的估计值。

内在一致性信度的优点是只需施测一次就可以估计信度系数，省时省力。比重测信度、复本信度所算出的信度系数高。但是求分半信度时，分半的方法不同，估计出的信度系数就不同，而且实验须要求具有同质性。

8.2　实验的效度检验

8.2.1　效度的定义

实验效度是指一个实验对所测量特性测量到什么程度的估计，也就是实验结果的准确性和有效性程度。音质主观评价的效度所要回答的基本问题是：这个音质主观评价实验测量什么特性？它对所要测量的特性测的有多准？测量结果与要考察的内容越吻合，则效度越高，反之，效度越低。例如在音质主观评价实验中，想测量的内容是混响感，那么被试所得到的分数是否是对混响感的感知而不是温暖感的感知，这就是效度关心的问题。因此效度是有特殊性的，效度对某一目的是高效的，而对另一目的就未必有效，甚至是无效。

效度的确定，是把测量的结果与一个预定的标准作比较，求其相关系数。在测量过程中，常有一些无关因素与实验变量相混淆，影响实验结果。

8.2.2　影响效度的因素

影响效度的因素很多，包括实验本身的因素以及实验的环境和被试等方面的因素。实验情境，如场地的布置、材料的准备等都会影响到实验的效度。此外，在实施实验的过程中，是否遵照实验使用手册的各项规定进行标准化的施测，指导语是否已将答题方式说明清楚，是否按要求进行时间限制等，也影响到实验的效度。如果没有按照标准化的程序进行施测和客观的评分，就必然会使实验效度降低。被试的兴趣、动机、情绪、态度和身体健康状况以及是否充分合作与尽力而为等也会影响实验的效度。

8.2.3　效度的检验

在效度验证的过程中，实验的目的不同，对实验效度也有不同的要求。这个相关系数叫作效度系数，效度系数愈大，效度愈高。效度分成四种类型：

◆构想效度（Construct validity）

◆内部效度（Internal validity）

◆外部效度（External validity）

◆统计结论效度（Statistical conclusion validity）

8.2.3.1　构想效度

构想效度主要涉及心理学的理论概念问题，是指实验对某一理论上的构想或特质测量的程度，即实验的结果是否能证实或解释某一理论的假设、术语或构想，具体是指研究中包含的自变量和因变量定义的恰当性。自变量和因变量定义的恰当性，更准确地说是自变量和因变量操作定义的恰当性。操作定义是指，一个变量根据测定它所用的程序所给出的具体明确的定义。

影响构想效度的主要因素包括以下两个方面：一是理论上的构想代表性不充足；二是构想之代表性过宽，以致包含了无关事物。在音质主观评价实验中影响构想效度的因素可能有：单一方法的偏差、被试在执行实验时对假设的猜测、实验者的期望效应等。

经过长期艰苦的搜集和积累证据资料的过程才能逐步验证实验的构想效度。被试的反应特点、与已知效度同类测验的相关性等都可以作为评估构想效度的证据。

8.2.3.2　内部效度

内部效度是指实验数据偏离真值的程度或指系统误差大小，系统误差种类越多，数据偏离真值的程度就越大，内部效度越低。从另外的角度讲，内部效度是指实验中自变量与因变量之间因果关系的明确程度。它反映的是一个实验在方法学上合乎逻辑的程度，以及不受混淆因素影响的程度。任何未加控制的额外变量都能降低研究的内部效度。影响内部效度的因素有历史因素、被试没有随机分组、被试自身的改变、疲劳效应等。

8.2.3.3　外部效度

外部效度是指研究发现能够普遍推广到样本来源的总体以及其他同类现象中的程度，即实验结果的普遍代表性和适用性。简单地说，外部效度是指研究发现的概况程度。要达到较高的外部效度，应注意控制以下一些因素：

（1）克服实验的过分人工情境化；

（2）增加样本的代表性；

（3）保证测量工具的效度。

8.2.3.4　统计结论效度

统计结论效度是指统计方法的适用性所引起的统计结论有效性的程度，它主要反映统计量与总体参数之间的关系。影响统计结论效度的因素一般有以下几个：

（1）研究者进行了错误的统计分析；

（2）研究者选择性报告分析结果，只报告那些符合自己预期的结果；

（3）研究者尝试不同类型的统计分析，直到发现"显著"的结果为止；

（4）因变量指标不稳定，误差变异增加，减少了统计显著的机会。

任何一个实验都需要效度证据，关键在于效度是由一定的实验目的规定的，不同实验对应不同种类的效度检验。上述影响研究效度的一些因素，如果能做到有效的控制，可以提高研究的效度，但不能完全避免。一项好的研究设计，只能是在权衡利弊得失之后，使内在效度与外部效度，统计结论效度与构想效度达到和谐统一，不要顾此失彼。

在一个具体音质主观评价实验中，从实验设计到实验的实施都要提供尽可能多的实验信度数据和效度数据，从不同的角度验证实验方法和实验结果的可靠性。

思考与研讨题

1. 什么是信度？分成哪几种类型？

2. 音质主观评价实验中常采用哪种信度检验？如何操作？

3. 什么是效度？影响效度的因素有哪些，举例说明。

延伸阅读

〔1〕孟子厚.音质主观评价的实验心理学方法〔M〕.北京：国防工业出版社，2008.

〔2〕孟庆茂，常建华.实验心理学〔M〕.北京：北京师范大学出版社，2013.

〔3〕杨治良.基础实验心理学〔M〕.兰州：甘肃人民出版社，1988.

〔4〕舒华，张亚旭.心理学研究方法——实验设计和数据分析〔M〕.北京：人民教育出版社，2008.

9 实验数据的统计分析

本章要点

1. 假设检验

2. 相关分析

3. 聚类分析

4. 因子分析

5. 回归分析

关键术语

方差分析、相关分析、聚类分析、因子分析、回归分析通过音质主观评价实验得到主观评价结果后，为了进一步探究感知规律，往往对主观评价结果进行假设检验，或者考察主观结果与声音客观特征的关系，通过相关分析、聚类分析、因子分析及回归分析等，明确主观结果与声音客观特征的关系，以便做出定性结论。

9.1　假设检验

9.1.1　假设检验的原理

假设检验（Hypothesis test）是推论统计的重要内容，是根据已知理论对研究对象所做的假定性检验。在进行一项研究时，都需要根据现有的理论和经验事先对研究结果做出一种预想的希望证实的假设。这种假设用统计术语表示时叫研究假设，记作 H_1。例如研究双耳渲染技术是否提升耳机重放的立体声信号的外化感，即经过双耳渲染后的信号和原始信号在外化感上是否存在显著性差异，研究假设 H_1 为：双耳渲染技术会提升声音信号的外化感。在研究过程中，很难对 H_1 的真实性直接检验，需要建立与之对立的假设，称作虚无假设 H_0（Null hypothesis），也叫零假设。在假设检验中 H_0 总是与 H_1 对立，因此 H_1 又称为备择假设（Alternative hypothesis），即一旦有充分理由否定虚无假设 H_0，H_1 这个假设备你选择。假设检验的问题，核心是要判断虚无假设 H_0 是否正确，决定接受还是拒绝虚无假设 H_0。

假设检验利用了反证法的思路，设立虚无假设，尝试对虚无假设找寻反例，只要找到一个反例就可以推翻虚无假设。仍然以研究双耳渲染技术是否可以提升声音信号外化感为例说明假设检验的过程。首先提出一个虚无假设 H_0，假设双耳渲染技术 A 不会提升信号的外化感；然后随机选取不同的声音实验信号，让多名被试对经过双耳渲染后的信号和原始信号进行外化感的打分；计算渲染后信号样本和原始样本的统计量，并比较这两个样本的统计量。如果两个样本统计量的差异落在接受域，接受虚无假设即双耳渲染技术 A 不会提升声音信号的外化感；如果两个样本统计量的差异落在拒绝域，则拒绝虚无假设，即双耳渲染技术 A 会提升声音信号的外化感。

假设检验中存在两类错误，分别是 I 型错误（也称为 α 型错误）和 II 型错误（也称为 β 型错误），详情见表 9-1。I 型错误是指虚无假设 H_0 本来是正确的，但是拒绝了 H_0，即处理方法是没有效果的，却认为有效果，这种情况会导致严重的问题，需要特别注意。II 型错误是指虚无假设 H_0 本来是不正确的，但是却接受了 H_0，是取伪错误。在实际研究中，通常是控制犯 I 型错误的概率 α，使 H_0 成立时犯 I 型错误的概率不超过 α。在这种原则下，假设检验也称为显著性检验（Significance test），将犯 I 型错误的概率 α 称为假设检验的显著性水平。

表 9-1　假设检验的两类错误

	接受 H_0	拒绝 H_0
H_0 为真	正确	I 型错误 α 型错误
H_0 为假	II 型错误 β 型错误	正确

假设检验根据检验的方向性分为单侧检验和双侧检验，如图 9-1 所示。假设研究音乐背景的被试与普通被试在情感愉悦度感知方面是否存在差异，我们关心两个群体之间的感知结果是否存在差异，并不关心哪个群体打分更高，这种只强调差异而不强调方向性的检验为双侧检验（Two-tailed test）。假设研究编解码技术是否对声音音质产生损伤，经过编码后的信号音质不可能优于原始未处理信号，我们只是关心编码后的信号音质是否显著低于原始信号。这种强调某一方向的检验称为单侧检验（One-tailed test）。通常适用于检验研究对象在某一感知参数上是否"优于"或者"大于"，"劣于"或者"小于"另一研究对象的问题。

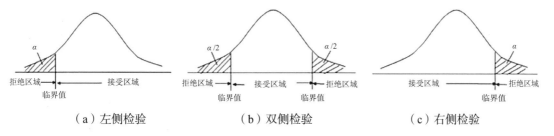

（a）左侧检验　　　　（b）双侧检验　　　　（c）右侧检验

图 9-1　单侧检验与双侧检验示意图

根据实验数据的分布形态，假设检验包括参数检验（Parametric test）和非参数检验（Non-parametric test）。参数检验通常假设数据总体服从正态分布，实验样本服从 T 分布；如果数据总体分布情况未知，实验样本容量小且多为分类数据时，则采用非参数检验。非参数检验对总体分布不作假设，直接从实验样本入手进行统计推断。由于参数检验的精确度高于非参数检验，因此在数据符合参数检验的条件时，应该优先采用参数检验。在假设检验中进行实验数据处理时，通常讨论两个样本或多个样本平均数的差异问题，因此也称为平均数的显著性检验。根据实验数据分布特征以及检验内容的不同，平均值的显著性检验采用的方法也存在差异，如表 9-2 所示。表中仅列出每种情况下最常用的检验方法，更加完备的检验方法请参照专业的心理统计书籍。下面对统计分析中使用最广泛的方差分析进行详细阐述。

表 9-2 平均值的显著性检验总结

	参数检验	非参数检验
两个独立样本	独立样本 t 检验	曼－特尼－维尔克松秩和检验 （Mann-Whitney-Wilcoxon rank sum test）
两个相关样本	配对样本 t 检验	维尔克松符号秩和检验 （Wilcoxon Signed-Rank test）
两个以上独立样本	完全随机设计的方差分析	克－瓦氏等级检验（Kruska-Wallis Rank test）
两个以上相关样本	随机区组设计的方差分析	弗里德曼检验（Friedman test）

9.1.2 方差分析

9.1.2.1 方差分析的原理

方差分析也称为变异分析（Analysis of variance，ANOVA），用于处理两个以上样本平均值之间的差异检验问题。方差分析检验的虚无假设是所有样本的平均值都相等，即：

$$H_0: \mu_1 = \mu_2 = \mu_3 \cdots = \mu_n \tag{9-1}$$

其中 μ_n 表示第 n 组样本的平均值。如果虚无假设被拒绝，接下来需要确定究竟哪两个样本之间的平均值存在着显著性差异，可以运用事后检验方法来确定。

方差分析的基本原理是方差（或变异）的可加性原则，也就是说将实验数据的总变异分解为若干个不同来源的分量。假如探讨不同乐器类别对音乐情感愉悦度的影响，乐器类别是自变量，分成弹拨（琵琶）、吹管（曲笛）和拉弦（二胡）三类乐器，因变量是音乐情感愉悦度的分值。选择 15 名被试，并随机将他们分到弹拨、吹管和拉弦三类乐器组别中，对音乐进行愉悦度打分。

表 9-3 不同乐器演奏的音乐愉悦度得分

	乐器类别			k = 3
	弹拨	拉弦	吹管	
n=5	4.87	1.53	2.27	
	4.53	2.02	5.81	
	3.61	3.15	3.46	
	2.37	2.50	2.92	
	3.33	1.71	1.88	
$\overline{X_j}$	3.74	2.18	3.27	$\overline{X_t}$ =3.06

表中 k = 3 表示三种实验条件，n = 5 表示每种实验条件中都有 5 名被试，$\overline{X_j}$ 表示某种实验条件的平均值，$\overline{X_t}$ 表示总平均值。

对于任意一个数据 X_{ij} (第 j 组的第 i 个数据)，令

$$SS_T = \sum_{j=1}^{k} \sum_{i=1}^{n} (X_{ij} - \overline{X_t})^2 = 21.61 \qquad (9\text{-}2)$$

$$SS_B = n \cdot \sum_{j=1}^{k} (\overline{X_j} - \overline{X_t})^2 = 15.22 \qquad (9\text{-}3)$$

$$SS_W = \sum_{j=1}^{k} \sum_{i=1}^{n} (X_{ij} - \overline{X_j})^2 = 6.39 \qquad (9\text{-}4)$$

通过计算，可以发现：

$$SS_T = SS_B + SS_W \qquad (9\text{-}5)$$

其中 SS_T 为总平方和（Sum of total square），表示实验中产生的总变异；SS_B 为组间平方和（Sum of squares between groups），表示由于不同的实验处理而造成的变异；SS_W 为组内平方和（Sum of squares within group），表示由实验误差（被试个体差异）造成的变异。总变异被分解为组间变异和组内变异。组间变异主要是由于接受不同的实验处理而造成的各组之间的变异，正是我们所关心的不同乐器演奏是否会导致愉悦度感知的差异。组内变异越大，表明实验误差越大，因此应尽量缩减组内变异，突显组间变异。

在方差分析中，将平方和除以自由度所得的样本方差可作总体方差的无偏估计，组间方差 MS_B（Mean squares between groups）和组内 MS_W 方差（Mean squares within group）的计算公式分别为：

$$MS_B = \frac{SS_B}{df_B} \qquad (9\text{-}6)$$

$$MS_W = \frac{SS_W}{df_W} \qquad (9\text{-}7)$$

df_B 为组间自由度：$df_B = k - 1$

df_W 为组内自由度：$df_B = k(n-1)$

总自由度：$\qquad df_T = nk - 1 = df_B + df_W$

检验两个方差之间的差异用 F 检验，因此比较 MS_B 和 MS_W 也要用 F 检验。在方差分析中由于只是关心组间方差是否显著大于组内方差，因此将组间方差放在分子位置上，进行单侧检验。F 值衡量了平均组间变异与平均组内变异的比值。F 值越大，处理效应越强；F 值越接近于 1，处理效应越不显著，随机误差越大。

$$F = \frac{MS_B}{MS_W} \qquad (9\text{-}8)$$

计算出 F 值后，通过查 F 分布表，与临界值比较，选择接受或拒绝虚无假设。根据表 9-3 的结果可得：

$$df_B = 2$$

$$df_W = 12$$

$$MS_B = \frac{SS_B}{df_B} = \frac{15.22}{2} = 7.61$$

$$MS_W = \frac{SS_W}{df_W} = \frac{6.39}{12} = 0.53$$

$$F = \frac{MS_B}{MS_W} = \frac{7.61}{0.53} = 14.29$$

查 F 表值，发现在显著性水平 0.01 时 $F_{0.01}$（2，12）= 6.93，2 表示组间自由度，12 表示组内自由度。实验计算结果大于 $F_{0.01}$（2，12），即 $p < 0.01$，达到显著性水平。因此可以认为不同乐器类别演奏音乐时，愉悦度的感知存在显著性差异。

9.1.2.2　基于方差分析的实验设计

1. 实验设计的类别

基于方差分析的实验设计属于多组设计。不同实验设计，在进行方差分析时，具体方法会存在一定的差异。基于方差分析的实验类型主要有组间设计和组内设计。

◆组间设计

组间设计也称为完全随机实验设计（Complete randomized design），通常被试被随机分成若干组，然后根据实验目的对各组被试进行不同的实验处理。分组的被试人数可以相同，也可以不同。该实验设计采用完全随机方差分析检验多个样本均值是否相同。研究变量通常为一个因变量，根据自变量数量的不同，可以将实验设计分为完全随机单因素实验设计，完全随机两因素实验设计以及完全随机三因素实验设计等。仍以上一节的实验为例，不同乐器类别对音乐情感愉悦度的影响属于完全随机单因素实验，其中愉悦度是因变量，不同乐器类别是自变量，且具有弹拨、拉弦和吹管三个类别。在这类实验设计中，实验误差既包括实验本身的误差，又包括被试个别差异引起的误差，无法分离，因此实验效率受到一定的限制。

◆组内设计

组内设计也称为重复测量实验设计（Repeated measure design），即每个被试都要接受所有自变量水平的实验处理。如果被试样本组取代单个被试时，该设计又称为随机区组设计（Randomized block design）。该实验设计采用重复测量方差分析检验不同样本的均值差异性。根据自变量数量的不同，该实验设计也分成单因素重复测量实验设计，两因素重复测量实验设计等。例如采用 MUSHURA 评价方法，让所有被试对不同编解码算法进行音质损伤打分就是典型的单因素重复测量实验设计，不同编解码算法是自变量，音质损伤是因变量。这种设计由于每个被试要接受所有实验处理，可将被试的个别差异从被试内差异中分离出来，提高实验处理的效率。

在实际研究工作中，通常会考察多个自变量对因变量的影响。例如考察不同被试类别（中国被试和西方被试）在聆听中西方音乐时情感感知的差异性问题，需采用被试类别（两个水平）* 音乐类别（两个水平）的两因素方差分析。在分析过程中，要对多个因素进行主效应（Main effect）和交互效应（Interaction effect）的分析。鉴于本书的篇幅有限，详细的内容请参看专业的心理统计书籍进行学习。

2. 方差分析的基本假设

正如本章 9.1.1 节中提及的，方差分析虽然精度高，但是对数据有一定的条件限制，数据必须满足以下的基本假设：

◆数据总体符合正态分布

需要对数据样本进行正态分布检验，可以采用柯尔莫哥洛夫 – 斯米诺夫检验（Kolmogorov-Smirnov test）或者夏皮罗 – 威尔克检验（Shapiro-Wilk test）。在实验心理学研究领域，大多数变量可以假定其总体服从正态分布。对于不符合正态分布的数据，需要先进行正态转换进而用参数检验方法，或者采用非参数检验方法。

◆各实验组内部的方差要一致

在进行方差分析时，各实验组内部的方差彼此无显著差异，因此需要进行各组内方差齐性（Equality of variances）检验。常用的方法包括哈特莱检验（Hartley test）、列文检验（Levene test）和巴特莱检验（Bartlett test）等。

3. 事后检验

在 9.1.2.1 节的范例中，通过计算可得弹拨、拉弦和吹管三类乐器在演奏音乐时，愉悦度的感知存在显著差异。这就表明这三个乐器类别组中两两比较时，至少有一对平均值间的差异达到显著水平，但是究竟是哪一对之间存在显著差异无从知道。因此需要进一步进行事后检验（Post hoc test），也称为事后多重比较（Multiple comparison procedures）。有多种方法可用于事后多重比较，例如 Tukey 真实显著性差异检验（Honest significant difference，HSD），Bonferroni 检验，Newman-Keuls 检验，Duncan 的多距检验，Scheffé 检验和最小显著差异检验（Least significant difference，LSD）等方法。

9.2　相关分析

9.2.1　简单相关分析

事物总是相互联系的，它们之间的关系多种多样。分析起来，大致有三种情况。第一种是因果关系，即一种现象是另一种现象的原因，而另一种现象是结果。第二种关系是共变关系，即表面看来有联系的两种事物都与第三种现象有关。第三种关系是相关关系，即两类现象在发展变化的方向与大小方面存在一定的联系，但不是前面两种关系。具有相关关系的两种现象之间的关系是比较复杂的，甚至可能包含暂时尚未认识的因果关系以及共变关系。统计学中所讲的相关是指具有相关关系的不同现象之间的关系程度，相关有以下三种：

◆ 两列变量变动方向相同，即一种变量变动时，另一种变量也同时发生或大或小与前一种变量同方向的变动，这称为正相关。

◆ 两列变量中有一列变量变动时，另一列变量呈现出或大或小但与前一列变量方向相反的变动，称为负相关。

◆ 两列变量之间没有关系，即一列变量变动时，另一列变量作无规律变动，这种情况称为零相关。

用一些合理的统计指标对相关现象观测值进行的统计分析叫相关分析（Correlation analysis）。相关分析是研究不同变量间密切程度的一种常用统计方法。相关系数是两个变量之间相关程度的数字表现形式。相关系数是描述相关强弱程度和方向的统计量，通常用 R 表示。相关系数的取值情况为：

$$-1 \leqslant R \leqslant 1 \qquad (9\text{-}9)$$

式 9-9 表明：

◆ 相关系数的取值范围介于 −1.00 至 +1.00 之间，它是一个比率，常用小数表示。

◆ 相关系数的 "+" 和 "−"（正、负）号仅表示变量间相关的方向，正值表示正相关，负值表示负相关。

◆ 相关系数 $R = +1$ 时表示完全正相关，$R = -1$ 表示完全负相关，这二者都是完全相关。$R = 0$ 时表示完全独立，也就是零相关，即无任何相关性。

◆ 相关系数取值的大小表示相关的强弱程度。如果相关系数的绝对值在 1.00 与 0.00 之间，则表示不同程度的相关。绝对值越接近 1.00，则相关程度越密切；越接近 0，则相关程度越不够密切。

在对最后一点做具体判定时，尚须考虑计算相关系数时样本量的大小。如果样本量较小时，受取样偶然因素的影响较大，很可能本来无关的两类事物，却计算出较大的相关系数。

正态分布的等间隔测度的变量 X 和 Y 间的相关系数采用皮尔逊积矩相关（Product-moment coefficient of Pearson correlation）公式计算：

$$R_{XY} = \frac{\sigma_{XY}^2}{\sqrt{\sigma_X^2 \sigma_Y^2}} = \frac{\sum_{i=1}^{n}(X_i - \bar{X})(Y_i - \bar{Y})}{\sqrt{\sum_{i=1}^{n}(X_i - \bar{X})^2 \sum_{i=1}^{n}(Y_i - \bar{Y})^2}} \qquad (9\text{-}10)$$

其中：

$$\sigma_{XY}^2 = \frac{1}{n}\sum_{i=1}^{n}(X_i - \bar{X})(Y_i - \bar{Y}) = \frac{1}{n}\sum_{i=1}^{n}X_iY_i - \bar{X}\bar{Y}，为协方差，用于测量和的相关性；$$

$$\sigma_X^2 = \frac{1}{n}\sum_{i=1}^{n}(X_i - \bar{X})^2 = \frac{1}{n}\sum_{i=1}^{n}X_i^2 - \bar{X}^2，为变量 X 的方差；$$

$$\sigma_Y^2 = \frac{1}{n}\sum_{i=1}^{n}(Y_i - \bar{Y})^2 = \frac{1}{n}\sum_{i=1}^{n}Y_i^2 - \bar{Y}^2，为变量 Y 的方差。$$

式中 $\bar{X}$，$\bar{Y}$ 分别是变量 X 和 Y 的均值，X_i、Y_i 分别是变量 X、Y 的第 i 个观测值。

一般来说，用于计算皮尔逊积矩相关系数的数据资料，需要满足下面几个条件：①要求成对的数据，即若干个体中每个个体都有两种不同的观测值。例如每个人的视反应时和听反应时等。每对数据分数与其他子对没有关系，相互独立。计算相关的成对数据的数目不宜少于 30 对。②两列变量各自总体的分布都是正态，即正态双变量，至少两个变量服从的分布是接近正态的单峰分布。③两个相关的变量是连续变量，即两列数据都是测量数据。④两列变量之间的关系应是直线性的，如果是非直线性的双列变量，不能计算线性相关。

如果数据分布不满足正态分布条件，应使用斯皮尔曼（Spearman）和肯德尔（Kendall）的相关分析方法。

◆斯皮尔曼相关系数是皮尔逊相关系数的非参形式，是根据数据的秩而不是根据实际值计算的，常用符号 R_R 表示。也就是说，先对原始变量的数据排秩，根据各秩使用斯皮尔曼相关系数公式进行计算。它适合有序数据或不满足正态分布假设的等间隔数据。相关系数值的范围也是在 −1.00 至 +1.00 之间，绝对值越大，表明相关性越强。相关系数的符号也表示相关的方向。这种相关系数的计算必须对连续变量排秩，对离散变量排序。变量 X 和 Y 之间的斯皮尔曼相关系数计算公式为：

$$R_R = \frac{\sum_{i=1}^{n}(R_i - \bar{R})(S_i - \bar{S})}{\sqrt{\sum_{i=1}^{n}(R_i - \bar{R})^2 \sum_{i=1}^{n}(S_i - \bar{S})^2}} \qquad (9-11)$$

式中，R_i 是第 i 个 X 值的秩，S_i 是第 i 个 Y 值的秩。$\bar{R}$ 和 $\bar{S}$ 分别是 R_i 和 S_i 的平均值。

◆肯德尔相关系数也是一种对两个有序变量或两个秩变量间关系程度的测度，因此也属于一种非参测度，常用符号 τ 表示。分析时考虑结点（秩次相同）的影响。肯德尔相关系数计算公式如下：

$$\tau = \frac{\sum_{i<j}\text{sgn}(X_i - X_j)\,\text{sgn}(Y_i - Y_j)}{\sqrt{(T_0 - T_1)(T_0 - T_2)}} \qquad (9-12)$$

$$
其中，\operatorname{sgn}(Z) = \begin{cases} 1 & \text{if } Z > 0 \\ 0 & \text{if } Z = 0 \\ -1 & \text{if } Z < 0 \end{cases}
$$

$T_0 = n(n-2)/2$；$T_1 = \sum t_i(t_i-1)/2$；$T_2 = \sum u_i(u_i-1)/2$

t_i（或 u_i）是 X（或 Y）的第 i 组结点 X（或 Y）值的数目，n 为观测数。

9.2.2 偏相关分析

在上一节阐述的简单相关分析是计算两个变量的相关系数，分析两个变量间的线性相关程度，但是当有第三个变量存在的时候，相关系数便不能真实地反映两个变量的线性相关程度了。这时必须用偏相关系数来衡量任何两个变量之间的相关系数，是在研究两个变量之间线性相关关系时控制可能对其产生影响的变量。偏相关系数的数值和简单相关系数的数值常常是不同的，在计算简单相关系数时，所有的其他自变量不予考虑；在计算偏相关系数时，要考虑其他自变量对因变量的影响。

当存在一个控制变量 Z，变量 X 和 Y 之间的偏相关系数计算公式如下：

$$
R_{XY,Z} = \frac{R_{XY} - R_{XZ}R_{YZ}}{\sqrt{(1 - R_{XZ}^2)(1 - R_{YZ}^2)}} \tag{9-13}
$$

当存在两个控制变量 Z_1 和 Z_2 时，变量 X 和 Y 之间的偏相关系数计算公式如下：

$$
R_{XY,Z_1,Z_2} = \frac{R_{XY,Z_1} - R_{XZ_2,Z_1}R_{YZ_2,Z_1}}{\sqrt{(1 - R_{XZ_2,Z_1}^2)(1 - R_{YZ_2,Z_1}^2)}} \tag{9-14}
$$

其中 R_{XY} 是变量 X 和 Y 之间的简单的相关系数，R_{XZ}、R_{YZ} 分别是变量 X、Z 之间的和变量 Y、Z 之间的简单相关系数。

9.3 聚类分析

聚类分析（Cluster analysis）是根据事物本身的特性研究个体分类的方法。聚类分析的原则是同一类中的个体有较大的相似性，不同类中的个体差异很大。在聚类分析中，基本的思想是认为研究的变量之间存在着程度不同的相似性，根据一批样本的多个观测指标，具体找出一些能够度量样本或变量之间相似程度的统计量，以这些统计量为划分类型的依据，把一些相似程度较大的样本（或变量）聚合为一类，把另外一些彼此之间相似程度较大的样本（或变量）聚合为一类，关系密切的聚合到一个小的分类单位，关系疏远的聚合到一个大的分类单位，直到把所有样本（或变量）都聚合完毕，把不同的类型一一划分出来，形成一个由小到大的分类系统。最后再把整个分类系统画成一张分类图（又称谱系图），用它把所有的样本（或变量）间的亲疏关系表示出来。根据分类对象的不同，分为样本聚类（Q 型）和变量聚类（R 型）。

9.3.1 距离和相似性度量

从一组复杂数据产生一个相对简单的类结构，必然要求进行"相关性"或"相似性"度量。当对样品进行聚类时，往往靠某种距离为依据；当对指标聚类时，根据相关系数或某种关联度量来聚类。计算距离或相似性的方法主要有如下几种，在下列公式中的 x、y 均表示 n 维空间中的两个变量，x_i 是变量 x 的第 i 个值，y_i 是变量 y 的第 i 个值。

◆欧几里得距离（欧氏距离）：两项之间的距离是每个变量值之差的平方和之平方根。

$$EUCLID(x, y) = \sqrt{\sum_i (x_i - y_i)^2} \qquad (9-15)$$

◆欧氏距离平方：两项之间的距离是每个变量值之差的平方和。

$$SEUCLID(x, y) = \sum_i (x_i - y_i)^2 \qquad (9-16)$$

◆明可斯基距离：两项之间的距离是各个变量值之差的 p 次方幂的绝对值之和的 p 次方根。

$$MINKOWSKI(x, y) = \sqrt[p]{\sum_i |x_i - y_i|^p} \qquad (9-17)$$

◆余弦相似性测度：计算值向量间的余弦，范围是 [-1, 1]，0 表示两个向量正交（相互垂直）。

$$COSINE(x, y) = \frac{\sum_i x_i y_i}{\sqrt{(\sum_i x_i^2)(\sum_i y_i^2)}} \qquad (9-18)$$

◆皮尔逊相关：计算值向量间的相关，皮尔逊相关是线性关系的测度，范围是 [-1, 1]，0 表示没有线性关系。

$$CORRELATION(x, y) = \frac{\sum_i (x_i - \bar{x})(y_i - \bar{y})}{\sqrt{\sum_i (x_i - \bar{x})^2 \sum_i (y_i - \bar{y})^2}} \qquad (9-19)$$

如果参与聚类的变量量纲不同会导致错误的聚类结果。因此在聚类前必须对变量值进行标准化，即消除量纲的影响。如果变量是正态分布，可以采用 Z 分数法。令 $\bar{X}_j$ 和 S_j 分别为第 j 个指标的样本均值和样本标准差，即

$$\bar{X}_j = \frac{1}{n} \sum_{i=1}^{n} x_{ij} \tag{9-20}$$

$$S_j = \sqrt{\frac{1}{n-1} \sum_{i=1}^{n} (x_{ij} - \bar{X}_j)^2} \tag{9-21}$$

则标准化后的数据为：

$$x'_{ij} = \frac{x_{ij} - \bar{X}_j}{S_j} \tag{9-22}$$

9.3.2 分层聚类法

在诸多聚类方法中最常用的是分层聚类法（Hierarchical cluster）。根据聚类过程不同又分为分解法和凝聚法。

一为分解法：聚类开始时把所有个体都视为一大类，然后根据距离和相似性逐层分解，直到参与聚类的每个个体自成一类为止。

二为凝聚法：聚类开始时把参与聚类的每个个体视为一类，根据两类之间的距离或相似性逐步合并，直到合并为一个大类为止。

实现分层聚类的方法有多种，各种方法的区别在于如何定义和计算两项（两个个体、两类或个体与类）之间的距离或相似性。定义两项间距离和相似性的方法，主要包括：最短距离法、最长距离法、类平均法、重心法、离差平方和法、组间连接法和组内连接法。

◆最短距离法：首先合并最近的或者最相似的两项，用两类间最近点间的距离代表两类间的距离。

◆最长距离法：用两类间最远点的距离代表两类间的距离，也称为完全连接法。

◆类平均法：将两类之间的距离平方定义为这两类元素两两之间的平均平方距离。

◆重心法：像计算所有各项均值之间的距离那样计算两类之间的距离，该距离随聚类的进行不断减小。

◆离差平方和法：以方差最小为聚类原则。

◆组间连接法：合并两类的结果使所有的两两项对之间的平均距离最小。

◆组内连接法：合并为一类后，类中所有项之间的平均距离最小。

9.4 因子分析

9.4.1 因子分析基本思想与模型

因子分析（Factor analysis）是一种通过降维技术把多个变量化为少数几个综合因子的多变量统计分析方法。最常用的因子分析包括 R 型和 Q 型。R 型因子分析，是针对变量所做的因子分析，其基本思想是通过对变量的相关系数矩阵内部结构的研究，找出能够控制所有变量的少数几个随机变量去描述多个随机变量之间的相关关系。但这少数几个随机变量是不能直接观测的，通常称为因子。然后根据相关性大小把变量分组，使得同组内的变量之间的相关性较高，不同组之间的变量相关性较低。Q 型因子分析，是针对样本所做的因子分析。它的思想与 R 型因子分析相类似，但出发点不同。心理学研究中常用的是 R 型因子分析。

因子分析的基本假设是那些不可观测的"因子"（或称潜在维度）隐含在许多现实可观察的事物背后，虽然难以直接测量，但是可以从复杂的外在现象中计算、估计或抽取得到。因子分析的数学原理是共变抽取，也就是说，受到同一个因子影响的原始观测变量，共同相关的部分就是因子所在的部分。为了进行因子分析，必须假定每一观测变量都符合正态分布，实际上需要假设，每一观测变量都是它在一组潜在维度或因子上的分数再加上该因子变量特有成分的线性组合。设有原始观测变量：x_1，x_2，x_3，$\cdots$，x_n，它们与潜在维度之间的关系可以表示为：

$$\begin{cases} x_1 = b_{11}z_1 + b_{12}z_2 + b_{13}z_3 + \cdots + b_{1n}z_n + e_1 \\ x_2 = b_{21}z_1 + b_{22}z_2 + b_{23}z_3 + \cdots + b_{2n}z_n + e_2 \\ x_3 = b_{31}z_1 + b_{32}z_2 + b_{33}z_3 + \cdots + b_{3n}z_n + e_3 \\ \cdots\cdots\cdots\cdots\cdots\cdots\cdots\cdots\cdots\cdots\cdots\cdots\cdots \\ x_n = b_{n1}z_1 + b_{n2}z_2 + b_{n3}z_3 + \cdots + b_{nn}z_n + e_n \end{cases} \qquad （9-23）$$

其中 $z_1 \sim z_n$ 为 n 个潜在维度，是各原始观测变量都包含的因子，称为共性因子；$e_1 \sim e_n$ 为 n 个只包含在某个原始观测变量之中的，只对一个原始观测变量起作用的个性因子，是各变量特有的特殊因子。共性因子与特殊因子相互独立，找出共性因子是因子分析的主要目的。计算出结果后要对共性因子的实际含义进行探讨，并给予命名。

原始观测变量进行因子分析时，必须满足以下几个条件：

◆因子分析以变量之间的公变关系作为分析的依据，凡影响共变的因子都需要先行确认无误。首先，因子分析的变量都必须是连续变量，符合线性关系的假设。

◆变量之间具有一定程度的相关，对于一群相关太高或太低的变量不太适合进行因子分析。通常相关系数绝对值低于 0.3 时，不建议进行因子分析。相关太高的变量，由于多重共线性明显，区分效度不够，获得的因子结构价值也不高。

9.4.2　因子分析的数学原理与过程

9.4.2.1　计算相关矩阵

因子分析的基础是变量之间的相关。因此，因子分析的第一步是计算变量之间的相关性，详细检验相关矩阵代表的含义。

用来探讨这些相关系数是否适当的第一种方法是巴特莱球形检验（Bartett's test of sphericity）。由于因子分析使用相关系数作为因子抽取的基础，一般而言，相关矩阵中的相关系数必须显著地高于 0。如果相关系数都偏低且接近，则因子的抽取较难，巴特莱球形检验即可用来检验这些相关系数是否不同且大于 0。球形检验结果显著，表示相关系数可以用于因子分析抽取因子。

第二种方法是使用偏相关矩阵来判断。变量之间是否具有高度关联，可以从偏相关矩阵来判断，以偏相关计算两个变量的关系时，排除了其他变量的影响。因子分析计算过程中，可用取样适切性量数（KMO）来衡量相关性程度，KMO 代表与该变量有关的所有相关系数与净相关系数的比数值，该系数越大，表示相关情形越好。

9.4.2.2　因子抽取的方法

因子抽取这一步骤的目的在于决定这些观测变量当中存在着多少个潜在的成分或共性因子。决定共性因子个数的方法包括主成分法、主轴因子法、最小平方法和最大似然法等。由于主成分法的数学转换程序比较简单，容易理解和操作，因此是因子分析最常用的方法。本文也只对主成分法进行介绍。

主成分法以线性方程式将所有变量加以合并，计算所有变量共同解释的变异量，该线性组合称为主成分。前面几个主成分即因子分析中需要寻找的共性因子。以儿童身高和体重两个变量之间的关系来说明主成分法。儿童身高和体重之间的关系见表 9-4，可以用散点图表示出来，如图 9-2 所示。显然这两个变量之间存在线性关系。数据（h_i，w_i）各点散布在一条直线周围，其中 $i = 1 \sim n$。

现在以该直线为一个坐标轴 p_1，以该轴的垂直线为另一个坐标轴 p_2。因为所有观测点均在坐标轴 p_1 周围，而 p_1 与 p_2 是两个相互垂直的坐标轴，因此彼此不相关。原观测点可以表示为（p_{1i}，p_{2i}），$i = 1 \sim n$。可以认为，n 个观测点的差异主要表现在 p_1 方向上，而在 p_2 方向上差异很小。

表 9-4 儿童身高和体重数据

观测量 \ 变量	身高 h	体重 w
1	h_1	w_1
2	h_2	w_2
3	h_3	w_3
…	…	…
n	h_n	w_n

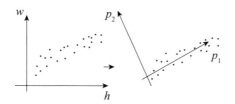

图 9-2 主成分概念示意图

由此可以得出结论，可以用 p_1 一个指标来代替原始变量 h、w 研究 n 个观测对象的差异。p_1 与 p_2 可以用原始变量 h、w 的线性组合来表示：

$$\begin{cases} p_1 = l_{11}h + l_{12}w \\ p_2 = l_{21}h + l_{22}w \end{cases} \tag{9-24}$$

其中系数 l_{11}、l_{12}、l_{21} 和 l_{22} 是可以计算出来的。

如果 p_1 代表了观测值变化最大的方向（即沿该方向观测值方差最大），而且 p_1 与 p_2 正交，则称 p_1 是 h、w 的第一主成分，p_2 是 h、w 的第二主成分。这种分析方法称为主成分法。可以看出：

◆新变量 p_1、p_2 是原始变量 h、w 的线性函数。

◆p_1 与 p_2 相互垂直，即两个新变量不相关。

由此推广到一般情况，实测变量 $x_1 \sim x_m$，共测得 n 个观测量，数据如表 9-5 所示。

表 9-5 参与因子分析的观测量与变量数据

观测量 i \ 变量 j	x_1	x_2	x_3	x_4	x_5	…	x_m
1	x_{11}	x_{12}	x_{13}	x_{14}	x_{15}	…	x_{1m}
2	x_{21}	x_{22}	x_{23}	x_{24}	x_{25}	…	x_{2m}
3	x_{31}	x_{32}	x_{33}	x_{34}	x_{35}	…	x_{3m}
4	x_{41}	x_{42}	x_{43}	x_{44}	x_{45}	…	x_{4m}
5	x_{51}	x_{52}	x_{53}	x_{54}	x_{55}	…	x_{5m}
…	…	…	…	…	…	…	…
n	x_{n1}	x_{n2}	x_{n3}	x_{n4}	x_{n5}	…	x_{nm}

在原始变量的 m 维空间中，找到新的 m 个坐标轴，新变量与原始变量的关系可以表示为：

$$\begin{cases} p_1 = l_{11}x_1 + l_{12}x_2 + l_{13}x_3 + \cdots + l_{1m}x_m \\ p_2 = l_{21}x_1 + l_{22}x_2 + l_{23}x_3 + \cdots + l_{2m}x_m \\ p_3 = l_{31}x_1 + l_{32}x_2 + l_{33}x_3 + \cdots + l_{3m}x_m \\ \cdots\cdots\cdots\cdots\cdots\cdots\cdots\cdots\cdots\cdots\cdots\cdots \\ p_m = l_{m1}x_1 + l_{m2}x_2 + l_{m3}x_3 + \cdots + l_{mm}x_m \end{cases} \quad （9\text{-}25）$$

这 m 个新变量中可以找到 l 个新变量（$l < m$）能解释原始数据大部分方差所包含的信息，包含的信息量是原始数据包含信息量的绝大部分。其余 $m-1$ 个新变量对方差影响很小。我们称这 m 个新变量为原始变量的主成分，也即共性因子。

式 9-25 中使得方差最大的 l 个互相正交的方向及沿这些方向的方差对应着特征向量和特征值。这些特征值和特征向量为特征方程 $Ax = \lambda x$ 的解，这里 A 为样本协方差矩阵，是对原始变量进行标准化后的计算结果。主成分法得到的统计量如表 9-6 所示。

表 9-6　主成分法中的统计量

主成分 i	特征值 λ_i	贡献率 λ_i/m	累计贡献率	特征向量 L_i：$l_{i1}l_{i2}\cdots l_{im}$
1	λ_1	λ_1/m	λ_1/m	L_1：$l_{11}l_{12}\cdots l_{1m}$
2	λ_2	λ_2/m	$(\lambda_1+\lambda_2)/m$	L_2：$l_{21}l_{22}\cdots l_{2m}$
3	λ_3	λ_3/m	$(\lambda_1+\lambda_2+\lambda_3)/m$	L_3：$l_{31}l_{32}\cdots l_{3m}$
…	…	…	…	…
m	λ_m	λ_m/m	m	L_m：$l_{m1}l_{m2}\cdots l_{mm}$

（1）特征方程的根，通常用 λ 表示。有 m 个变量，就有 m 个特征方程的根。它是确定主成分数目的依据。最大的为 λ_1，最小的为 λ_m。根据方差的定义，第 i 个主成分的方差是总方差在各主成分上重新分配后，在第 i 个成分上分配的结果，在数值上等于第 i 个特征值。

$$S_{Pi} = \frac{\sum\limits_{i=1}^{m}(p_i - \overline{p}_i)^2}{n-1} = \lambda_i, \quad \sum\limits_{i=1}^{m}\lambda_i = m \quad （9\text{-}26）$$

原始变量个数 m 等于特征值的数目 m，m 个特征值之方差总和等于 m 个特征值之和，等于 m，即等于标准化的原始变量的方差之总和。

（2）各主成分之贡献率：各主成分所包含的信息占总信息的百分比。用方差衡量变量所包含的信息量，则每个主成分所提供方差占总方差的百分比即该主成分的贡献率，如式 9-27 所示。

$$\frac{\lambda_i}{\sum_{i=1}^{m} \lambda_i} = \frac{S_{Pi}}{\sum_{i=1}^{m} S_{Pi}} = \frac{\lambda_i}{m} \qquad (9-27)$$

（3）前 k 个主成分的累计贡献率为：

$$\sum_{i=1}^{k} \frac{\lambda_i}{\sum_{i=1}^{m} \lambda_i} = \sum_{i=1}^{k} \frac{\lambda_i}{m} \qquad (9-28)$$

（4）特征向量：各成分表达式中的标准化原始变量的系数向量，就是各主成分的特征向量。得出特征向量，就可以写出每个主成分的表达式。注意式 9-26 中得到的使得 $S_{Pi}=\lambda_i$ 的各个主成分的系数是单位特征向量。而系数向量为单位特征向量乘以相应的特征值的平方根结果，如式 9-29 所示。实际上 a_{ij} 是第 i 个主成分和第 j 个原始变量的相关系数，也称为因子负荷量。因子负荷量是主成分中非常重要的解释依据，因子负荷量的绝对值大小刻画了该主成分的主要意义及其成因。

$$a_{ij} = \sqrt{\lambda_j}\, l_{ij}\, , \quad i,\ j = 1,\dots,m \qquad (9-29)$$

9.4.2.3　因子数目的确定及因子旋转

如果采用主成分法，上一节中描述的主成分即共性因子，简称因子。因子个数的决定主要依据特征值的大小。特征值代表某一个因子可解释的总变异量，特征值越大，代表该因子的解释力越强。一般而言，特征值需要大于 1 才可被视为一个因子。此外也可以根据累计贡献率达到的百分比值进行确定，通常这个界限为 80%。

碎石检验也是决定因子数目的一种方法。即将每一个因子的特征值排列，特征值逐渐递减，特征值越大，表示因子的重要性越高，通常取特征值大于 1 的作为因子。

因子模型的参数估计完成后，需要对模型中的因子进行合理解释。而这种解释需要一定的专业知识和经验，要对每个公性因子给出具有实际意义的一种名称，它可用来反映这个公性因子对每个原始变量的重要性。因子解释带有一定的主观性，常常通过因子旋转的方法减少这种主观性。因子旋转的方法有多种。其中一类称为正交旋转。所谓正交，是指旋转过程中因子之间的轴线夹角为 90 度，即因子之间的相关设定为 0，如最大变异法、四次方最大值法、均等变异法等。以正交旋转转换得到的新参数，是以因子间相互独立为前提。在数学原理上是将所有的变量在同一个因子的负荷量平方的变异量达到最大，这样做能够使因子结构达到最简，且对于因子结构的解释较为容易，概念也较为清晰。另一类型的旋转方法称为斜交旋转，这种方法允许因子与因子之间具有一定的相关性，在旋转过程中同时对因子的关联情形进行估计，例如最小斜交法、最大斜交法、四次方最小值法等。

9.5 回归分析

回归分析（Regression analysis）是研究一个或几个变量的变动对另一个变量变动影响程度的方法。回归分析主要解决以下几个方面的问题：

（1）从一组样本数据出发，确定出变量之间的数学关系式。

（2）对这些关系式的可信程度进行各种统计检验，并从影响某一特定变量的诸多变量中找出哪些变量的影响是显著的，哪些是不显著的。

（3）利用所求得的关系式，根据一个或几个变量的值来预测或控制另一个特定变量的取值，并给出这种预测或控制的精确度。

如果研究的是两个变量之间的关系，则称为一元回归分析；如果研究的是一个变量和一个以上的解释变量之间的相关关系，称为多元回归分析。另外，根据回归模型的形态，回归分析又可分为线性回归和非线性回归。本文将主要介绍线性回归模型的建立和检验。

9.5.1 线性回归模型的建立

建立回归模型实际上就是根据已知变量之间的数据求回归方程。以一元线性回归模型为例，一元线性函数的标准形式可以写成：

$$Y = aX + b \tag{9-30}$$

这个公式表明，X 每取一个值，就有唯一确定的 Y 值与之对应，做出图来是一条直线。但是在实验心理学中，两个变量的关系可能只是呈直线趋势而不完全是直线。X 和 Y 的关系可以用散点图来表示，如图 9-3 所示。

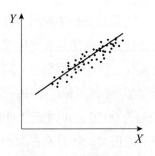

图 9-3 回归直线图示

图 9-3 中，X 和 Y 的关系实际上不是直线，但是这些散点的分布有着明显的直线趋势。如果每取一个 X 值后，求出与之对应的 Y 的样本条件均数 $\hat{Y}$（$\hat{Y}$ 不一定存在于散点图中），则 X 和 $\hat{Y}$ 的对应关系可以用直线表示，设这条直线的数学形式为：

$$\hat{Y} = aX + b \tag{9-31}$$

这个方程称为回归方程，它代表 X 和 Y 的线性关系。式中 X 为自变量，是研究者事先选定的数值；$\hat{Y}$ 叫作对应于 X 的 Y 变量的估计值。常数 b 表示该直线在 Y 轴上的截距；常数 a 表示该直线的斜率，实际上也是 $\hat{Y}$ 的变化率，也称作 Y 对 X 的回归系数。

建立回归模型实际上就是根据已知两变量的数据求回归方程。回归模型的建立步骤如下：

（1）从一组样本数据出发，确定出变量之间的数学关系式。根据数据资料做散点图，直观地判断两变量之间是否大致成一种直线关系。

（2）设直线方程式为 $\hat{Y} = aX + b$。如果估计值 $\hat{Y}$ 与实际值 Y 之间的误差比其他估计值与实际值 Y 之间的误差小，则这个表达式就是最优拟合直线模型。

（3）选定某种方法，如最小二乘法、平均 Z 分数法等，使用实际数据资料，计算表达式中的 a 和 b。如果采用最小二乘法进行计算，经推导得：

$$b = \bar{Y} - a\bar{X} \tag{9-32}$$

$$a = \frac{\sum (X-\bar{X})(Y-\bar{Y})}{\sum (X-\bar{X})^2} \tag{9-33}$$

（4）将 a，b 值代入表达式，得到回归方程。

如果将一元线性回归模型扩展到多元线性回归模型，则多元线性回归的模型为：

$$\hat{y_i} = b + a_1 x_{i1} + a_2 x_{i2} + \cdots + a_p x_{ip} + \varepsilon_i \tag{9-34}$$

将其写成矩阵形式为：

$$\hat{Y} = b + aX + \varepsilon \tag{9-35}$$

其中 $\hat{Y}$ 是根据所有自变量 X 计算出的估计值，是 $n \times 1$ 因变量向量；X 是 $n \times p$ 矩阵，b 为常数项，a 称为 Y 对应于 X 的偏回归系数，是 $p \times 1$ 未知参数向量。偏回归系数表示假设在其他所有自变量不变的情况下，某一个自变量变化引起的因变量变化的比率。ε 是 $n \times 1$ 随机误差向量。

在建立线性回归模型时，德国数学家高斯（Guess）曾提出五个假设理论，满足这些假设的线性回归模型称为古典线性模型。

（1）正态分布假设：假设随机误差项 ε 服从均值为零，方差为 σ^2 的正态分布。

（2）等方差假设：假设对于所有的 x_i，ε_i 的条件方差同为 σ^2，且 σ 为常数，即：

$$Var(\varepsilon_i \mid x_i) = \sigma^2$$

（3）独立性假设：零均值假设。假设在给定 x_i 的条件下，ε_i 的条件期望值为零，即：

$$E(\varepsilon_i) = 0$$

（4）无自相关性假设：假设随机误差项 ε 的逐次观察值互不相关，即：

$$Cov(\varepsilon_i, \varepsilon_j) = 0 \ (i \neq j)$$

（5）ε 与 X 的不相关性假设：假设随机误差项 ε_i 与相应的自变量 x_i 对因变量 $\hat{y_i}$ 的影响

相互独立。也就是说，两者对因变量 $\hat{y}_i$ 的影响是可以区分的，即：

$$Cov\,(\,\varepsilon_i,\ x_i\,) = 0$$

9.5.2　线性回归模型的检验

线性回归模型建好后，要考虑这个模型是否有效，或者说该模型是否真正反映了变量之间的线性关系。因此需要对回归模型进行检验和评价。回归模型的有效性检验，就是对求得的回归方程进行显著性检验，以确认建立的数学模型是否很好地拟合了原始数据。回归方程显著性检验主要包括三种方法：回归模型的有效性检验、回归系数的显著性检验、拟合优度检验。

9.5.2.1　回归模型的有效性检验

回归模型的有效性检验通常采用 F 检验，按照方差分析的思想进行模型检验。从图 9-3 中可以直观地看到 Y 值的几个变异来源。散点图中任意一点到 $\overline{Y}$ 的距离均可以分成两部分：一部分是该点到回归直线的距离（沿 Y 轴方向），另一部分是该点的估计值 $\hat{Y}$ 到 $\overline{Y}$ 的距离，即：

$$Y-\overline{Y} = (\,Y-\hat{Y}\,) + (\,\hat{Y}-\overline{Y}\,) \qquad (9\text{-}36)$$

如果各点都很靠近回归线，则 $(\,Y-\hat{Y}\,)$ 很小，$(\,Y-\overline{Y}\,)$ 中大部分是 $(\,\hat{Y}-\overline{Y}\,)$，这种情况说明误差小，回归方程合适。

对式 9-36 等号两边平方，再对所有的点求和，得：

$$\sum (\,Y-\overline{Y}\,)^2 = \sum [\,(\,Y-\hat{Y}\,) + (\,\hat{Y}-\overline{Y}\,)\,]^2$$
$$= \sum (\,Y-\hat{Y}\,)^2 + \sum (\,\hat{Y}-\overline{Y}\,)^2 + 2\sum (\,Y-\hat{Y}\,)(\,\hat{Y}-\overline{Y}\,)$$

$\because \hat{Y} = aX + b$ 而 $b = \overline{Y} - a\overline{X}$

$\therefore \hat{Y} = a\,(X-\overline{X}) + \overline{Y}$

$\because a = \dfrac{(\sum (\,Y-\overline{Y}\,)(\,X-\overline{X}\,)}{\sum (\,X-\overline{X}\,)^2}$，即 $\sum (\,Y-\overline{Y}\,)(\,X-\overline{X}\,) = a\sum (\,X-\overline{X}\,)^2$

$\begin{aligned}\therefore 2\sum (\,Y-\hat{Y}\,)(\,\hat{Y}-\overline{Y}\,) &= 2\sum [\,Y-\overline{Y}-a\,(X-\overline{X}\,)]\,[\,\overline{Y}+a\,(X-\overline{X}\,)-\overline{Y}\,]\\
&= 2\sum [\,(\,Y-\overline{Y}\,)-a\,(X-\overline{X}\,)\,[\,a\,(X-\overline{X}\,)]\\
&= 2\sum [\,(\,Y-\overline{Y}\,)\cdot a\,(X-\overline{X}\,)]-2a^2\sum (\,X-\overline{X}\,)^2\\
&= 2a\sum [\,(\,Y-\overline{Y}\,)(\,X-\overline{X}\,)-2a^2\sum (\,X-\overline{X}\,)^2\\
&= 2a^2\sum (\,X-\overline{X}\,)^2-2a^2\sum (\,X-\overline{X}\,)^2\\
&= 0\end{aligned}$

所以

$$\sum (\,Y-\overline{Y}\,)^2 = \sum (\,Y-\hat{Y}\,)^2 + \sum (\,\hat{Y}-\overline{Y}\,)^2 \qquad (9\text{-}37)$$

式 9-37 简写为：

$$SS_T = SS_E + SS_R \qquad (9-38)$$

$\sum (Y-\bar{Y})^2$ 即所有 Y 值的总平方和，记为 SS_T 或 $SS_总$。

$\sum (Y-\hat{Y})^2$ 表示由回归直线无法解释的那部分离差平方和，即偏离回归线的平方和，称为误差平方和或剩余残差平方和，记作 SS_E 或 $SS_残$。

$\sum (\hat{Y}-\bar{Y})^2$ 表示由回归直线表示的线性关系解释的那部分离差平方和，记作 SS_R 或 $SS_回$。

对于所有 Y 值而言，自由度为 $N-1$，即：

$$df_T = N-1 \qquad (9-39)$$

在 $\sum (Y-\hat{Y})^2$ 中的 $\hat{Y}$ 的计算不但要用 $\bar{Y}$，还需要依靠 a，所以此时 Y 值失去两个自由度，即：

$$df_E = N-2 \qquad (9-40)$$

因此 $df_R = df_T - df_E - 1$

$$MS_R = \frac{SS_R}{df_R}; \quad MS_E = \frac{SS_E}{df_E}$$

$$F = \frac{MS_R}{MS_E}$$

F 检验，判断 MS_R 是否显著大于 MS_E。如果是，则表明总变异中回归的贡献显著，也即 X 与 Y 的线性关系显著。

一般求上面三个平方和时也可以直接用原始数据：

$$SS_T = \sum (Y-\bar{Y})^2 = \sum Y^2 - \frac{(\sum Y)^2}{N} \qquad (9-41)$$

$$SS_R = \sum (\hat{Y}-\bar{Y})^2 = a^2 \left[\sum X^2 - \frac{(\sum X)^2}{N} \right] \qquad (9-42)$$

$$SS_E = SS_T - SS_R \qquad (9-43)$$

回归方程 F 检验分析表如表 9-7 所示。

表 9-7　回归方程 F 检验分析表

变异来源	自由度	平方和	均方	F	p
回归	1	回归平方和	MS_R	$F = \frac{MS_R}{MS_E}$	> 0.05 或 < 0.05
残差	N-2	残差平方和	MS_E		
总计	N-1	总离差平方和			

在多元线性回归分析中，回归模型的有效性检验要更为复杂。因为并不是所有的自变量都对因变量有显著的影响，这就存在基于自变量的初选，再挑选出对因变量有显著影响

的自变量问题。目前挑选最优自变量的方法包括前进法、后退法、逐步回归法，其中逐步回归法最受推崇。逐步回归法是将自变量一个一个引入，每当引入一个自变量后，对已选入的自变量进行逐个检验，当原引入的自变量由于后面自变量的引入而变得不再显著时，要将其剔除。引入一个变量或从回归方程中剔除一个自变量，为逐步回归的一步，每一步都要进行 F 检验，以确保每次引入新的自变量之前回归方程中只包含显著的自变量。这个过程反复进行，直到既无显著的自变量选入回归方程，也无不显著自变量从回归方程中剔除为止。

9.5.2.2 回归系数的显著性检验

对于回归系数的 a 进行显著性检验后，如果 a 是显著的，同样也表明所建的回归模型是显著的，或者说 X 与 Y 之间存在显著的线性关系。设总体回归系数为 a，则所谓回归系数 a 的显著性检验，是对 H_0: $\alpha = 0$ 而言，一般都采用 t 检验。

$$t = \frac{a-\alpha}{SE_a} \quad (H_0: \ \alpha = 0) \qquad (9\text{-}44)$$

其中 SE_a 为回归系数的标准误，其计算公式为：

$$SE_b = \sqrt{\frac{S_{YX}^2}{\sum (X-\bar{X})^2}} \qquad (9\text{-}45)$$

为了计算 SE_b 需要先求出误差的标准差 S_{YX}。在建立回归模型时，根据从总体中抽取一个样本建立模型，由于抽样误差的存在，实际值与回归值即估计值会出现误差。一般意义上，误差小则估计值的准确程度高，与实际值越接近，估计值的代表性越强。建立回归模型后，其估计的标准误差为：

$$S_{YX} = \sqrt{\frac{\sum (Y-\hat{Y})^2}{N-2}} \Rightarrow S_{YX}^2 = \frac{\sum (Y-\hat{Y})^2}{N-2} = \frac{SS_T - SS_R}{N-2} = MS_E \qquad (9\text{-}46)$$

对于多元线性回归模型的回归系数进行 t 检验时，计算公式为：

$$t = \frac{\text{偏回归系数}}{\text{偏回归系数的标准误}} \qquad (9\text{-}47)$$

9.5.2.3 拟合优度检验

经过回归方程的方差分析或回归系数的显著检验，解决了回归方程是否显著（或者说 X 和 Y 是否为显著线性关系）的问题，在回归分析中还经常关心回归效果的问题（或者说 X 与 Y 的线性关系的程度问题），这需要进行拟合优度检验。

拟合优度检验就是检验回归方程对样本观测值的拟合程度，通常用相关系数 R 或判定系数 R^2 作为衡量指标。R 表示自变量与因变量之间线性关系的密切程度。其值越接近 1，表示线性关系越强；越接近 0，表示线性关系越差。判定系数 R^2 用于解释回归模型中自变量的变异在因变量变异中所占的比率，取值范围在 0~1 之间，它等于回归平方和在总平方和中所占的比例，计算公式如下所示：

$$R^2 = \frac{\sum(\hat{Y}-\bar{Y})^2}{\sum(Y-\bar{Y})^2} = \frac{SS_R}{SS_T} \tag{9-48}$$

在回归方程中的方差分析中曾指出，回归平方和对总平方和的贡献越大，说明回归方程越显著，因而判定系数 R^2 是评价回归效果的有效指标。R^2 越大回归效果越好，若 R^2 达到 1，则表明此时 Y 的变异完全由 X 的变异来解释，没有误差。若 R^2 为零，则说明 Y 的变异与 X 无关，回归方程无效。

9.6　实验数据分析应用举例

以民族弹拨乐器单音谐和性实验为例，通过对弹拨乐器单音的音色客观特征参数与主观谐和性评价结果进行多元统计分析，建立弹拨乐器单音谐和性多元线性回归模型。

9.6.1　弹拨乐器单音的主观谐和性实验

主观评价实验信号均由中国传媒大学民族乐团和中央音乐学院弹拨乐团提供。为了避免拾音距离不同对录制结果的影响，录音传声器均放置在乐器前方 1m 处。录制时，演奏者在自然状况下，按照中等演奏力度来弹奏，尽量做到力度均匀。在录制的同时记录每个单音的声压级，以便后期进行信号响度校准。为考察乐器材质、音高及音色对单音谐和性的影响，本文设计了三组主观评价实验，如表 9-8 所示。根据每个乐器常用音区、常用把位及涵盖弹拨乐器所有音区的原则选择实验素材。

表 9-8　弹拨乐器单音谐和性评价实验

序号	实验名称	乐器	所用乐音说明	信号个数
1	不同琴弦材质琵琶主观谐和性实验	琵琶	钢绳、银弦、裸弦、钢丝	4
2	不同指甲材质琵琶主观谐和性实验	琵琶	尼龙、赛璐珞玳瑁、塑料	4
3	同音高不同音色弹拨乐器主观谐和性实验	琵琶, 柳琴, 中阮, 扬琴	A2、B3、C4、G4、C5、G5	33

主观评价方法采用对偶比较法，由被试在随机出现的两个单音信号中选出谐和性较好的信号。正式实验开始前，对被试解释了单音谐和性的含义：音色悦耳、圆润，听感舒适。正式实验前，选取与实验无关的弹拨乐单音作为练习素材，让被试熟悉实验内容。在

确认被试能够充分理解单音谐和性后开始正式实验。所有参与实验的被试年龄都在 20~30 岁之间，听力均正常，共有 21 人，其中 9 人为男生，12 人为女生。所有被试均有长期正规的音乐学习经历，具有相关乐器演奏或声乐演唱经验。实验采用重复测试来进行被试信度检验。为了避免响度对主观谐和性的影响，所有实验信号都经过响度校准。实验信号通过耳机重放，重放声压级控制在 70dBA 左右。为了避免被试疲劳，实验分三组完成，组间休息 15 分钟。

实验结果如表 9-9 所示，结果都进行归一化处理，100 代表主观谐和性最佳，0 代表主观谐和性最差。

表 9-9   同音高不同音色弹拨乐器主观谐和性实验结果

序号	1	2	3	4	5	6	7
G3 琵琶	钢绳	银弦	钢丝	裸弦			
主观结果	100	91	30	0			
C5 琵琶	尼龙	赛璐珞	塑料	玳瑁			
主观结果	100	81	45	0			
A2	中阮	古筝	琵琶 4-0*	扬琴			
主观结果	100	55	26	0			
B3	古筝	中阮	琵琶 3-9	琵琶 1-2**	扬琴		
主观结果	100	96	89	14	0		
C4	古筝	中阮	琵琶玳瑁	琵琶 2-9	柳琴	琵琶 1-4	扬琴
主观结果	100	83	45	43	13	4	0
G4	中阮	柳琴	琵琶塑料	琵琶 4-22	琵琶	扬琴	
主观结果	100	66	56	34	26	0	
C5 主观结果	中阮 100	柳琴 2*** 96	柳琴 3 88	琵琶 1-16 62	古筝 51	扬琴 0	
G5 主观结果	古筝 100	琵琶钢绳 70	琵琶 1-22 64	扬琴 10	柳琴 0		

注*：表示琵琶 4 弦空把位

　　**：表示琵琶 1 弦 2 把位

　　***：表示柳琴 2 弦

9.6.2　弹拨乐器单音客观特征参数计算

用于描述弹拨乐单音的声学参数主要包括频域参数、时域参数和感知参数，如表 9-10 所示。由于起振阶段对于乐音感知有很重要的作用，所以将起振阶段频域参数单独计算，算法与频域特征参数相同。频谱参数需要计算每个素材的频谱，计算频谱时所使用的傅立叶变换长度为 8192 个采样点，频率分辨率约为 5.38Hz，75% 的重叠，得到的频谱为线性幅度谱。时域参数需要计算信号波形包络，这里使用 True Envelope 的方法。本实验涉及的声学参数共计 28 个。

表 9-10　不同声学特征参数

序号	频域特征	本文显示的参量名	计算的频率范围和参数
1	频谱质心	Scentroid	[0, fs/2] fs: 44.1kHz
2	频谱扩散度	Sspread	[0, fs/2]
3	频谱能量截止频率	Srolloff	Threshold = 0.85
4	频谱明亮度	Sbrightness	Threshold = 1500Hz
5	频谱平滑度	Sflatness	[0, fs/8]
6	频谱下降度	Sdecrease	[0, fs/4]
7	频谱斜率	Sslope	[0, fs/4]
8	频谱偏移度	Sskewness	[0, fs/2]
9	频谱峭度	Skurtosis	[0, fs/2]
10	频谱不规则度	Sirregularity	前 30 次谐波
11	频谱粗糙度	Sroughness	[0, fs/4]
12	起振阶段频谱质心	AScentroid	[0, fs/2]
13	起振阶段频谱扩散度	ASspread	[0, fs/2]
14	起振阶段频谱偏移度	ASskewness	[0, fs/2]
15	起振阶段频谱峭度	ASkurtosis	[0, fs/2]
16	起振阶段频谱能量截止频率	ASrolloff	Threshold = 0.85
17	起振阶段频谱明亮度	ASbrightness	Threshold = 1500Hz
18	起振阶段频谱平滑度	ASflatness	[0, fs/8]
19	起振阶段频谱下降度	ASdecrease	[0, fs/4]
20	起振阶段频谱斜率	ASslope	[0, fs/4]
21	起振时间	Attacktime	Log
22	起振阶段时域质心	ATcentroid	
23	时域质心	Tcentroid	
24	过零率	Zerocross	
25	低能量帧比率	Lowenergy	Frame=23ms，thr=0.5
26	时域峭度	Tkurtosis	
27	特性响度扩散度	LoudnessSpread	Zwicker 算法
28	Sharpness 尖锐度	Sharpness	Aures 算法

9.6.3   民族弹拨乐器单音谐和性的回归模型

9.6.3.1   特征参数与主观评价结果的相关性分析

对主观评价实验中 41 个单音的 28 个特征参数进行计算，并与主观谐和性实验结果进行了相关分析，结果如表 9-11 所示。从结果可以看出，主观谐和性与各个特征参数的相关性都不太高。

表 9-11   特征参数与主观谐和性的偏相关分析结果

序号	特征参数	偏相关系数	序号	特征参数	偏相关系数
1	Scentoid	-0.114	15	ASkurtosis	0.126
2	Sspread	-0.264	16	ASrolloff	0.044
3	Sskewness	-0.222	17	ASbrightness	0.384
4	Skurtosis	0.123	18	ASflatness	-0.116
5	Srolloff	0.319	19	ASdecrease	0.221
6	Sbrightness	-0.459	20	ASslope	0.021
7	Sflatness	-0.109	21	Attacktime	-0.140
8	Sdecrease	-0.134	22	ATcentoid	0.023
9	Sslope	0.169	23	Tcentroid	-0.114
10	Sroughness	0.031	24	Zerocross	-0.007
11	Sirregularity	-0.145	25	Lowenergy	-0.070
12	AScentroid	-0.062	26	Tkurtosis	-0.127
13	ASspread	0.250	27	Loudness spread	-0.111
14	ASskewness	-0.319	28	Sharpness	-0.162

9.6.3.2   特征参数的聚类分析

对主观评价 41 个单音的 28 个客观特征参数计算结果进行聚类分析，来研究各个客观变量之间的相似性程度。本文采用分层聚类方法，欧式距离测度，对数据进行 Z 分数标准化处理，分别使用组间连接法和最短距离法进行分析，分析后的结果如下。

◆组间连接法分层聚类分析

表 9-12　组间连接法聚为 3-8 类时参数分布情况

特征参数	8 类	7 类	6 类	5 类	4 类	3 类
Scentroid	1	1	1	1	1	1
Sspread	1	1	1	1	1	1
Sskewness	2	2	2	2	2	2
Skurtosis	2	2	2	2	2	2
Srolloff	1	1	1	1	1	1
Sbrightness	1	1	1	1	1	1
Sflatness	3	3	3	3	3	3
Sdecrease	4	4	2	2	2	2
Sslope	1	1	1	1	1	1
Sroughness	3	3	3	3	3	3
AScentroid	5	5	4	1	1	1
ASspread	5	5	4	1	1	1
ASskewness	4	4	2	2	2	2
ASkurtosis	4	4	2	2	2	2
ASrolloff	5	5	4	1	1	1
ASbrightness	5	5	4	1	1	1
ASflatness	5	5	4	1	1	1
ASdecrease	4	4	2	2	2	2
ASslope	5	5	4	1	1	1
Sirregularity	4	4	2	2	2	2
Attacktime	6	6	5	4	4	3
ATcentoid	6	6	5	4	4	3
Tcentroid	3	3	3	3	3	3
Lowenergy	7	7	6	5	4	3
Tkurtosis	7	7	6	5	4	3
Zerocross	1	1	1	1	1	1
Sharpness	1	1	1	1	1	1
LoudnessSpread	8	1	1	1	1	1

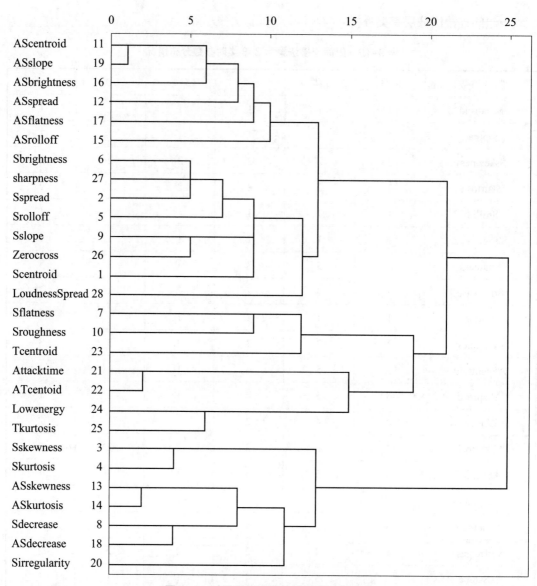

图9-4 采用组间连接法的聚类分析结果

表9-13 聚为5类时客观参数分布情况

聚为5类：欧氏距离，组间连接，z分数标准化				
Scentroid	Sskewness	Sflatness	Attacktime	Lowenergy
Sspread	Skurtosis	Sroughness	ATcentoid	Tkurtosis
Srolloff	Sdecrease	Tcentroid		
Sbrightness	ASskewness			
Sslope	ASkurtosis			
AScentroid	ASdecrease			

聚为 5 类：欧氏距离，组间连接，z 分数标准化			
ASspread	Sirregularity		
ASrolloff			
ASbrightness			
ASflatness			
ASslope			
Zerocross			
Sharpness			
LoudnessSpread			

◆最短距离法分层聚类结果

表 9-14 最短距离法聚为 3-8 类时参数分布情况

特征参数	8 类	7 类	6 类	5 类	4 类	3 类
Scentroid	1	1	1	1	1	1
Sspread	1	1	1	1	1	1
Sskewness	2	2	2	2	2	2
Skurtosis	2	2	2	2	2	2
Srolloff	1	1	1	1	1	1
Sbrightness	1	1	1	1	1	1
Sflatness	3	3	3	3	1	1
Sdecrease	4	2	2	2	2	2
Sslope	1	1	1	1	1	1
Sroughness	3	3	3	3	1	1
AScentroid	1	1	1	1	1	1
ASspread	1	1	1	1	1	1
ASskewness	4	2	2	2	2	2
ASkurtosis	4	2	2	2	2	2
ASrolloff	1	1	1	1	1	1
ASbrightness	1	1	1	1	1	1
ASflatness	1	1	1	1	1	1
ASdecrease	4	2	2	2	2	2
ASslope	1	1	1	1	1	1
Sirregularity	5	4	2	2	2	2
Attacktime	6	5	4	4	3	3

续表

特征参数	8 类	7 类	6 类	5 类	4 类	3 类
ATcentoid	6	5	4	4	3	3
Tcentroid	7	6	5	3	1	1
Lowenergy	8	7	6	5	4	3
Tkurtosis	8	7	6	5	4	3
Zerocross	1	1	1	1	1	1
Sharpness	1	1	1	1	1	1
LoudnessSpread	1	1	1	1	1	1

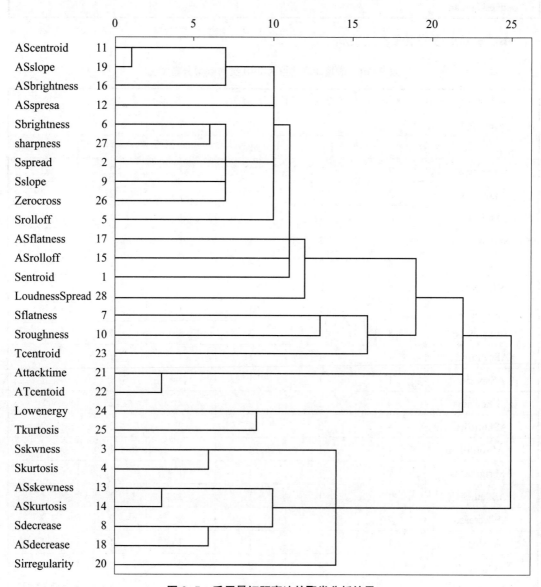

图 9-5　采用最短距离法的聚类分析结果

表 9-15 聚为 5 类时客观参数分布情况

聚为 5 类：欧氏距离，最短距离法，z 分数标准化				
Scentroid	Sskewness	Sflatness	Attacktime	Lowenergy
Sspread	Skurtosis	Sroughness	ATcentoid	Tkurtosis
Srolloff	Sdecrease	Tcentroid		
Sbrightness	ASskewness			
Sslope	ASkurtosis			
AScentroid	ASdecrease			
ASspread	Sirregularity			
ASrolloff				
ASbrightness				
ASflatness				
ASslope				
Zerocross				
Sharpness				
LoudnessSpread				

通过以上两种聚类方法可以看出结果较为相似，当特征参数聚为 5 类时，两种方法结果完全一致。如果用这 28 个客观参量评价对主观谐和性的影响，可以分别从这 5 类中选择一个参量，用这 5 个参量的评价效果和 28 个参量的评价效果较为类似。

9.6.3.3 特征参数的因子分析

对 41 个单音的 28 个客观特征参数计算结果进行因子分析，以期用较少的因子来表征特征参数。因子分析采用主成分分析法进行。因子分析结果如表 9-16 所示。

表 9-16 因子分析结果

共性因子	特征值	贡献率	累计贡献率
1	14.128	50.457	50.457
2	3.932	14.044	64.501
3	2.982	10.649	75.150
4	1.758	6.279	81.428
5	1.191	4.253	85.682
6	1.029	3.676	89.358

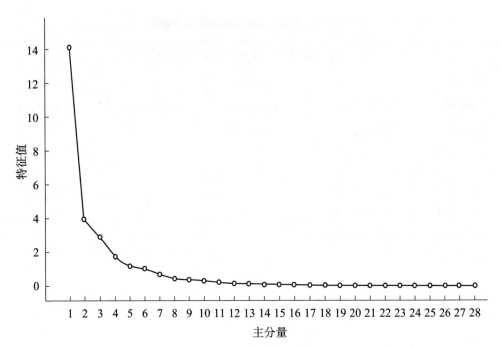

图 9-6　因子分析碎石图

从分析结果可以看出，如果采用 28 个共性因子来表征主观谐和性时，建立的表达式可以 100% 解释原始信息，但是这样建立的模型过于烦琐，且物理意义不明确。从因子分析的判据可知：当因子的信息承载量超过 80% 时，因子已经能较好地反映出原始信息的绝大部分特征。因此，根据因子分析结果，本文采用前 5 个共性因子。前 5 个共性因子可以解释 85.682% 的原始全部信息，信息承载量较大。

为了检验本文数据是否适合因子分析，进行了 KMO 检验和巴特莱球形检验，结果如表9-17所示。KMO 值为 0.778，该值越接近 1，结果越合理，因此因子选取结果较为合理。巴特莱球形检验显著性为 0.000，说明本文数据适合做因子分析。

表 9-17　KMO 和巴特莱球形检验

KMO 检验		0.778
巴特莱球形检验	Approx0. Chi-Square	1887.635
	df	378
	Sig.	0.000

在提取前 5 个共性因子后，观察各因素与 5 个共性因子的载荷矩阵，进一步确定 5 个共性因子的物理意义。前 5 个共性因子初始提取的载荷矩阵见表 9-18 所示。

表 9-18 前 5 个共性因子初始提取的载荷矩阵

特征参量	主分量				
	1	2	3	4	5
Scentroid	0.908	−0.079	−0.247	0.151	0.100
Sspread	0.906	−0.107	0.056	0.109	0.014
Sskewness	−0.681	−0.241	0.494	−0.020	0.250
Skurtosis	−0.734	−0.091	0.304	−0.128	0.236
Srolloff	0.762	−0.281	0.392	0.200	0.074
Sbrightness	0.883	−0.263	−0.005	0.150	0.151
Sflatness	0.406	0.673	−0.445	−0.378	0.173
Sdecrease	−0.871	0.047	0.190	−0.176	0.015
Sslope	0.843	−0.081	−0.304	0.145	0.042
Sroughness	0.172	0.638	−0.024	−0.496	0.154
AScentroid	0.926	0.054	0.249	−0.146	−0.032
ASspread	0.664	−0.058	0.611	−0.144	−0.029
ASskewness	−0.857	−0.186	−0.064	−0.033	0.102
ASkurtosis	−0.832	−0.152	−0.061	−0.099	0.072
ASrolloff	0.595	−0.107	0.733	−0.032	0.009
ASbrightness	0.853	−0.076	0.377	−0.043	0.128
ASflatness	0.662	0.209	0.369	−0.525	0.101
ASdecrease	−0.860	−0.025	0.018	0.017	0.000
ASslope	0.932	0.063	0.227	−0.136	−0.037
Attacktime	−0.339	0.618	0.365	0.442	−0.344
ATcentoid	−0.256	0.600	0.424	0.485	−0.291
Tcentroid	0.192	0.808	0.066	−0.289	−0.261
Lowenergy	−0.097	0.705	0.038	0.339	0.554
Tkurtosis	−0.052	0.662	0.028	0.385	0.518
Zerocross	0.687	−0.291	−0.522	0.200	0.073
Sharpness	0.913	−0.266	0.046	0.143	0.134
Loudnessspread	0.787	0.399	−0.275	0.120	−0.225
Sirregularity	−0.672	−0.241	0.345	−0.031	0.108

从表 9-18 中可以看出各因素与主分量间的关系并不是非常显著，将共性因子进行方差最大正交旋转，进一步观察各因素与共性因子间的关系，如表 9-19 所示。

表 9-19　旋转后前 5 个共性因子的载荷矩阵

特征参量	主分量				
	1	2	3	4	5
Scentroid	**0.877**	0.345	−0.004	−0.248	0.084
Sspread	0.677	0.609	−0.026	−0.127	−0.007
Sskewness	**−0.841**	0.001	−0.335	0.001	0.095
Skurtosis	−0.806	−0.178	−0.135	−0.024	0.105
Srolloff	0.402	0.784	−0.282	−0.066	0.006
Sbrightness	0.670	0.576	−0.163	−0.292	0.041
Sflatness	0.196	0.242	**0.868**	0.011	0.284
Sdecrease	**−0.813**	−0.384	−0.001	0.135	−0.021
Sslope	0.789	0.337	0.018	−0.249	0.033
Sroughness	0.203	−0.204	**0.783**	−0.173	0.196
AScentroid	0.522	0.779	0.238	−0.064	−0.072
ASspread	0.128	**0.897**	0.068	0.050	−0.108
ASskewness	−0.652	−0.551	−0.227	−0.071	−0.010
ASkurtosis	−0.649	−0.532	−0.152	−0.068	−0.045
ASrolloff	0.041	**0.940**	−0.072	0.109	−0.050
ASbrightness	0.396	**0.848**	0.041	−0.121	0.039
ASflatness	0.114	0.754	0.545	−0.150	−0.049
ASdecrease	−0.649	−0.527	−0.156	0.128	0.011
ASslope	0.543	0.763	0.241	−0.060	−0.067
Attacktime	−0.188	−0.103	0.037	**0.919**	0.227
ATcentoid	−0.153	−0.003	−0.003	**0.908**	0.278
Tcentroid	0.112	0.096	0.789	0.445	0.055
Lowenergy	−0.032	−0.083	0.217	0.252	**0.905**
Tkurtosis	0.013	−0.060	0.162	0.218	**0.879**
Zerocross	0.825	0.052	−0.167	−0.402	−0.020
Sharpness	0.667	0.633	−0.163	−0.272	0.024
Loudnessspread	0.845	0.205	0.359	0.180	0.045
Sirregularity	−0.732	−0.122	−0.298	0.023	−0.024

　　从表 9-19 中可以看出每个共性因子存在与之关系较大的因素，因此将 5 个共性因子做以下定义：

表 9-20 公共因子代表的单音声学特征

序号	声学特征	注释
1	频域能量分布	与 Scentroid、Sdecrease 等较为相关，频谱质心表征频域能量的几何中心，频谱下降度反映频谱能量分布的斜率，载荷较大的特征多用来描述频谱的能量分布情况
2	起振阶段频谱能量分布特征	与 ASrolloff、ASbrightness 较为相关，起振阶段截止频率表征起振阶段 85% 的频谱能量集中于该频率以下，起振阶段明亮度表征起振阶段 1.5kHz 以上频率在整个频谱能量中所占的比重，都是用来描述起振阶段频谱能量的分布情况的
3	频谱结构特征	与 Sflatness、Sroughness 高度相关，频谱平滑度表征频谱偏向噪声还是纯音的程度，频谱粗糙度表征谐波间的不谐和程度，都与频谱结构是否规则有关
4	起振阶段时域特征	与 Attacktime、ATcentroid 高度相关，起振时间和起振阶段谱质心都表征了起振阶段的时域特征
5	时域包络特征	与 Lowenergy、Tkurtosis 高度相关，低能量帧比率用以描述信号时域能量低于某个标准值的比重，时域峭度用于描述时域包络的突变情况，都与时域包络特征有关

该结果与聚类分析聚为 5 类的结果大致相同，差异性存在于频域参数和起振阶段频域参数的分类上。聚类分析中将频域能量分布参数和起振阶段频域能量分布参数聚为一类，而把频域包络特征参数单独为一类。从物理意义上而言，频域能量分布特征和频域包络特征表示的物理特性更为接近，而多篇文献中提到起振阶段的特征对音色感知有重要影响，应单独考虑。因此因子分析的结果更为合理，本文采用因子分析结果与主观谐和性进行多元线性回归分析。

9.6.3.4 特征参数与主观谐和性的多元线性回归分析

考量频域能量分布特征、起振阶段频谱能量分布特征、频谱结构特征、起振阶段时域特征和时域包络特征与主观谐和性的关系。以因子分析结果中与这五个特征关系最大的客观特征因素进行主客观参量的多元线性回归拟合分析。因此这五个客观特征参数分别为：频谱质心、起振阶段频谱截止频率、频谱平滑度、起振时间、低能量帧比率。本文采用逐步回归法进行多元线性回归分析，按照 t 检验 P 值 $\leqslant 0.05$ 变量进入，P 值 $\geqslant 0.1$ 变量移出的标准进行自变量选择。最终频谱质心和频谱平滑度进入回归模型，而其他三个特征参数由于对主观谐和性的影响显著性较差而被剔除。

表 9-21 回归方程的拟合优度检验

R	R^2	估计标准误差
0.85	0.72	20.5

实测值与预测值之间的相关系数为 0.85，判定系数为 0.72。该模型的方差分析检验结

果如表 9-22 所示。方差分析结果表明，当回归方程包含频谱质心，频谱平滑度和常数项时，其显著性概率值小于 0.001，即拒绝总体回归系数均为零原假设。因此，回归方程包含以上三个变量，且方程拟合效果较好。

表 9-22　方差分析检验结果

模型	df	平方和	均方	F	Sig.
回归	2	41 236.3	20 618.2	49.1	＜ 0.001
残差	38	15 949.4	419.7		
总计	40	57 185.8			

多元线性回归分析中各变量的回归系数见表 9-23 所示。表中 t 值和其显著水平用来检验回归系数为零的假设，通过 t 检验可以看出回归方程中每个自变量的显著水平都小于 0.001。

表 9-23　多元线性回归分析中各变量的回归系数

自变量	拟合系数	t 检验	Sig.
频谱质心	−0.17	−5.50	＜ 0.001
频谱平滑度	−3599.62	−5.30	＜ 0.001
常数	142.27	12.41	＜ 0.001

多元线性回归曲线见图 9-7，拟合方程表达式为：

$$Y = -0.17C - 3599.62F + 142.27$$

式中 Y：主观谐和性

　　　C：频谱质心

　　　F：频谱平滑度

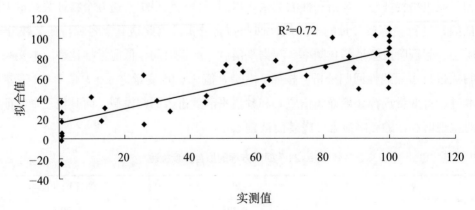

图 9-7　多元线性回归拟合曲线

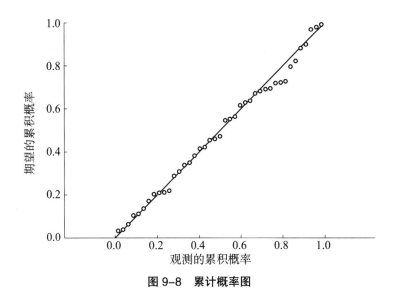

图 9-8 累计概率图

图 9-8 为累计概率图，可用于残差的正态性检验。由该图可以看出观测数据围绕在一条斜线周围，因此残差基本符合正态分布。

图 9-9 为残差图。横坐标为回归标准预测值 $\hat{y}$，纵坐标为观测值 y 与预测值 $\hat{y}$ 之间的误差 e_t。图中散点呈现随机分布，则认为残差与因变量之间相互独立。此外该图还可以判断模型拟合效果。在残差图中，如果各点呈现随机状，并绝大部分落在 $\pm2\sigma$ 范围内（68% 的点落在 $\pm\sigma$ 之中，96% 的点落在 $\pm2\sigma$ 之中），说明拟合效果较好。

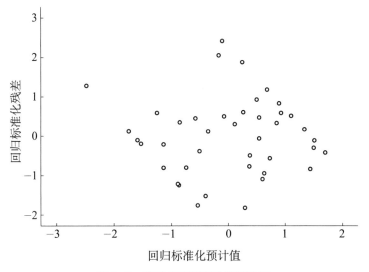

图 9-9 残差与预测值关系示意图

思考与研讨题

1. 如何进行聚类分析的相似性度量？

2. 用于计算皮尔逊积矩相关系数的数据资料应具备哪些条件？

3. 因子分析中的因子抽取有哪些方法？

4. 如何进行回归分析的模型检验？

延伸阅读：

［1］孟子厚.音质主观评价的实验心理学方法［M］.北京：国防工业出版社，2008.

［2］朱滢.实验心理学［M］.北京：北京大学出版社，2006.

［3］孟庆茂，常建华.实验心理学［M］.北京：北京师范大学出版社，2013.

［4］杨治良.基础实验心理学［M］.兰州：甘肃人民出版社，1988.

［5］彭聃龄.普通心理学［M］.4版.北京：北京师范大学出版社，2012.

［6］卢文岱.SPSS for Windows 统计分析［M］.3版.北京：电子工业出版社，2008.

［7］张厚粲，徐建平.现代心理与教育统计学［M］.3版.北京：北京师范大学出版社，2013.

10 音质主观评价综合案例

本章要点

1. 音质主观评价实验报告的写法

关键术语

主观评价、实验报告、实验程序

本章先简要介绍音质主观评价实验报告的写法，然后以两个完整的音质主观评价实验为例，展示如何具体撰写主观评价实验报告。

10.1　音质主观评价实验报告的写法

写音质主观评价实验报告一方面要较为全面地阐述实验进行的情况，另一方面还要写得简单明了。一般而言，实验报告主要包括以下几项内容：题目、引言、实验方法、数据处理和结果、讨论、结论及附录。

10.1.1　题目

题目一般用来说明该主观实验的主要实验内容，可以在题目中指出实验中的自变量和因变量。例如"不同哨片对单簧管音色的影响"，在这个题目中，"哨片"是自变量，"单簧管音色"是因变量，从标题就已经了解该实验的主要内容。

10.1.2　引言

在引言中要说明该实验的意义及题目产生的过程，提出问题的背景材料或问题的假设。通常而言，问题来源大致有以下几个途径：

◆为了扩展以前的工作，或探讨过去尚未解决的问题，在引言中要把以前的工作简要作介绍，以便与本实验进行衔接。

◆题目来自对某一理论为根据所提出的假设，在引言中对这一理论的内容和理论背景以及假设的由来要解释明白。

◆题目是在实际工作过程中发现的问题，在引言中就要对实际工作问题进行介绍。交代完实验的研究背景，结合本实验的主要内容说明实验的主要目的。

10.1.3　实验方法

这个部分主要说明取得实验结果的实验设计，其中包括：

1. 被试构成

说明被试选择的方式，被试的年龄、性别，以及音乐学习经历等其他方面的情况，被试的数目以及是否存在分组等。

2. 实验信号的制作

对实验信号的制作进行详细的阐述，尽量从实验信号环节上保证实验的效度。如果实验信号是主试录制的，要详细说明实验信号是在什么样的录音环境录制，标明录音棚的混响时间，采用什么型号的传声器录制而成。实验信号在后期制作中是如何处理合成的。如果采用现有的声音信号作为实验信号，要清楚说明该实验信号的出处，并交代清楚选用该信号的原因。

3. 听音系统及相关的技术指标

听音系统的阐述包括两个部分，一个是听音时所在的室内声学环境的描述，另一个是听音系统的电声技术指标。室内声学环境主要包括听音室的体积，长、宽、高的比例，混响时间，被试听音位置的设置等。电声方面主要包括选用的监听设备、听音系统连接图、校准后的监听声压级等。

4. 实验程序

实验程序是指实验具体怎么实施，进行实验的原则，采用的主观评价方法及步骤，指示语是什么，评价用语的选择及定义，要控制什么条件等，这部分要写得清楚、确切，以便别人可以重复验证这个实验。

10.1.4 数据处理及结果

数据处理要阐述如何进行被试信度检验，关键的实验数据处理过程，处理后的统计结果，即将原始数据经过统计后，以图、表形式表示出该实验的结果。另外把观察结果的记录以及被试的口头报告也列入这个部分。特别强调的是，在结果中所列的全部内容，必须都是来自本实验的，既不能任意修改或增减，也不要加入自己的主观见解，使读者清楚地了解这个实验的客观结果。

10.1.5 讨论

根据实验结果对所要解决的问题给予回答，并指出假设是否可靠。如果结果不能充分说明问题或各部分有矛盾时，就要进行分析，找出原因。如果结果与别人的结果不一致时可以讨论，阐述自己的见解。当实验得到意外的结果时，也要进行分析，不能弃之不管。因为意外的结果，有时会有意外的发现。在这部分中还可以对本实验的程序，所用实验设备，以及进一步研究提出修改意见和建议。

10.1.6 结论

说明本实验结果证实或否定了什么问题。可以用条文形式，用简短的语句表达出来，但是结论必须恰如其分，不可夸大，也不可缩小，一定要以本实验所得的结果为依据，确切地反映整个实验的收获。

10.1.7　附录

通常可以将实验问卷表格及原始记录列在附录中，为别人进行不同的分析和处理提供原始数据。

10.2　声音信号音质主观评价

以五种民族弹拨类乐器的响度平衡实验为例，介绍如何完整地进行声音信号音质主观评价实验。

范例：五种民族弹拨类乐器的响度平衡主观评价实验报告

10.2.1　引言

中国民乐的交响化进程已经走过百年的历史，但是与西方交响乐仍有较大的差距。Meyer（迈耶）将多人的研究工作进行归纳总结，对乐器特性、西洋乐队的摆位、乐器配比等提出了较为合理的设置。而中国民族乐队存在着较为严重的声部不平衡现象，这是乐队配器需要解决的问题之一。弹拨乐器组是中国民族管弦乐队中四大器乐组之一，这与西方管弦乐队有很大的差别。它的存在决定了中国民族管弦乐队的特色。

在本实验中，通过主观评价方法来探讨常见弹拨乐器组合时主观听感的响度平衡问题。进一步通过对比等响度和主观响度平衡的结果，来探讨纯粹物理上的响度平衡与主观听感上响度平衡之间的关系。

10.2.2　主观评价实验

10.2.2.1　响度平衡概念

响度平衡有两种解释方式。第一种是等响度。等响度要求客观上这几个声音信号的响度完全相等，这方面根据声音信号的频谱特性和时间特性运用响度模型可以求出它们的响度。第二种是最佳响度配比。充分考虑人耳的主观性，人耳感受到这几个声音信号配合在一起时音量比例合适，整体感觉均衡。这种理解方式不能单靠物理手法获得，需要通过主观评价进行测量。本文针对这两种解释方式进行研究。

10.2.2.2　实验信号

实验信号采用弹拨乐器齐奏的方式，演奏中国传统曲目《春节序曲》，乐曲总谱如图10-1 所示。分别录制各种弹拨乐器独奏同一段旋律，后期对每段独奏旋律的声压级进行

春节序曲

弹拨乐实验（均按实际音高记谱）
每次每件乐器只演奏一个声部

图 10-1 实验信号总谱

校准，以保证 Leq（dBA）值均为 69dBA。所有弹拨乐器独奏信号均在混响时间为 0.7s 的音乐录音棚录制，录制传声器的型号为 Neumman U87，均放置在乐器前方 1 米的位置处拾取。实验过程中同时播放这些片段，以此来模拟齐奏的表演方式。录制的乐器包括柳琴、琵琶、扬琴、中阮和大阮，依次为弹拨乐组的高中低音乐器。

实验信号录制完成后，在 Protools 工作站中通过 Mbox2 声卡连接监听耳机 AKG K271 进行单声道信号监听，监听声压级为 70dBA。由主试对五个乐器声部的电平比例关系进行调整，设置一组较为合适的数值。以琵琶电平为 0dB 标准，对其他四个乐器声部进行电平的提升或衰减，最终得到 5 个不同的比例关系，制作成实验信号，具体参数见表 10-1 所示。

表 10-1　弹拨乐器响度平衡实验信号

序号	柳琴（dB）	琵琶（dB）	扬琴（dB）	中阮（dB）	大阮（dB）
1	-2	0	1	-1.4	-3.4
2	1	0	-2.5	1.5	1
3	-1.5	0	2.5	-2.5	-1
4	2.2	0	-1.6	-1.7	-1.9
5	-3.4	0	1.9	0.6	-2.8

10.2.2.3　被试的构成

所有参与实验的被试年龄都在 20~30 岁之间，均听力正常，共有 24 人（11 个男生，13 个女生）。其中 18 人有长期正规的音乐学习背景，具有相关乐器的演奏经验。所有被试分别是来自中国传媒大学录音系大三大四的学生和传播声学研究所的硕士生或者博士生，都有声音学习的经历，能够正确理解响度平衡的概念。

10.2.2.4　监听系统的连接

硬件设备主要包括 MacBook Pro 笔记本电脑，Mbox 2 声卡，HYT-DAV0108 耳机分配器和若干 AKG K240 DF 监听耳机，系统连接图如图 10-2 所示。所有实验信号均通过 Protools 音频工作站进行重放，重放声压级为 70 dBA。

10.2.2.5　实验程序

1. 指导语

本次实验是关于五种民族弹拨类乐器响度平衡的实验，这五种乐器分别是柳琴、琵琶、扬琴、中阮和大阮，音乐形式是民乐小合奏，曲目为《春节序曲》，时长约为 20s。实验采用对偶比较法，在实验过程中，你将听到两组信号，每组信号有 10 条素材，每条素材有 A、B 两段，这两段素材的音乐内容是一样的，但是每种乐器的相对电平大小是不同的，在播放完两段素材后，请选择你认为响度较为平衡的一段，并在相应的空格内打钩。

响度平衡是指判断是否能分辨出不同声部的音色，它们之间的比例关系是否合适。由于电平变化有衰减也有提升，因此总声压级也许会有所不同，但被试不应受此影响。在这段音乐素材中，五种乐器所占比重相同，不存在主奏乐器和伴奏乐器的区别，进行判断时请对五个声部同等对待。在进行主观评价判断时，请不要考虑对音乐意境的理解以及对音乐表现形式的偏爱，不要因为对某种乐器的偏爱而加入个人主观因素，也不要因为对乐曲的喜好而影响你的判断。

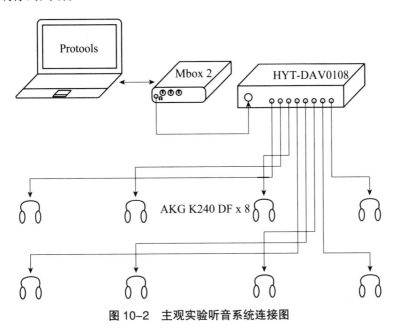

图 10-2　主观实验听音系统连接图

2. 练习素材的选择

在对素材进行响度平衡的判断前，必须要让被试熟悉这五种乐器的音色，对每种乐器的特点有一定的概念，因此练习素材选择使用每个乐器的分轨音频文件，每种乐器播放若干次，并且根据被试的要求对某个乐器反复播放。

3. 实验问卷表格

实验问卷表格如表 10-2 所示。为了考察被试音乐背景对实验结果的影响，在实验后对被试进行了问卷调查，如表 10-3 所示。实验进行两遍，采用重复信度检验。

表 10-2　响度平衡实验问卷表格

声音质量主观评价
关于五种民族弹拨类乐器的响度平衡的实验
实验共分四组，每组有 10 条素材，每条素材都有 A、B 两段，这两段音乐相同，但混音时每种乐器的电平比例不同，请在播放完后选择你认为各声部间响度较平衡的一段素材，并在相应的空格内打钩。

续表

第一组			第二组		
序号	素材 A	素材 B	序号	素材 A	素材 B
1			1		
2			2		
3			3		
4			4		
5			5		
6			6		
7			7		
8			8		
9			9		
10			10		

表 10-3　被试音乐背景的问卷调查

音乐背景调查问卷

日期：＿＿＿＿＿＿＿

姓名：＿＿＿＿＿＿＿

性别：＿＿＿＿＿＿＿

请回答下列问题，在所选答案的编号上划"√"即可。谢谢！

1. 你有何音乐特长？
   ·声乐（①美声、②民族、③通俗）
   ·乐器（①西洋乐器：＿＿＿＿＿＿＿
   　　　②民族乐器：＿＿＿＿＿　）

2. 你平时喜欢听哪种类型的音乐？（单选、举例可多写）
   ①西方古典乐　举例：＿＿＿＿＿＿＿＿＿＿
   ②传统民乐　　举例：＿＿＿＿＿＿＿＿＿
   ③现代音乐　　举例：＿＿＿＿＿＿＿＿＿＿
   　其他：＿＿＿＿＿＿＿＿＿＿＿＿

3. 你是否经常听民乐的音乐会或是唱片？（单选）
   ①几乎不听
   ②偶尔
   ③经常听

4. 你喜欢欣赏哪种频段丰富的乐器？（单选）
   ①高频丰富的乐器（如：琵琶、柳琴等）
   ②中频丰富的乐器（如：中阮、中提琴等）
   ③低频丰富的乐器（如：大阮、大提琴等）

5. 实验信号的五种乐器你最偏爱哪种？
   ①柳琴　　　②琵琶　　　③扬琴　　　④中阮　　　⑤大阮
   　原因：

6. 实验信号的五种乐器你最不偏爱哪种？
   ①柳琴　　　②琵琶　　　③扬琴　　　④中阮　　　⑤大阮
   　原因：

10.2.3 实验数据处理及实验结果

10.2.3.1 被试的信度检验

被试的信度检验结果如表 10-4 所示。实验最终保留信度高于 0.6 的数据。因此，信度检验后被试数量为 20 人。

表 10-4 被试信度检验结果

被试	信度	百分比	被试	信度	百分比
被试 1	20/20	100%（采用）	被试 13	16/20	80%（采用）
被试 2	20/20	100%（采用）	被试 14	15/20	75%（采用）
被试 3	20/20	100%（采用）	被试 15	15/20	75%（采用）
被试 4	19/20	95%（采用）	被试 16	14/20	70%（采用）
被试 5	19/20	95%（采用）	被试 17	14/20	70%（采用）
被试 6	18/20	90%（采用）	被试 18	13/20	65%（采用）
被试 7	18/20	90%（采用）	被试 19	13/20	65%（采用）
被试 8	18/20	90%（采用）	被试 20	12/20	60%（采用）
被试 9	17/20	85%（采用）	被试 21	11/20	55%（不采用）
被试 10	17/20	85%（采用）	被试 22	10/20	50%（不采用）
被试 11	17/20	85%（采用）	被试 23	10/20	50%（不采用）
被试 12	16/20	80%（采用）	被试 24	9/20	45%（不采用）

10.2.3.2 数据处理及实验结果

每一对实验信号的优选概率见表 10-5 所示。

表 10-5 每一对实验信号的优选概率

配对	优选概率	
1-2	P1=37/40	P2=3/40
2-3	P2=12/40	P3=28/40
2-5	P2=8/40	P5=32/40
1-4	P1=32/40	P4=8/40
3-4	P3=26/40	P4=14/40
4-5	P4=10/40	P5=30/40
1-5	P1=26/40	P5=14/40
2-4	P2=16/40	P4=24/40
3-5	P3=14/40	P5=26/40
1-3	P1=30/40	P3=10/40

根据表 10-5，归纳出对偶比较法实验中偏爱选择的概率，如表 10-6 所示。

表 10-6　响度平衡实验偏爱选择概率

	1	2	3	4	5
1	0.5	0.075	0.25	0.2	0.35
2	0.925	0.5	0.7	0.6	0.8
3	0.75	0.3	0.5	0.35	0.65
4	0.8	0.4	0.65	0.5	0.75
5	0.65	0.2	0.35	0.25	0.5

将表 10-6 的偏爱概率转换成 Z 分数，如表 10-7 所示。

表 10-7　偏爱概率转换成 Z 分数

	1	2	3	4	5
1	0.00	−1.44	−0.67	−0.84	−0.39
2	1.44	0.00	0.52	0.25	0.84
3	0.67	−0.52	0.00	−0.39	0.39
4	0.84	−0.25	0.39	0.00	0.67
5	0.39	−0.84	−0.39	−0.67	0.00
合计	3.34	−3.06	−0.15	−1.65	1.52
平均	0.67	−0.61	−0.03	−0.33	0.30
$f(a_i)$	0.00	−1.28	−0.70	−1.00	−0.37

在 5 个评价对象中，最偏爱的心理尺度是 100，最不偏爱的心理尺度是 0，则有：

$$f(1)=100, \quad f(2)=0$$

运用线性变换，$f(a)=\alpha x+\beta$，求得 $\alpha=78.125$，$\beta=100$

代入方程得：

$$f(3)=45, \quad f(4)=22, \quad f(5)=71$$

5 种响度平衡设置的主观偏爱度的相对心理尺度如表 10-8 和图 10-3 所示。

表 10-8　弹拨乐器响度平衡实验结果

评价对象	1	2	3	4	5
偏爱度	100	0	45	22	71

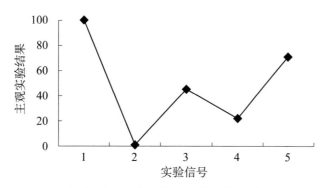

图 10-3 弹拨乐器响度平衡实验结果

10.2.4 讨论

将主观评价实验结果中最偏爱的响度平衡信号提取出来，将各个乐器声部的电平值转换成响度值，考查最佳响度配比和等响度结果的关系。采用 Moore 提出的瞬变信号响度算法进行响度计算，以 LTLmax（maximum of long-term loudness）值为参考值。利用声压级和 Moore 响度模型，主观评价结果计算后的响度如表 10-9 所示。

表 10-9 最佳响度配比时各声部的响度设置

乐器声部	柳琴	琵琶	扬琴	中阮	大阮
各声部与琵琶的声压级差（dB）	-2	0	1	-1.4	-3.4
LTLmax 响度（Sone）	26.84	27.69	26.18	18.28	16.46

以琵琶声部的响度为标准，通过 Moore 响度模型，计算得到其他声部在等响度时的声压级如表 10-10 所示。

表 10-10 等响度时各声部的响度及声压级设置

乐器声部	柳琴	琵琶	扬琴	中阮	大阮
LTLmax 响度（Sone）	27.69	27.69	27.69	27.69	27.69
声压级（dBA）	66.5	69	72.2	75.7	78.6
各声部与琵琶的声压级差（dB）	-2.5	0	3.2	6.7	9.6

根据等响曲线可知人耳对中频段信号最敏感，声音信号含有的中频成分越多，在相同声压级下感知的响度越大。分别对这五个弹拨乐器计算中频段成分（1kHz~6kHz）占全频带的能量比，如表 10-11 所示。由表看出含中频段成分从大到小排序依次是柳琴、琵琶、扬琴、中阮和大阮。因此在等响度前提下，各个乐器声压级依次升高。由此看出等响度配比与乐器所含的中频段能量有关。

表 10-11　各个乐器中频段（1kHz~6kHz）成分占全频带能量比

乐器声部	柳琴	琵琶	扬琴	中阮	大阮
中频段（1kHz—6kHz）占全频带能量比（dB）	-0.8	-1.2	-2.5	-4.2	-4.6

对比最佳响度配比和等响度时各声部与琵琶的声压级差结果如图 10-4 所示。

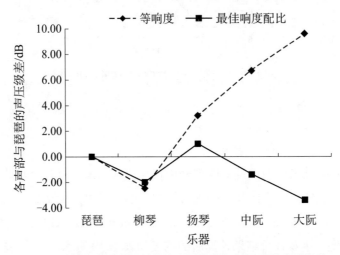

图 10-4　最佳响度配比与等响度时各声部与琵琶的声压级差

由图可见最佳响度配比与等响度结果存在较大差异，可能由以下几个原因造成。

◆乐器谐和性对响度平衡的影响

在对实验中乐器声部偏爱度的调查中，最偏爱的声部为扬琴，占 38%；而最不偏爱的声部为大阮，占 32%。在偏爱扬琴声部的被试中，有近 90% 的被试偏爱的原因是扬琴声部悦耳、好听。在最不偏爱大阮声部的被试中，有近 73% 的被试不偏爱的原因是大阮声部音色低沉、不悦耳。由此我们可以断定，乐器本身的谐和性是响度平衡的重要影响因素之一。

◆掩蔽效应对响度平衡的影响

通过频谱分析，我们看到五个乐器声部在中低频段有重叠的区域，一定存在掩蔽效应。目前对于音乐信号的掩蔽效应研究仍然是参考纯音掩蔽纯音的理论。尽管音乐信号为复合信号，但可以将其分解为多个纯音信号进行研究。根据 Fletcher（弗莱彻）在 1953 年做的经典纯音掩蔽实验得到的理论认为：掩蔽声对于相近频率的掩蔽量最大，而且低频对高频的掩蔽效果要大于高频对于低频的掩蔽，因此低频的掩蔽作用要大于高频。大阮在低频区能量占绝对优势，从而在低频区会对其他四种乐器产生较明显的掩蔽。从实验结果上我们也可以看出只有将大阮的电平设置较低才能达到响度平衡的状态。

等响度计算由于没有考虑乐器声部之间的掩蔽，所以必然导致与响度平衡时的设置不同。

10.2.5 结论

本实验探讨了中国弹拨乐器组合主观响度平衡问题，通过主观评价实验和响度模型计算发现绝对等响的比例并不是响度平衡的比例。主观响度平衡的设置与被试音乐的喜好、乐器音色的谐和性和乐器之间的掩蔽效应有关。

10.3　音乐厅音质主观评价

以国家大剧院音乐厅音质主观评价为例，来说明如何进行厅堂的音质主观评价。

范例：国家大剧院音乐厅音质主观评价

10.3.1　引言

2007 年 9 月，国家大剧院经过近 10 年的设计及建设施工后落成。在开幕之前，通过声学测试音乐会对国家大剧院音乐厅的音质进行了全面的评价。音乐厅采用经典的鞋盒型观众厅，观众席围绕着中央的岛式演奏台布置。厅内观众席位 1859 座，室内容积约为 20 000m³，平均 10m³/ 人。音乐厅空场混响时间约为 2.2s。用于评价国家大剧院音乐厅的音质评价方法可对今后音乐厅的音质设计和评价体系提供有效的参考。

10.3.2　主观评价实验

10.3.2.1　被试的构成

在被试的选择上尽可能考虑到年龄和性别的均衡分布，共计 463 人。被试的职业也包罗万象，涵盖了专业的音乐演奏人员、声频工程师、建筑师、医生、记者、公务员等。

10.3.2.2　实验信号

为了进行音乐厅的音质测试，特意举行了声学测试音乐会《育英·贝满老校友合唱团音乐会》。演出的节目形式多样，包括混声合唱、男高音独唱、女高音独唱、管弦乐等各种节目类型。

10.3.2.3　实验程序

本次主观评价采用问卷调查的形式，向每位被试发放了《音乐厅音质主观评价测试问卷》，让被试在听辨实验信号的过程中完成问卷内容的填写。问卷内容主要包括初步印象、观众评价、演出人员评价、全体人员评价、个人资料、整体印象及建议等六个部分，涵盖了从整体氛围到各个声部的感受等各个方面。在此次音质主观评价问卷中选用了五个评价参数，分别是混响感、明晰度、亲切感、温暖感和嘹亮感。在测试音乐会开始前，首先对被试就五个评价参数的含义进行说明，如表 10-12 所示。

表 10-12　五个评价术语的介绍

评价参数	形容词对	参数介绍
混响感	丰满—干涩	混响感是声音浑厚、饱满的感觉。混响感不良被描述为"干涩"，声音发干、淡薄、没有余音感，给人以静、冷、干的感觉
明晰度	清晰—浑浊	明晰度是音乐演奏过程中各个乐音彼此可分辨的程度
亲切感	亲近—疏远	亲切感是给人以在小厅内演奏时的感觉，有声源离自己很近的感觉
温暖感	温暖—冷	温暖感是一种低音丰富的感觉。"温暖"的感觉是声音浑厚，低音混响充沛。"偏冷"的感觉是声音单薄、轻飘、中音混响较多
嘹亮感	高—低	明亮、干净、有金属音、谐音丰富的声音给人以"嘹亮感"，主要反映了高频声音的音质效果。高的"嘹亮感"听音感觉为发脆、发亮；低的"嘹亮感"感觉发闷。良好的"嘹亮感"应该是高低适中

在问卷设计中采用系列范畴法，将评价的参数分为优秀、良好、一般、较差、很差 5 个等级，被试根据自己的主观感受进行选择。五个评价参数在 5 个等级上的描述如表 10-13 所示。为了方便后期统计，五个等级从高到低分别赋值为 2 分、1 分、0 分、-1 分和 -2 分。

表 10-13　五个评价参数在不同等级上的描述

评价参数	优秀（2分）	良好（1分）	一般（0分）	较差（-1分）	很差（-2分）
混响感	场所印象逼真、声音活跃	有一定程度的空间感	一般	声音较干，沉寂，偏冷	声音非常干涩
明晰度	层次清晰，透明度好，每个字都听得清	较清晰透明，个别字听不清	无特别感觉，少数字听不清，但都可懂	轻度或偶尔模糊，浑浊，听懂吃力	模糊、浑浊，很难听懂
亲切感	演员与听众有交流	有一定程度的交流	一般	无交流	遥远，像在幕后演奏
温暖感	丰满，温暖，有弹性	较丰满，弹性尚好	一般	水分不足，有点单薄	干瘪，单薄
嘹亮感	明亮，干净，有金属的自鸣声，谐音丰富	无不良感受	有时太响，刺耳，或有时声音发闷	刺耳或高音不足	非常刺耳，受不了或声音出不来，难以评价音质

4. 音质主观评价问卷

音质主观评价问卷如下所示：

中国国家大剧院音乐厅
音质评估问卷

座位所处位置：请在图中标明您座位的大体位置

座位号：

日期：

请阅读本页说明后回答下页中的问题：

· 根据您的感觉在相应的空格内打钩或者在评价等级标尺上面作出标记。

例如：高 |————————————— x —————————————| 低

· 在音乐演出之间，您可以根据您对音乐的主观感受对所选答案进行修改。

· 当您不能针对问题给出您的意见，您可以在"不清楚"栏内打钩。

· 你可以自由发表您的意见。

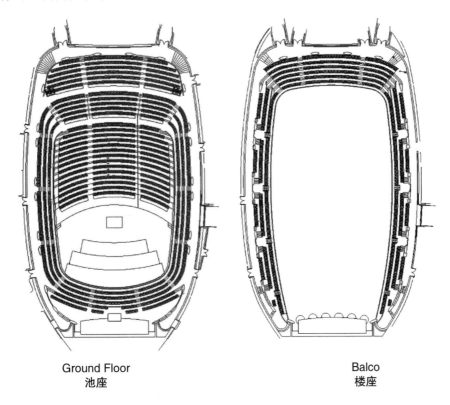

Ground Floor
池座

Balco
楼座

请您用最简洁的问题，描述您进入音乐厅，参加本次音乐会的感受：

初步印象	优秀	良好	普通	较差	非常差	不清楚
大厅安静程度						
乐池的可视范围						
座椅的舒适程度						
厅内的建筑设计和装修设计						

观众对室内音质评价				
混响时间（声音的持续、不同音节之间的区别）	干涩	|--------------------|	丰满
明晰度（对音乐细节的感受）	浑浊	|--------------------|	清晰
活泼感、嘹亮（有足够且持续的高音）	低	|--------------------|	高
温暖感（低频声明显且清晰）	偏冷	|--------------------|	温暖
亲切感（感觉被音乐包围）	亲近	|--------------------|	疏远

演出人员对音质的评价	优秀	良好	一般	较差	非常差	不清楚
是否能够准确辨识近处乐师的演奏？						
声环境是否适宜独奏演出？演员是否能够听清自己的声音？						
是否能够准确辨识远处乐师的演奏？						
您对自己的乐器在大厅内演奏时的感觉如何？						
声环境是否适宜团队演出？						

全体参与者						
能否准确辨识不同乐器的声音？						
能否准确听清楚独奏？						
是否感觉被音乐包围？						
能否全面地感受到乐队的演出？						
能否感觉到乐队不同声部的平衡？						

如果声部不均衡，哪些声部占有优势地位？	弦乐		打击乐		其他	
	贝斯		钢琴			
	木管		独奏			
	铜管		合唱			

	优秀	良好	一般	较差	非常差	不清楚
您通过全面评价，认为国家大剧院音乐厅属于哪个等级？						
国家大剧院音乐厅的音质和您了解的其他音乐厅的比较？						

个人资料					
您的年龄属于哪一个年龄段？	< 18	18 - 29	30 - 49	50 - 65	> 65

续表

在过去的 12 个月您观看过多少演出？						
	<1个月	<3个月	<6个月	<1年	>1年	不清楚
距您上次观看音乐演出有多长时间？						
	古典交响乐	古典室内乐	歌剧	传统戏剧	其他	不清楚
您喜欢听哪一类的音乐？						
总结						
有价值建议：						

10.3.3　实验数据的处理及结果

10.3.3.1　被试的信度检验

本实验共收到问卷 463 份，剔除掉填写不完整的问卷后剩余 376 份。首先对被试的信度进行检验，采用标准差进行信度检验，即计算每位被试的标准偏差 S 值，将 S 值过大的问卷剔除，以保证统计结果的有效性和可信性。具体计算公式为：

每项评价参数的平均值为：$P_j = \dfrac{\sum\limits_{i=1}^{n} P_{ij}}{n}$，

每位被试评价结果的标准偏差：$S_i = \sqrt{\dfrac{\sum\limits_{j=1}^{m} (P_j - P_{ij})^2}{m}}$

其中，n 是被试人数，m 是评价参数的数目，P_j 是所有被试的统计平均值，P_{ij} 是第 i 个被试对第 j 个评价参数的评价结果，S_i 表示第 i 个被试评价结果的标准偏差。经过计算，将标准偏差 $S_i \geq 0.6$ 的被试剔除，最终得到有效问卷 319 份。筛选后得到的有效问卷中，包括演员问卷 58 份，观众问卷 261 份；从座位分布看，池座的问卷总数为 116 份，首层楼座 136 份，二层楼座 67 份，音乐厅观众席的各个位置都有涉及。被试的年龄分布涵盖了从青年到老年的各个年龄层次。其中，18 岁以下的被试 3 位，占总数的 1%，18~29 岁、30~49 岁、50~65 岁以及 65 岁以上的 4 个年龄层的被试人数基本保持一致，分别占总数的 19%、31%、30% 和 19%。

2

10.3.3.2　数据处理过程及结果

按照系列范畴法对 5 个评价参数的评价结果进行数据统计。表 10-14 显示了所有被试对五个评价参数的评价结果，表 10-15 是根据表 10-14 所得出的左侧范畴的累计人数，表 10-16 是由表 10-15 得出的累积百分数。

表 10-14　音质评价实验结果统计

评价参数	优秀	良好	一般	较差	很差
混响感	133	125	50	11	0
明晰度	172	101	36	10	0
嘹亮感	153	107	46	13	0
温暖感	155	104	41	19	0
亲切感	95	51	67	53	53

表 10-15　左侧范畴的累计人数

评价参数	优秀	良好	一般	较差	很差
混响感	133	258	308	319	319
明晰度	172	273	309	319	319
嘹亮感	153	260	306	319	319
温暖感	155	259	300	319	319
亲切感	95	146	213	266	319

表 10-16　累计百分数

评价参数	优秀	良好	一般	较差	很差
混响感	0.42	0.81	0.97	1.00	1.00
明晰度	0.54	0.86	0.97	1.00	1.00
嘹亮感	0.48	0.82	0.96	1.00	1.00
温暖感	0.49	0.81	0.94	1.00	1.00
亲切感	0.30	0.46	0.67	0.83	1.00

对表 10-16 进行 P-Z 转换得到正态变量表，见表 10-17。

表 10-17　转换成 Z 分数的正态变量表

参数	范畴及范畴选择的累计百分数				合计	平均	尺度值
	t1	t2	t3	t4			
混响感	−0.21	0.87	1.82	2.33	4.81	1.20	−1.131
明晰度	0.10	1.06	1.86	2.33	5.35	1.34	−1.265

续表

参数	范畴及范畴选择的累计百分数				合计	平均	尺度值
	t1	t2	t3	t4			
嘹亮感	−0.05	0.90	1.74	2.33	4.92	1.23	−1.157
温暖感	−0.04	0.88	1.56	2.33	4.74	1.18	−1.112
亲切感	−0.53	−0.11	0.43	0.97	0.77	0.19	−0.119
合计	−0.73	3.61	7.41	10.29			
平均	−0.15	0.72	1.48	2.06		1.03	
t_g 范畴值	−1.25	−0.38	0.38	0.96		−0.0725	

$$c = \frac{(0.72+1.48)}{2} = 1.1$$

$$t_g = \overline{z}_g - 1.1$$

$$f(a_j) = \overline{t}_g - \overline{z}_j$$

因此各个范畴的界限为：

C1：　　　　~−1.25

C2：−1.25~−0.38

C3：−0.38~ 0.38

C4：　0.38~ 0.96

C5：　0.96~

五个评价参数的评价结果如图10-5所示。从结果可以看出，明晰度的评价结果最好，处于优秀的范畴；混响感、嘹亮感和温暖感处于良好的范畴；亲切感略差，处于一般的范畴。

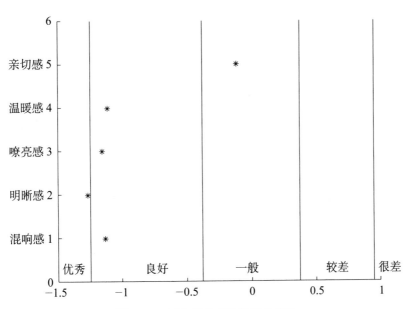

图10-5　五个评价参数的评价结果

10.3.4　讨论与结论

在问卷中让被试对音乐厅的音质等级进行综合评价，通过对有效问卷的统计分析，评价结果如图 10-6 所示。从评价结果可以看出，该音乐厅的整体音质效果还是比较让人满意的，"优秀"和"良好"等级的评价结果占 90% 以上。

本实验通过主观评价实验对国家大剧院音乐厅的音质进行评价。从评价结果看，音乐厅的整体音质还是较令人满意的，尤其在明晰度、混响感、嘹亮感和温暖感都有较好的表现。音乐厅在亲切感方面的音质表现一般。

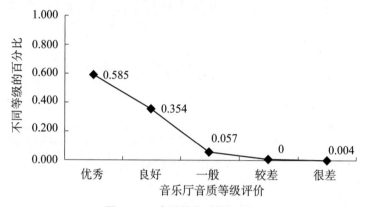

图 10-6　音乐的音质综合评价

思考与研讨题

1. 通常音质主观评价实验报告包含几个部分？
2. 在撰写音质主观评价实验报告的引言部分需要交代哪些内容？
3. 音质主观评价实验报告的结论部分应如何撰写？

延伸阅读：

［1］孟子厚 . 音质主观评价的实验心理学方法［M］. 北京：国防工业出版社，2008.

［2］朱滢 . 实验心理学［M］. 北京：北京大学出版社，2006.

［3］孟庆茂，常建华 . 实验心理学［M］. 北京：北京师范大学出版社，2013.

［4］杨璇，唐文，李国棋 . 国家大剧院音乐厅音质主观评价［J］. 电声技术，2011，35（11）：14-20.

［5］陈克安 . 环境声的听觉感知与自动识别［M］. 北京：科学出版社，2014.

参考文献

［1］COREY J. 听音训练手册［M］. 朱伟，译. 北京：人民邮电出版社，2011.

［2］MOULTON D. Golden Ears：The Revolutionary CD-based Audio Training Course for Musicians，Engineers and Producers［CD］. Sherman Oaks：KIQ Productions，1995.

［3］EVEREST F A. Critical listening skills for audio professionals［M］. Boston：Thomson Course Technology，2006.

［4］周晓东. 录音工程师手册［M］. 北京：中国广播电视出版社，2006.

［5］朱伟. 声频测量技术［M］. 北京：中国广播电视出版社，2005.

［6］朱伟. 录音技术［M］. 北京：中国广播电视出版社，2003.

［7］林达悃. 影视录音心理学［M］. 北京：中国广播电视出版社，2005.

［8］王泽祥，赵炳坤，周晓东，王鑫. 现代音响技术设计［M］. 北京：国防工业出版社，2005.

［9］朱伟. 数字声频与广播播控技术［M］. 北京：中国广播电视出版社，2005.

［10］韩宝强. 音的历程［M］. 北京：中国文联出版社，2003.

［11］杜功焕，朱哲民，龚秀芬. 声学基础［M］. 南京：南京大学出版社，2001.

［12］齐娜，孟子厚. 音响师声学基础［M］. 北京：国防工业出版社，2006.

［13］陈小平. 声音与人耳听觉［M］. 北京：中国广播电视出版社，2006.

［14］胡泽. 音乐声学［M］. 北京：中国广播电视出版社，2003.

［15］NEUMANN G. Sound Engineering Contest 1998［CD］. Berlin：Georg Neumann，1996.

［16］李伟. 立体声拾音技术［M］. 北京：中国广播电视出版社，2004.

［17］王鑫，唐舒岩. 数字声频多声道环绕声技术［M］. 北京：人民邮电出版社，2008.

［18］孟子厚. 音质主观评价的实验心理学方法［M］. 北京：国防工业出版社，2008.

［19］朱滢. 实验心理学［M］. 北京：北京大学出版社，2006.

［20］孟庆茂，常建华. 实验心理学［M］. 北京：北京师范大学出版社，2013.

［21］杨治良. 基础实验心理学［M］. 兰州：甘肃人民出版社，1988.

［22］张厚粲，徐建平. 现代心理与教育统计学［M］. 3 版. 北京：北京师范大学出版社，2013.

［23］卢纹岱. SPSS for Windows 统计分析［M］. 3 版. 北京：电子工业出版社，2008.

［24］杨璇，唐文，李国棋. 国家大剧院音乐厅音质主观评价［J］. 电声技术，2011，35（11）：14-20.

［25］彭聃龄. 普通心理学［M］. 4 版. 北京：北京师范大学出版社，2012.

［26］陈小平．声音与人耳听觉［M］．北京：中国广播电视出版社，2006.

［27］孙建京．现代音响工程［M］．2 版．北京：人民邮电出版社，2008.

［28］马大猷．现代声学理论基础［M］．北京：科学出版社，2004.

［29］谢菠荪．头相关传输函数与虚拟听觉［M］．北京：国防工业出版社，2008.

［30］管善群．立体声纵论［J］．应用声学，1995，14（6）：6-11.

［31］中国标准委员会．广播节目声音质量主观评价方法和技术指标要求：GB/T 16463-1996［S］．北京：中国质检出版社，1996.

［32］中国标准委员会．厅堂、体育场馆扩声系统听音评价方法：GB/T 28047-2011［S］．北京：中国标准出版社，2012.

［33］陈克安．环境声的听觉感知与自动识别［M］．北京：科学出版社，2014.

图书在版编目（CIP）数据

审听训练与音质主观评价 / 王鑫，李洋红琳，吴帆著. -- 2版. -- 北京：中国传媒大学出版社，2021.8（2023.1重印）

录音艺术专业"十四五"规划教材

ISBN 978-7-5657-2943-0

Ⅰ. ①审… Ⅱ. ①王… ②李… ③吴… Ⅲ. ①音质设计－高等学校－教材 Ⅳ. ①TN912.1

中国版本图书馆CIP数据核字(2021)第091643号

录音艺术专业"十四五"规划教材

审听训练与音质主观评价（第2版）

SHENTING XUNLIAN YU YINZHI ZHUGUAN PINGJIA (DI-ER BAN)

著　者	王　鑫　李洋红琳　吴　帆
策划编辑	曾婧娴
责任编辑	曾婧娴
责任印制	李志鹏
封面制作	拓美设计

出版发行 中国传媒大学出版社

社　　址	北京市朝阳区定福庄东街1号	**邮　　编**	100024
电　　话	86-10-65450528　65450532	**传　　真**	65779405
网　　址	http://cucp.cuc.edu.cn		
经　　销	全国新华书店		

印　　刷	三河市东方印刷有限公司
开　　本	787mm×1092mm　1 / 16
印　　张	21
字　　数	446 千字
版　　次	2021 年 8 月第 2 版
印　　次	2023 年 1 月第 2 次印刷

书　　号	ISBN 978-7-5657-2943-0/TN・2943	**定　　价**	68.00 元

本社法律顾问：北京嘉润律师事务所　郭建平